- 绿色设计是启动绿色发展的第一杠杆
- 绿色设计是促进绿色发展的第一推动
- 绿色设计是实现绿色发展的第一财富

牛文元 主编

2016
中国绿色设计报告

China Green Design Report 2016

WGDO绿色设计研究院

科学出版社
北京

内 容 简 介

绿色设计是推进绿色发展的第一杠杆。创意、研发、设计、标准是在源头为转型升级开路的四个先锋。《2016中国绿色设计报告》是世界第一份专业研究绿色设计的年度报告。本报告在以下六个方面做出了系统创新：在世界绿色设计组织框架下，系统提出绿色设计定义、分类和源流；总结出绿色设计的五大理论和五组方法；应用“道格拉斯变体方程”创建绿色设计贡献率模型；在全球首次推出绿色设计指标体系；独立提出“绿色设计标准通则（草案）”；系统总结绿色设计的世界案例。

本报告可为规划者、设计者、科研人员、大专院校提供参考。

图书在版编目(CIP)数据

2016中国绿色设计报告 / 牛文元主编；WGDO绿色设计研究院编著. —北京：科学出版社，2016. 5

ISBN 978-7-03-047887-0

Ⅰ. ①中…　Ⅱ. ①牛…②WGDO…　Ⅲ. ①绿色设计-研究报告-中国-2016　Ⅳ. ①X22-2

中国版本图书馆CIP数据核字(2016)第058919号

责任编辑：李　敏　李晓娟 / 责任校对：彭　涛

责任印制：张　倩 / 封面设计：黄华斌

科学出版社 出版

北京东黄城根北街16号

邮政编码：100717

http://www.sciencep.com

中国科学院印刷厂 印刷

科学出版社发行　各地新华书店经销

*

2016年5月第　一　版　开本：889×1194　1/16

2016年5月第一次印刷　印张：20　插页：4

字数：660 000

定价：160.00元

（如有印装质量问题，我社负责调换）

《2016 中国绿色设计报告》顾问委员会

总顾问	路甬祥	十一届全国人大常委会副委员长、中国科学院原院长
顾　问	潘云鹤	全国政协外事委员会主任、中国工程院前副院长
	石定寰	原国务院参事、世界绿色设计组织主席
	张　琦	北京光华设计发展基金会理事长、世界绿色设计组织执委
	Jo Leinen	欧洲议会议员、欧洲议会对华关系代表团主席
	Irene Pivetti	世界绿色设计组织荣誉主席、意大利前众议院议长

《2016 中国绿色设计报告》研究组

主编、首席科学家　牛文元（总论撰写人）

副　主　编　刘怡君（第五章撰写人）

成　　员　杨多贵（第一章撰写人）

周志田（第二章撰写人）

李倩倩（第七、八章撰写人）

王红兵（第三、六章撰写人）

马　宁（第七、八章撰写人）

王光辉（第三、六章撰写人）

黄　远（第五章撰写人）

廉　莹（第五章撰写人）

董雪播（第一、四章撰写人）

陈思佳（第五章撰写人）

序　言

绿色是中国新发展理念的重要内涵。中国自古就有“天人合一”的思想，认识到人与大自然要和谐统一。恩格斯强调“(人) 自身与自然的一体性”，认为人类发展必须与自然协同进化，任何漠视自然、背离人与自然协调发展，必然是不可持续的，迟早会受到大自然的惩罚。

推进绿色发展不仅需要理念指引，还要有路线图、时间表和目标函数，必须依靠创新推动，包括法规政策、规划标准、技术路线、制度管理、文化观念等创新。需要在深刻思辨的基础上，设计实施绿色发展的蓝图。绿色设计应运而生，无论在理论上，还是在实践上，绿色设计都是从源头推动实现绿色发展的关键环节。

设计是人类所有有目标创新实践活动的先导与准备，是从源头和供给侧创意设置目标、引领系统集成创新、保障目标顺利实现的关键。任何有目标的创新实践活动在实施之前必定先有设想策划、规划算计，否则其实践活动就可能是盲目的。设计不仅可以创造全新的产品、工艺流程和装备，也可以创造全新的经营管理方式、盈利模式乃至创造新的业态。设计也是人们将知识、信息、技术等转变成为现实生产力，转变成为实际价值和社会财富的创新创造过程，不仅是经济价值，也包括社会价值、文化价值、生态价值等。因此，实施创新驱动发展战略，推进中国制造向中国创造转变，建设创新型国家，必须重视源头创新，尤其是创新设计理念与能力的提升。

世界已经从后工业时代迈入知识网络时代，中国已发展成为世界第二大经济体和全球第一制造大国。我国经济进入新常态，从主要依靠要素投入转变为主要依靠人的创造力、依靠创新驱动，从主要关心数量和速度，转变为更加关注经济发展质量效益的提升、结构优化，民生改善、创造更好的就业、分配更加公平、社会发展更加和谐协调。这都要求提升改善经济社会各领域的顶层设计与提升各领域的创新设计能力。

从世界范围看，工业文明以来，设计已经历了许多重大变化。从蒸汽机的发明到各种工作机器、火车轮船等交通工具设计创造等，使英国引领了第一次工业革命。其后，电机电器、电报电话的发明，电力系统、通讯系统的设计创建，内燃机的发明、汽车飞机的设计制造、核电站设计研发建造等等，把人类推进到了电气化时代，实现了第二次工业革命。20 世纪中叶后，由于半导体的发明，集成电路、计算机的设计创造等，把人类推进到了后工业时代，设计也从机械、机电设计进化到机械电子一体化设计。20 世纪 80 年代以后，网络开始出现，信息网络技术革命，绿色智能制造革命，清洁、可再生能源革命，生物医药、先进材料等方面的技术创新等，把人类推进到了知识网络的时代，设计也进入了 3. 0 时代，呈现出三个新的特征。

第一是“绿色低碳”。就是所设计的产品，从生产、营销、运行服务、废弃到再制造等全生命周期、直到整体系统，要求达到对环境的影响最低、污染物和碳排放最少，实现人类文明进步与地球生态环境和谐协调可持续发展。

第二是“网络智能”。现在的产品、制造过程、运行服务，已不同于后工业时代，已可实现全球知识、技术、信息、大数据等优势资源实时集成、共同创造、共同分享，网络智能产品的特性并不仅依靠用户端硬件实现，而是靠软件、云计算、云存储等发挥更大的作用。产品结构和技术的创新变革使我们的设计理念、目标、方法都发生了变化。2014 年，我国集成电路进口约 2300 亿美元，超过了进口石油天然气的价值，还关系到信息安全隐患问题。从设计工具软件、操作系统、仿真软件、计算软件、控制软件、ERP 软件等，几乎都是外国设计的，我们只是使用，在软件设计方面的差距，可能比硬件更大，这种状态必须改变。

第三是“同创共享”。现在的设计已经不是设计师自主设计、工程师完成制造、用户选择使用，而是设计师、制造者、营销者、第三方包括用户都可以共同参与设计、创造，已经是一个众创的时代。所以，同创共享、合作共赢是这个时代的特征。今天，设计师个人的创造力依然重要，但需要团队，需要与全球同行、用户合作，需要通过大数据、通过网络汲取全世界的创新资源为我们所用，这样才能创造出不光市场实际需要，而且还能引领市场未来发展的产品与服务，提升中华民族对人类文明进步的贡献。

推动创新设计、绿色发展，还要培育建设中国特色先进设计制造文化。我们首先要思考需要什么样的设计文化。譬如一提到德国的设计与制造，首先就会想到是严谨可靠，一提到日本的设计制造，会想到精致实用。美国的设计制造文化是什么？我觉得是创新和引领。美国人总想做出引领世界的产品和方法，民用如此，国防军工也一样。我们要考虑需要什么样的中国设计文化，这是一个大命题，需要设计界的同仁及全社会共同培育。

以牛文元教授为首的中国科学院研究团队所编纂的《2016 中国绿色设计报告》，是国际上第一部系统研究绿色设计的理论成果，得益于该团队在可持续发展领域研究中的长期积累。全书涉及绿色设计的内涵、分类、理论与方法、标准通则、指标体系等内容，并首次试对我国各省市的绿色设计能力和水平进行了测评，还列举了世界绿色设计案例，反映出中国学者在绿色设计领域的研究见解和探索，将有助于推动我国绿色发展，也是中国学者对于世界绿色发展新的思考与贡献。我期望该成果在绿色发展的实践中进一步经受检验，并得到不断的丰富与提高。

路甬祥

2016 年 3 月 14 日

关于主编

牛文元，中国科学院研究员。中国科学院科技政策与管理科学研究所顾问。中国科学院可持续发展战略研究组名誉组长、首席科学家。发展中国家科学院（TWAS）院士。原国务院参事；第九、第十、第十一届全国政协委员；国家规划专家委员会委员；国家环境咨询委员会委员；国务院应急管理专家委员会委员。

早在1983年，与马世骏院士一道参与联合国布伦特莱委员会起草全球可持续发展纲领的奠基性文本《我们共同的未来》，是中国最早投入可持续发展研究的两位先锋之一，被学界称为“一马一牛”。

1988年，牛文元领导完成国家科学技术委员会专项《中国生态环境预警》，在国内外引起重大关注。1991年在全国最先组建环境与持续发展研究室并担任主任。1994年受中国科学院院长周光召和物理学家李政道两位教授委托，担任大会组织委员会主席，主持召开中国21世纪环境与发展高端研讨会，会后与周光召、李政道共同主编出版《绿色战略》一书。同年，牛文元出版中国第一部可持续发展理论专著《持续发展导论》。这些均为其后中国制定可持续发展国家战略提供了参考。

1994年，在世界未来学家大会担任首席报告人。1995年被联合国开发计划署（UNDP）聘为《人类发展报告》（*Human Development Report* 1995）中文版主编。2000年担任联合国千年计划生态单元专家。

1999年，作为中国科学院可持续发展战略组组长、首席科学家，首创并领导中国科学院团队研究编纂了中国第一部连续性年度报告《中国可持续发展战略报告》，在社会各界产生了积极影响。

2004年，由中国科学院院长路甬祥任总主编、牛文元任执行总主编，组织全国180多位可持续发展领域专家历经4年编纂出版可持续发展的大型文献工程《中国可持续发展总纲（国家卷）》20卷本，全书约1500万字，获得学界广泛好评，被授予中国出版政府奖（图书奖）。

为表彰牛文元作为中国可持续发展学术领域的开拓者及其所作出的突出贡献，2007

年牛文元与意大利前总统钱皮（Carlo Ciampi）一道被授予“国际圣弗朗西斯环境奖”，成为发展中国家获此荣誉第一人。颁奖词原文为，“自 1988 年以来，牛文元教授在中国最早发布了环境预警系统的报告，主持了国家可持续发展的战略研究，开创了中国可持续发展的理论体系、设计了可持续发展的战略框架，揭示了发展行为的基本规律。”同年被评为“全国科技十大英才人物”。

2008 年，入选中国改革 30 年百人榜（人民日报）。2009 年建国 60 周年之时，人民日报发布了 60 个版面的纪念专刊，其中第 58 版刊载了以牛文元学术思想为中心的中国可持续发展研究。2010 年荣获“中国十佳绿色新闻人物”。

2012 年，牛文元开创“GDP 质量研究”“绿色发展研究”等，其成果得到国际和国内各界的广泛关注。美国资深杂志《大西洋月刊》于 2012 年 11 月 19 日发表克里斯托弗·米姆斯的专栏文章《修补世界的五种尝试》，原文称：“第五种尝试是中国的 GDP 质量指数。中国科学院发布的一份报告的主编牛文元称，该指数可以衡量一个国家的真实财富、绿色发展程度和社会和谐水平。”

2012 年，牛文元出版中国第一部可持续发展英文版专著 *The Overview of China's Sustainable Development*。

2013 年，被香港理工大学授予“杰出中国访问学人”称号。

2015 年，在联合国可持续发展峰会通过“2030 年可持续发展议程”之前，牛文元领衔主编出版了全球首部《2015 世界可持续发展报告》，其中所提出的世界各国实现可持续发展时间表、独立设计的世界可持续指标体系以及对全球 192 个国家可持续能力和水平的定量计算，被国内外给予极高评价，互联网舆情统计的好评率为 87%，网络评价中语频最高的三句话是“中国智库走向世界”、“可持续发展的中国学派”以及“提出世界进入可持续发展的时间表”。

2016 年，领导并启动《2016 中国绿色设计报告》。

目　　录

第二篇　绿色设计案例篇

第三篇　绿色设计标准篇

第四篇　绿色设计指标篇

第五篇　绿色设计统计篇

总　论——“绿色”设计是启动绿色发展的第一杠杆

第一节　绿色设计是启动绿色发展的第一杠杆

绿色设计是在深刻认识人与自然关系基础上，对规定绿色目标函数进行的预先策划和具有可操作创意的智慧活动。包含了对传统设计实施观念创新、理论创新、方法创新、工具创新的全过程。也是为实现绿色发展目标所制定的时间表、路线图、工具箱、对策库的整体集合。

绿色设计是可持续发展在经济社会领域中的集中投射，是实现自然资源持续利用、绿色财富持续增长、生态环境持续改善、生活质量持续提高的现代设计潮流。绿色设计实质上是通过设计来寻求“自然绿色、经济绿色、社会绿色、心灵绿色”的交集最大化。

绿色设计的核心是可持续发展思想、资源节约与环境友好，同时天然地融于生态文明、绿色发展、保护地球、健康生活之中。绿色设计充分显示在生产、消费、流通各个领域的“源头”环节，是国家创新工程的重要组成部分，也是新一轮财富增值的关键点。世界权威观点认为：从源头上考虑，绿色设计必然担当着启动绿色发展第一杠杆的功能。突出体现在：

（1）绿色设计对绿色发展具有方向性、战略性的策划；

（2）绿色设计对绿色发展作出时间表和路线图的选择；

（3）绿色设计对生产、流通、消费全过程强调循环式思考；

（4）绿色设计对能源、材料、产品、工艺、工程、产业链在源头进行总体制约；

（5）绿色设计对互联网时代具有全方位的适应；

（6）绿色设计在原始创新、研发过程和社会需求中起到关键作用。

以上六点，使得所提出的“绿色设计是启动绿色发展的第一杠杆”的命题，具有充分的理论依据和时代要求。

绿色设计必须充分展示在生产、消费、流通各个领域的“源头”环节，是国家创新工程的重要组成部分，也是新一轮供给侧结构性改革的关键点。在绿色设计的引领下，能源革命、互联网+、智慧城市、生物医学、柔性制造、机器人、精细化工、全方位的数字生产数字流通数字分配、社会领域、决策过程乃至创意生活等，将会全面体现在产品、工艺、产业链、大型工程、区域乃至战略规划的各个层面，以此共同凸显出绿色发展、第三次工业革命、工业 4.0 和互联网+的绿色化特征。同时，绿色设计还将对全球“生态赤字”的消减、温室气体的减排、可持续发展目标的实现具有功利性、社会化和人文关怀的多重意义。

20 世纪 60 年代美国设计理论家维克多·巴巴纳克（Victor Papanek）提出了设计为保护地球的环境服务，并强调设计应考虑“有限地球资源”，于 1971 年出版专著《为真实世界而设计》（*Design for the Real World*），出版后引起很大争论；并于 1984 年作了局部修订，对首版后遇到的问题作了一些回应（1985 年 12 月出版）。

20 世纪 70 年代，“能源危机”爆发，巴巴纳克的“有限资源论”得到了普遍认可。

20 世纪 80 年代，在美国兴起“绿色消费”浪潮，进而席卷世界。与此同时，法国设计师菲利普·斯塔克（Philippe Starck）提出简约化绿色设计理念，倡导“少即是多”的设计原则。“绿色设计”的名词和概念最早由艾薇儿·福克斯（Avril Fox）和罗宾·默雷尔（Robin Murrell）于 1989 年在他们所著《绿色设计》（*Green Design*）一书中提出。

20 世纪 90 年代，绿色设计成为现代设计研究的热点问题。

2010 年，国际标准组织（ISO）在日内瓦发布 ISO 26000 社会责任指南，将可持续发展、环境保护作为该系列的总目标，并归纳成“人的幸福最大化”与“生产活动环境影响最小化”的二元组合寻优。由此，可持续发展、绿色理念、环境友好、生态安全成为指导设计的总要求。

2013 年 9 月，由中国和欧盟的绿色设计先导者们倡导在比利时注册成立“世界绿色设计组织”（WGDO），在全球范围推广绿色设计理念，引领时代的产业变革、消费变革和社会变革。

2013 年以来，从“只要金山银山、不管绿水青山”，到“既要金山银山、也要绿水青山”，再提升到“绿水青山就是金山银山”的认知历程，是中国的绿色发展之路，生动地体现出观念创新、制度创新、科技创新、管理创新、文化创新的全过程。在这种理念和意识的深化中，绿色设计的思想和行动必然得到进一步的推行和张扬。

大力倡导绿色设计，提升发展能级已成为全球新一轮生产、生活和文化的现代追求。当前所谓的“现代设计”，已从传统意义上狭义关注的建筑设计、产品设计、工艺设计、工程设计、城市设计等，逐渐升级到在绿色发展、低碳发展和循环发展观念指导下的系统设计、智慧设计、产业模式设计、区域发展设计、虚拟情景设计乃至顶层战略设计。绿色设计将从源头上提升产品、程序、模式、产业、工程、制度的绿色创新意识、绿色创新水平、绿色标准制定。

绿色设计对传统设计的又一重大提升还在于：与传统设计集中 99% 精力关注产品和工程不同，绿色设计将全面表达微观、中观与宏观三个层次。对于微观层次，主要考虑产品、工艺等具象化设计；对于中观层次，主要考虑行业、工程、产业链等效益性设计；对于宏观层次，主要考虑区域、城市、国家乃至全球的政策性和战略性设计。

国际公认绿色设计遵循五大基本原理：①生命周期原理；②“3R”（reduce、reuse、recycle）原理；③PRED 原理与可持续发展“拉格朗日点”；④黄金分割美学规则；⑤人体工学和寻求平衡点的“柯布-道格拉斯变体方程”。

绿色设计必将以新一轮的“绿色创新红利”抵消传统设计的边际效益递减；以“绿色创新内涵”降低粗放式生产的外部成本；以“绿色创新智慧”重塑产业体系的新秩序；以“绿色创新工具”创建研发体系的新模式。总之，绿色设计作为国家创新战略体系源头上的核心一环，在研发、孵化、中试、定型的总链条中具有举足轻重的地位，在产品、运送、市场、回收再利用的总体循环中考虑资源节约与环境友好，使其真正成为启动绿色发展的“第一杠杆”，成为促进绿色发展的“第一推动”，成为构建绿色发展的“第一梯队”，成为生成绿色发展的“第一财富”。

第二节　21 世纪是人类的绿色救赎

50 多年前的 1962 年，美国学者蕾切尔·卡逊（Rachel Carson）《寂静的春天》问世，引发世界各国的巨大关注和忧虑。其后十年，又相继发布《增长的极限》《只有一个地球》等，对传统工业社会的发展模式敲响了警钟。全世界的反响和忧虑，使得联合国在 1983 年成立世界环境与发展委员会（WCED），聘任当时挪威首相布伦特莱（Bruntland）夫人担任主席，为全球寻求一条健康发展的新思路。委员会工作了将近 4 年，于 1987 年发布了最终报告——《我们共同的未来》（世称“布伦特莱报告”），作为纲领性的指导文件奠定了全球未来发展的行动框架。其后 5 年的 1992 年 6 月，联合国在里约热内卢召开世界环境与发展大会，100 多位国家首脑共同签署了里约宣言和《21 世纪议程》，一种全新的发展观——可持续发展，成为整个人类的共识。其后在 2000 年，联合国千年发展目标、2012 年里约 20 周年的发展目标、其后联合国开放工作组提出 17 项目标以及 ICSU 和 ISSC 所作的评议，直至 2015 年 9 月在联合国总部召开的世界首脑峰会上批准 2030 年可持续发展议程，同时在当年 12 月联合国巴黎峰会上通过的《巴黎协定》等，在人类历史的发展进程中，进入到一个全新的绿色层次。

自布伦特莱报告提出到现在，近 30 年全球对绿色发展的认识已经迈出了坚实的步伐，并在科学意义上总结出三大共识：第一，坚持以创新克服增长的边际效益递减（寻求发展的“动力元素”）；第二，坚持财富的增加不以牺牲生态环境为代价（维系发展的“质量元素”）；第三，坚持优化制度安排增加共享的理性程度（坚持发展的“公平元素”），从而将可持续发展的行动提升到科学的新层次，而求取以上三大元素的交集最大化，正成为绿色发展理性认知的科学方向。

专栏1　世界70年来对于环境与发展的认识

1943　美国洛杉矶发生世界第一次光化学烟雾事件

1949　联合国保护和利用资源科学大会在纽约举行，是世界第一个关于自然资源的会议

1952　伦敦烟雾事件，英国历史上最严重的空气污染灾难，数千人死亡

1954　哈里森·布朗在美国出版《人类前途的挑战》，其中的观点后来发展成为“可持续发展”理念

1956　日本科学家报告水俣镇汞中毒事件，上万人因食用汞污染的海产品而患病

1961　世界野生动物基金会（World Wildlife Fund，WWF）在瑞士成立，后更名为世界自然基金会

1962　卡逊在美国出版《寂静的春天》，引发关于DDT及其他化学物质污染的大争论

1966　美国月球一号轨道探测器首次从月球附近拍摄地球照片，向人类展示蓝色家园的脆弱与渺小

1967　利比亚油轮Torrey Canyon号在英吉利海峡触礁，漏油11万吨

1968　瑞士政府将“人类环境”项目提交联合国经济和社会理事会审议，促成了4年后斯德哥尔摩环境大会的召开

1969　美国开始限用DDT等农药，发布《国家环境政策法案》

1970　2000万美国人参与“地球日”和平示威，美国现代环境运动开始

1971　联合国教科文组织开始实施“人与生物圈”计划

1971　美国麻省理工学院首先提出了“生态需求指标”（ecological requirement index，ERI）

1972　联合国人类环境会议在瑞典斯德哥尔摩举行，通过《人类环境宣言》，提出“只有一个地球”。同年，联合国环境规划署成立，设立“世界环境日”。罗马俱乐部发表《增长的极限》，反思工业社会的发展模式

1974　第一次世界人口大会——布加勒斯特人口大会召开

1976　意大利塞维索二恶英泄漏事件，4万人暴露于高浓度二恶英环境中。同年，中国唐山大地震，死亡24.2万人

1977　美国拉夫运河固体废弃物污染事件被揭露，居民频发怪病

1978　中国开始改革开放，世界人口最多的国家即将进入经济飞速增长期

1979　美国宾夕法尼亚三里岛核电站发生泄漏事故，引起大恐慌

1980　美国发表《全球2000年》报告，分析目前发展趋势下环境恶化的前景。同年，世界气候计划（World Climate Program，WCP）开始实施

1982	联合国大会通过《世界自然宪章》
1983	泰国季风致1万人死亡，是人类历史上最大的季风灾害
1984	干旱造成埃塞俄比亚大饥荒，100万人饿死。同年，印度博帕尔杀虫剂泄漏事件，估计上万人死亡，10万人致残
1985	国际保护臭氧层大会在奥地利维也纳召开，人类首次观测到臭氧空洞，讨论温室气体的国际会议在奥地利菲拉赫召开
1986	苏联切尔诺贝利核电站事故。同年，莱茵河发生污染事件
1987	联合国世界环境与发展委员会发表全球可持续发展纲领性文件《我们共同的未来》。同年，世界50亿人口日
1988	吉尔伯特飓风席卷美洲，人称“世纪飓风”
1989	柏林墙倒塌。同年政府间气候变化组织（The Intergovernmental Panel on Climate Change，IPCC）成立
1990	“生态效率”开始成为工业界的目标。同年，政府间气候变化组织发表第一份关于全球变暖的报告，第二次世界气候大会在日内瓦召开。UNDP首发《人类发展报告》（Human Development Report，HDR）
1991	海湾战争使大量原油倾泻入海或燃烧，成为历史上最严重的石油污染事件。同年IUCN、UNEP和WWF发表《保护地球——可持续生存战略》
1992	具有历史意义的联合国环境与发展大会——里约地球峰会，在巴西里约热内卢召开，100多位国家首脑简述全球可持续发展的《里约宣言》和《21世纪议程》
1994	中国政府在全世界190多个国家中第一个发布《21世纪议程——中国21世纪人口、环境与发展白皮书》
1995	哥本哈根世界首脑会议通过《社会发展问题哥本哈根宣言》。同年联合国第四届妇女大会在中国北京召开
1996	中国第八届全国人大将可持续发展正式确定为中国的国家基本战略。同年以工业环境保护管理为核心的ISO14000标准发布
1997	第三次世界气候大会在日本召开，通过关于减少温室气体排放的《京都议定书》
1998	1000年中最热的年份
1999	联合国提出全球契约计划，呼吁企业在劳工、人权、环境等方面的基本原则。同年，世界60亿人口日
2000	千年峰会在联合国总部举行。联合国召开千年首脑会议，包括中国在内的189个国家共同签署了《联合国千年宣言》，制定了联合国千年发展目标

2001	政府间气候变化小组发表关于全球变暖的第三份报告。同年美国发生“9·11”事件
2002	第二次地球峰会——世界可持续发展会议在南非约翰内斯堡举行
2004	印度尼西亚苏门答腊岛附近海域发生8.9级强烈地震引发的海啸波及东南亚和南亚数个国家，造成10多万人死亡
2006	世界创刊首份国际性期刊《可持续发展科学》
2007	中国出版发行全面研究可持续发展的《中国可持续发展总纲》国家卷20卷本
2010	起源于蒙古国以及中国内蒙古自治区的沙尘暴侵袭中国大部分地区
2012	联合国在巴西举办“里约+20”纪念大会，发布“我们期望的未来”
2015	联合国在纽约总部召开世界首脑会议，批准联合国《2030年可持续发展议程》。同年全球首份《2015世界可持续发展年度报告》在中国编纂出版发行。同年《联合国气候变化框架公约》近200个缔约方在法国巴黎一致同意通过《巴黎协定》

资料来源：牛文元．中国可持续发展总论．北京：科学出版社，2007.

从全球来看，人类的“生态足迹”已经超出地球承载能力的20%，世界在加速耗竭自然资源的存量。1987年7月，世界迎来50亿人口日；1999年10月世界迎来60亿人口日；2011年10月世界迎来70亿人口日。全球平均每年新增人口约8500万，这意味着每年多消耗掉碳水化合物1.5亿吨、多消耗能源750亿度、多消耗淡水资源25亿立方米、多排出温室气体1.2亿吨。当前，世界人口膨胀、能源资源短缺、生态环境恶化、发展的非理性选择、社会的矛盾、国际间的不公正等仍在加剧，这些都要求人们在文明的基础上继续深化理性的发展之路，绿色发展就是这种思考的唯一选择。

绿色发展的“外部响应”，集中体现在对“人与自然”之间关系的认识：人的生存和发展离不开各类物质与能量的保证，离不开环境容量和生态服务的供给，离不开自然演化进程所带来的挑战和压力，如果没有人与自然之间的协同进化，就没有绿色发展。

绿色发展的“内部响应”，集中体现在对“人与人”之间关系的认识：可持续发展作为人类文明进程的一个新阶段，必须包括对社会有序程度、组织水平、理性认知与社会和谐的推进能力，以及处理诸如当代与后代的关系、本地区和其他地区乃至全球之间的关系，要求在和衷共济、和平发展的氛围中，求得整体的可持续进步。总体上可以用下面的三段话加以叙述：

第一，只有当人类对自然的索取被人类向自然的回馈相平衡；

第二，只有当人类在当代的努力与对后代的贡献相平衡；

第三，只有当人类思考本区域的发展能同时考虑到其他区域乃至全球的利益时，才能使得绿色发展科学具备坚实的基础。

相对于传统发展而言，绿色发展的历史性贡献，可被提取出以下五条基本内涵去表征：①绿色发展"整体、内生、综合"的系统本质；②绿色发展"发展、协调、持续"的哲学基础；③绿色发展"动力、质量、公平"的有机协调；④绿色发展"和谐、有序、理性"的人文环境；⑤绿色发展"速度、数量、质量"的内在统一。

第三节　绿色设计是绿色发展的灵魂

绿色设计的历史使命重大，它必须担当起将绿色发展理念全方位落实到各个领域尤其是生产领域之中，特别是要落实2015年联合国首脑会议批准的2030年可持续发展议程所列的17项目标和其中包含的169个子项（专栏2）。

专栏2　联合国首脑会议批准的2030年世界可持续发展目标

目标1　在全世界消除一切形式的贫穷

目标2　消除饥饿，实现粮食安全，改善营养和促进可持续农业

目标3　让不同年龄段的所有人都过上健康的生活，促进他们的福祉

目标4　提供包容和公平的优质教育，让全民终身享有学习机会

目标5　实现性别平等，增强所有妇女和女童的权能

目标6　为所有人提供水和环境卫生并对其进行可持续管理

目标7　每个人都能获得廉价、可靠和可持续的现代化能源

目标8　促进持久、包容性的可持续经济增长，促进充分的生产性就业，促进人人有体面工作的机会

目标9　建设有韧性的基础设施，促进包容性的可持续工业化，推动创新

目标10　减少国家内部和国家之间的不平等

目标11　建设包容、安全、有韧性的可持续城市和人类住区

目标12　采用可持续的消费和生产模式

目标13　采取紧急行动应对气候变化及其影响

目标14　养护和可持续利用海洋和海洋资源以促进可持续发展

目标15　保护、恢复和促进可持续利用陆地生态系统，可持续地管理森林，防治荒漠化，制止和扭转土地退化，阻止生物多样性的丧失

目标16　创建和平、包容的社会以促进可持续发展，让所有人都能诉诸司法，在各级建立有效、可问责和包容的机构

目标17　加强执行手段，恢复可持续发展全球伙伴关系的活力

注：摘自2015年9月联合国可持续发展峰会。

第四节　绿色设计是绿色发展的第一推动

人类的生产活动与社会活动，如果处于一种非理性的、不清醒的、无远见的状态，那么它对自然的危害，迟早又会返还到人类自身，最终可能导致人类的灭绝。在此种意义上去认识人与自然的关系、去认识绿色设计，将为我们揭示出两条基本规则：一方面，人类永远不可能脱离自然规律的总制约而独立存在；另一方面，人类也会对自然的演替与进化起到举足轻重的影响。从“人与自然协同进化”的角度去理解“人与自然”的关系，反映出绿色设计所具备的自然性。

人在整体进化中，以生产力的提升为标志，不断获得社会财富以满足持续增长的需求欲望。在“社会进步与文明演替”的意义上去理解“人与社会”的关系，又反映出绿色设计所具备的人文性。

绿色设计必须担负起自然属性与人文属性的双重要求。早在1994年我国学者牛文元出版的《持续发展导论》一书中就指出：设定原始文明时代人均全部的能源消耗为1个单位，它全部用于人自身生命的维持和子代的延续。到了农业文明前期，人均能源消耗上升到6个单位，其中33%用于自身生命维持，33%用于家务劳动消耗，33%用于农业生产活动；再进一步到农业文明鼎盛期，人均能源消耗达到了13个单位，其中23%用于食物，46%用于家务劳动，27%用于农业生产活动，0.4%用于交通活动。工业文明时代前期，人均能源消耗相当于38.5个单位，其中0.9%用于食物，41.6%用于家用及商用活动，31.2%用于工业活动与农业活动，18.2%用于交通活动；直到工业文明高峰期，人均能源消耗量达到115个单位，其中0.4%用于食物，28.7%用于家用及商用活动，39.6%用于各类生产活动，27.4%用于交通活动。与此同时，在距今大约1万年的时间里，地球上人口总数从不到50万人增加到目前的70多亿人，加上对于自然资源的过度消耗，从原始文明到工业文明顶峰期人类对自然索取的资源总量，增加了10^{15} ~ 10^{18}倍。地球的资源提供能力和生态承载能力，正面临越来越严峻的挑战。这种挑战迫使人们不得不去认真思考文明的形态、文明的内涵、文明的进化、文明的提升这一类关乎前途和命运的大问题。

历代的哲人与先贤，都从不同的角度和层面，探求具有健康基础的自然观和人文观，并且汇集到人类文明的智慧长河之中，如《周易》的“观乎天文以察时变，观乎人文以化成天下”；《孟子》的“天时不如地利，地利不如人和”；《论衡》中的“夫人不能以行感天，天亦不能随行而应人”；《齐民要术》中的“顺天时，量地利，则用力少而成功多；任情返道，劳而无获”。西方的一些著名学者，亦在人与自然关系的讨论中，提出了各种精微的思想和观点。“人地关系论”的倡导者，德国近代地理学创始人之一的卡尔·李特尔（Carl Ritter），在《欧洲》一书的前言中就明确指出：“整个土地呈现出生动的图景，在其上自然的与文化的产物、自然的与人文的面貌，所有这些均被巧妙地安排成一个整体，完美地体现了人与自然的最有意义的相互作用……土地影响着人类，而人类亦影响着土地”

(《大英百科全书》Carl Ritter 条目)。研究自然环境与人类活动的关系，从而寻求人与自然的和谐，这样一个具有动态变化的、伴随着不同发展水平和发展阶段的“人地关系”理论，深深地影响着20 世纪环境与发展、社会与发展、和平与发展、可持续发展等理论的提出与完善。

20 世纪 60 年代之后，以往的“人地关系”学说已经扩展到去识别“自然—社会—经济”复杂系统的本质和运行轨迹，人类文明的内核也相应地覆盖了既必须寻求“人与自然之间关系”的充分协调，也必须寻求“人与人之间关系”的充分和谐的层面。此种具有先锋式的认识到了 20 世纪 80 年代中期，集中汇集到布伦特莱报告《我们共同的未来》一书中，全面阐述了人与自然关系和人与人关系这两大主线的内在统一性，至此，表征人类文明的实体映像——设计，其理论与实践也必然要演进到一个全新的历史时期。

由上述可见，绿色设计的提出和实践，其理论内涵和基本精神，既可以追溯到古代文明的哲理精华，又包含着人类活动的实践映像。它始终以调适人与自然的关系、调适人与人的关系作为认知的两大主线，从而探讨生产活动的自然承载、时空耦合、脱钩发展、生态平衡以及消费活动的理性规则、社会分配的公平正义、人与人之间关系的伦理规范，最终达到人与自然之间的高度统一，同时实现人与人之间的高度和谐。由此不难概括出绿色设计是推进人类文明朝着“真善美”终极目标前行的新要求。

第二次世界大战之后，各国都在重新建设战后的家园。由于没能顾及自然的反应，没有注重“人与自然关系协调”和“人与人关系协调”的科学理论，人类很快就尝到了苦头，20 世纪 60 年代全球相继出现的“十大环境危机”和气候变化等全球问题，以及不断加剧的世界不公正等，就是明显的例证。

绿色设计与传统设计既有相似又有不同，本报告将绿色设计与传统设计进行了体系式的对比（见表 1）。

表 1　传统设计与绿色设计的体系对比

设计体系	传统设计	绿色设计
设计哲学	以满足人的欲望为主	以培养人的理性为主
设计理念	不太关注自然资本	全力关注自然资本
设计观点	以开环式线性思路为主	以闭环式非线性思路为主
设计要求	以满足消费侧为主	同时关注供给侧与消费侧
设计方法	以微观的产品层次为主	兼顾宏观与微观
设计表达	以具象的产品为主	注重具象与抽象的相结合
设计目标	以市场盈利为目标	经济效益与社会效益共赢
设计后效	不太关注环境效应	特别要求环境友好
设计惯性	不太关心生态赤字	达到脱钩发展，维系生态平衡
设计工具	传统设计工具为主	智慧设计、数字设计工具为主

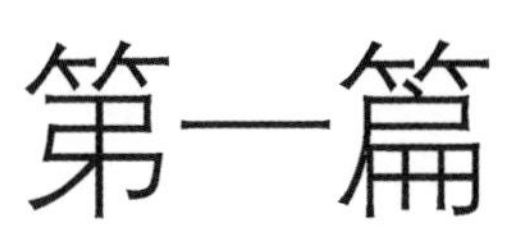

绿色设计理论篇

第一章 绿色设计源流

设计，是人们对于有目的实践活动所进行的预先策划和具有创意的智能活动；是一种针对目标问题的求解活动；是以某一目的为基础，将社会的、人类的、经济的、技术的、艺术的、心理的多种因素综合纳入生产的构思与技术。传统设计过度商业化的特点使其成为人类无节制消费的重要介质，对生态平衡造成了极大的破坏。在这种背景下，绿色设计应运而生。绿色设计在此基础之上，结合人类与自然关系的本质具象化蓝图，以可持续发展、生态主义、循环经济等思想为指导理论，以实现自然资源持续利用、绿色财富持续增长、生态环境持续改善、生活质量持续提高为根本目标的一种现代潮流。

本章梳理了绿色设计的源流，在原有的设计分类标准上，首次将大型工程设计和战略规划设计纳入设计领域范畴，分别归属于为了发展的设计和为了未来的设计两类。另外，本章首次将五大类别中的每一种设计分类在绿色设计理念上的内涵进行阐述。更合理的消费观念、更简洁的人性化设计、更长的使用生命周期、更广泛的对自然要素的运用、更绿色的生存环境、更小的资源消耗、更强的环保意识等都已逐渐成为现代意义上设计领域的根本评判标准，绿色工艺、绿色人居、绿色建筑、绿色战略、绿色发展等也都成为一种新的时尚潮流，深入人心。

(1) 传统意义上为了传达的设计过度注重功能设计或是仅以消费者的短期需求为目标，使得最大限度地刺激消费几乎成为了唯一的评判标准，这正是生态失调、资源浪费的根源所在。绿色设计将以可持续发展思想为基础、倡导人与自然和谐共存的绿色概念融入其中，倡导建立合理的消费观念，不仅强调与自然环境友好相处，同时注重设计的人文内涵。

(2) 为了使用的绿色设计旨在为使用者提供方便、适用的绿色设计方案。在考虑使用者便捷使用的同时必须考虑资源能源的消耗、生态环境的响应等方面。为了使用的绿色设计要求设计者在产品制造过程中充分考虑各个环节，从整体上把握原材料以及能源资源的消耗情况，对产品进行生态环境评估，将长远利益与当前利益相结合，将经济性与可持续发展相结合。

(3) 历史长河中，人类的居住环境经历了从自然环境向人工环境的演化过程。随着人类发展与环境、资源之间的矛盾日益尖锐，可持续发展思想和生态人文概念在人类意识上不断加深。为了人居的绿色设计，即绿色人居理念，开始步入到回归自然、与自然共生的转换，绿色、健康、节能、环保正在成为人居绿色设计的新趋势。

(4) 传统上以发展为目的的设计往往忽略对自然资源的节约利用以及对生态环境产生的影响。随着生态环境问题的日益严峻和对社会生活影响的深化，基于可持续发展、循环经济等思想的绿色设计理念将主导着整个世界发展前进的方向。为了发展的绿色设计，纵观整体布局，将设计、发展、环境融为一体，走资源消耗少、环境污染小、经济效益好的可持续发展之路，最终达到实现资源节约、环境友好的社会目标。

(5) 作为人类未来的导向标，战略规划设计被视为“为了未来的设计”。为了未来的绿色设计是指为解决战略问题所制定的行动目标、时间表和路线图。将“绿色”理念纳入到国家乃至全球的战略设计中，是人与自然、人与人之间和谐发展的最好诠释。

设计（design）一词，至今没有一个统一认可的定义。该词最早可追溯到1588年的《牛津英文词典》中：“为艺术品……（或是）应用艺术的物件所做的最初绘画的草稿，它规范了一件作品的完成。”世界著名艺术家阿切尔（Archer）将设计定义为“一种针对目标的问题求解活动”，现代设计大师蒙荷里·纳基（Moholy Nagy）曾指出，“设计并不是对制造品表面的装饰，而是以某一目的为基础，将社会的、人类的、经济的、技术的、艺术的、心理的多种因素综合起来，使其能纳入工业生产的轨道，对制品的这种构思和计划技术即设计”。中国学者牛文元则将设计定义为“设计是人们对于有目的实践活动所进行的预先策划和具有创意的智能活动。”

一般来说，依据人类世界的三大要素——人—社会—自然作为设计类型划分的坐标点可将设计大致划分为三类：“为了传达的设计；为了使用的设计；为了人居的设计”（尹定邦，1999）。其中，为了传达的设计是指信息发送者利用视觉符号向接受者传达信息的设计，大致涵盖平面设计和网站设计两类。为了使用的设计则是以产品为设计载体，目的是通过多种元素的组合把产品的形状以平面或立体的形式展现出来。该类别主要包括工业设计和机械设计。而为了人居的设计则主要是指人类按照自己在不同时期的思想意识、生活追求、理想和目标对自己聚居的地方环境进行重新组织、重新构想以及把这种构想落实到一个形态载体上的设计。该类别主要涵盖环艺设计、景观设计、建筑设计和城市设计。同时，本报告认为，从宏观角度上审视历史长河中人类对其自身及其所处的自然环境的发展与规划也应被纳入设计领域的范畴之内，即可被概括为“为了发展的设计和为了未来的设计”。其中，为了发展的设计包括大型工程设计；而为了未来的设计则主要涵盖战略规划设计。

随着社会的不断发展，设计在为人类创造现代生活方式的同时，过度商业化的特点也迫使其成为鼓励人类无节制消费的重要介质，从而加速了资源的消耗，并对生态平衡造成了极大的破坏。在这种背景下，绿色设计应运而生。牛文元先生针对“绿色设计”给出了定义：“绿色设计是深刻认识人与自然关系本质的具象化蓝图，是可持续发展在‘自然、经济、社会’复杂系统中的集中投射，是实现自然资源持续利用、绿色财富持续增长、生态环境持续改善、生活质量持续提高的现代设计潮流。”

如表 1-1 所示，本报告从设计对象、设计内容、设计目的、设计原则、设计要素及所涵盖的绿色设计理念等属性对以上五种设计类型进行对比。

表 1-1　设计的分类及其属性对比

类别	名称	设计对象	设计内容	设计目的	设计原则	设计要素	绿色理念
为了传达的设计	平面设计	文字和图像	通过多种方式来创造和结合符号、图片和文字，借此做出用来传达想法或讯息的视觉表现	利用各种形式语言来进行信息的传达	相关性原则；对齐性原则；重复性原则；对比性原则	创意要素；构图要素；色彩要素	合理消费观念；生态环保；人文内涵
	网站设计	网站与网页	利用计算机技术，根据一定的规则，将策划案中的内容、网站的主题模式以及自己的认识通过艺术的手法表现出来	产生网站，吸引目标群体关注，并以最小成本满足初始功能需求	目的性原则；实用性原则；整体与关联性原则；自适应性原则；导向清晰原则；优化原则；美观原则	文字要素；信息要素；创意要素；排版要素；色彩要素；多媒体要素	最大化用户需求；界面简洁；明细交互过程；模块化理念
为了使用的设计	工业设计	批量生产的产品	产品的整体外形线条、各种细节特征的相关位置、颜色、材质、音效；人机工程学；产品的生产流程、材料的选择以及在产品销售中展现产品的特色	满足人们生理与心理双方面的需求	实用性原则；美观原则；环境原则	功能要素；技术要素；造型要素	经济性；环保性；可回收性；功能实用性；装饰实用性；简洁性

续表

类别	名称	设计对象	设计内容	设计目的	设计原则	设计要素	绿色理念
为了使用的设计	机械设计	常规工作条件下的通用零件与专用零件	根据使用要求对机械的工作原理、结构、运动方式、力和能量的传递方式、各个零件的材料和形状尺寸、润滑方法等进行构思、分析和计算并将其转化为具体的描述以作为制造依据的工作过程	在各种限定的条件（如材料、加工能力、理论知识和计算手段等）下设计出最好的机械，即做出优化设计。	技术性能原则；标准化原则；可靠性原则；安全性原则	市场需求要素；技术要素；质量外观要素	实时生态环境评估；长远利益；环保标准
为了人居的设计	环艺设计	室内环境与室外景观	通过一定的组织、围合手段、对空间界面(室内外墙柱面、地面、顶棚、门窗等)进行艺术处理（形态、色彩、质地等），运用自然光、人工照明、家具、饰物的布置、造型等设计语言，加之植物花卉、水体、小品、雕塑等的配置，使建筑物的室内外空间环境体现出特定的氛围和一定的风格，来满足人们的功能使用及视觉审美上的需要	以满足人的需求为核心、地域性与历史性、科学性与艺术性、整体的环境观	整体性原则；多样性原则；方便性原则；安全性原则；舒适性原则；自然性原则；真实性原则；环保性原则	空间要素；色彩要素；材质要素；形态要素；陈设要素；绿化要素	人工、自然环境之间的平衡关系；最大化自然要素应用
	景观设计	景观	包括纯自然的生态保护和恢复，城市空间的布局与景观透视，人类各种聚落的生态环境与景观效果等	通过对土地及地上的物体（水、植物、铺装、建筑、小品等）和空间的合理科学安排，来创造安全、高效、健康、舒适和美丽的生活工作环境	功能性原则；生态性原则；文化性原则；艺术性原则；程序性原则；多样性原则	自然景观要素；人工景观要素	平衡性；最大化自然要素应用；最小化人工干预

续表

类别	名称	设计对象	设计内容	设计目的	设计原则	设计要素	绿色理念
为了人居的设计	建筑设计	一个建筑物或建筑群，包括生产性建筑和非生产性建筑两类	对建筑空间的研究以及对构成建筑空间的建筑物实体的研究。通常指设计一幢建筑物或建筑群所要做的全部工作，包括建筑设计、结构设计、设备设计三个方面的内容	在现有技术基础上，用最经济的手段来获得预定条件下满足设计所预期的各种功能的要求	整体性和综合性原则；联系性和动态性原则；结构性和最优化原则；节能原则	人文建筑功能；建筑技术；建筑艺术形象；经济合理性	绿色材料；最小化资源消耗；最大化资源利用
	城市设计	城市	对城市或城市中某地段的物质要素进行综合设计，创造实用、舒适、宜人且富有特色的城市空间环境，以满足人们物质、精神生活不断提高的多样需求	合理利用城市资源，促进城市繁荣，改进人类的空间环境质量，从而改进人的生活质量	可持续性原则；可达性原则；多样性原则；开放空间原则；兼容性原则；激励政策原则；适应性原则；开发强度原则；识别性原则	天然环境要素；人造环境要素	绿色空间；绿色系统；绿色人文
为了发展的设计	大型工程设计	内部结构复杂且外部联系广泛的大型工程	在法律、安全、经济、环境等条件的约束下，利用高新技术手段及巨大投资规模，完成对人类特定领域发展具有深远影响的大型工程项目的设计过程	实现人类发展阶段性及地域性的特殊目标，涉及多个领域	安全性原则；经济性原则；高效性原则；功能性原则；可持续性原则；生态性原则	系统要素；时间要素；空间要素；投入产出要素；技术要素	整体兼顾；绿色发展
为了未来的设计	战略规划设计	战略	为解决某个战略问题而对战略方案进行设计、比较、选优，并进而制定出战略的活动	以解决针对未来时间的战略问题为目的，并兼具技术性与政治性	信息性原则；系统性原则；预测性原则；客观性原则；智囊原则；优化性原则；效益原则；兼听原则	法律要素；情景要素；方向要素；量化要素；约束要素；标准要素	人与人、人与自然和谐共生

第一节 为了传达的设计

一、平面设计

平面设计泛指具有艺术性和专业性、以“视觉”作为沟通和表现的方式。透过多种方式来创造和结合符号、图片和文字，借此做出用来传达想法或讯息的视觉表现。主要在二度空间范围之内以轮廓线划分图与地之间的界限，描绘形象。平面设计所表现的立体空间感，并非实在的三度空间，而仅仅是图形对人的视觉引导作用形成的幻觉空间。

平面设计最早可追溯至公元前 14000 年左右的拉斯考克山洞（Lascaux）壁画，以及在公元前 300～400 万年诞生的书写语言，两者都是平面设计史上重要的里程碑（门小勇，2010）。印刷术的普及以及 1405 年古腾堡的活字印刷术诞生使得平面设计进入了人文主义或旧式风格时代。19 世纪上半叶，以字体为核心的一系列创造成为了当时平面设计的主题。同时，英国维多利亚女王所创造的和平、繁荣、没有战争动乱的稳定局面使得平面设计水平达到了一个新的高峰。这一时期的平面设计可定义为“维多利亚时期的大众化平面设计”，主要具有复杂、繁琐、媚俗等特点（王受之，1998）。然而，自第二次工业革命以后，大批量工业化生产的需求以及维多利亚时期的繁琐装饰均造成了平面设计水平急剧下降，西方各国开始借鉴传统的设计和远东的设计风格，在根本上改变和扭转设计颓败的趋势。19 世纪末 20 世纪初在欧美爆发的以强调自然主义风格为主题的“新艺术”运动标志着该浪潮达到顶峰。

20 世纪二三十年代，俄国的构成主义、荷兰的风格派、德国的包豪斯成为了现代设计思想和形式的基础（王受之，1998）。三个运动影响了欧洲各国各种艺术流派，形成了欧洲现代主义设计观念的基本框架。该时期的平面设计理念提倡以功能主义为中心，利用简洁的几何形状作为表现形式，充分考虑空间利用与整体设计，并将经济目标作为设计要素之一。20 世纪 60 年代末，平面设计开始进入后现代社会，从意识上看，后现代主义是现代主义的一种延伸与发展，其主张以装饰手法传达视觉上的丰富，并鼓励个性自由的发挥以及对艺术的自我宣泄。20 世纪 80～90 年代，电子技术的迅猛发展改变了人类传统的生活方式，同时也为平面设计带来了革命性的发展。随着电脑技术被逐渐广泛应用于平面设计领域，成果的效率与质量大大提高，同时也促进了信息之间的传播，并为平面设计从二维、静态形式发展到动态及三维形式提供技术支持。

二、网站设计

网站设计是一个把软件需求转换成用软件网站表示的过程，即在互联网上，根据一定的规则，利用特定计算机工具制作的用于展示特定内容的相关网页的集合。通俗来讲，网站设计的主要目的就是产生网站，它是一种建立在新型媒体之上的新型设计，具备良好的视觉效果、互动性及互操作性。

1991 年，蒂姆·伯纳斯·李（Tim Berners-Lee）发布了第一个基于文本、含有十几个链接的网站，目的是告诉人们万维网的概念。随后的网站基本都与其相似：单栏设计，仅包含文本元素，有一些链接等。1994 年，万维网联盟（W3C）成立，并将 HTML 设定为网站标准标记语言，代表了网络领域的初步统一。该组织于 1995 年 3 月提出 HTML 3.0，实现了表格、文字绕排和复杂数学元素的显示等。其中，表格布局为网站设计师创造了更多的选择，例如制作多栏目的网页。同一时期的网站设计较为侧重良好的结构美学以及 GIF 的占位问题，微软公司曾针对该问题做了专题教程。于 1996 年开发的 Flash 软件（最初被称为 Future Splash Animator，然后是 Macromedia Flash，现在叫做 Adobe Flash）则使网站设计的视觉效果有了质的飞跃。起初，该软件只有非常基本的工具与时间线，最终发展成能够开发整套网站的强大工具。Flash 使创建复杂的、互动性强并且拥有动画元素的网站成为可能。借助 Flash，设计师可以随心所欲地在网页上展现任何形状、布局、动画和交互。所有的这一切最终会通过 Flash 被打包成一个文件，然后被发送到浏览器端显示出来。同年，迈克尔·鲍尔斯（Michael Powers）编写了用于制作三维站点的 3DML 语言，其实际上由一种非标准的 XML 语言写成，相比其他语言来说，它具有更快的 3D 模型构建速度及更小的文件体积。在 Flash 与 3DML 崛起的同时，一种更好的网页结构化设计工具 CSS 诞生了。其主要是可用于将网页内容的样式分离出来，所以网页的外观和格式等属性将会在 CSS 中被定义，但内容依然保留在 HTML 中。CSS 极大地缩减了标签的混乱，还创造了简洁并语义化的网页布局，且令网站维护更加简便。然而，由于当时缺乏主流浏览器的支持，CSS 直到 21 世纪初才开始被网站设计者们熟知。

20 世纪 90 年代末至 21 世纪初，由几种网络技术（如 JavaScript 和一些服务器端脚本语言）组成的用于创作互动/动画页面元素的 DHTML 技术开始广泛地应用，随着 Flash 的发展和 DHTML 的普及，不只是阅读静态内容，允许用户与网页内容互动的交互页面概念也诞生了。同时，JavaScript 语言开始兴起，被广泛用于 Web 应用开发，常用来为网页添加各式各样的动态功能，为用户提供更流畅美观的浏览效果。“Web 2.0”的概念始于 2004 年 O'Reilly 和 Media Live International 之间的一场头脑风暴论坛。其仅代表了一个新的网络阶段，或者说是互联网建设的一种新模式。然而，Web 2.0 则只是互联网发展阶段的过渡产物，“要求互联网价值的重新分配”将是一种未来互联网发展的必然趋势，从而催成新一代互联网的产生，即 Web 3.0。与 Web 2.0 相似，Web 3.0 的本质是思想上的创新，进而指导技术的发展和应用。其中，语义网是对未来网络的一个设想，现在与 Web 3.0 这一概念结合在一起，作为3.0 网络时代的特征之一。

三、为了传达的绿色设计

随着人类与环境问题的日益突出，人类开始重新审视自己在过去岁月中的发展行为，以可持续发展思想为基础，倡导人与自然和谐共存的绿色概念也开始融入以传达为目的的设计之中。

传统意义上的平面设计注重功能设计或是以消费者的短期需求为目标，使得最大限度地刺激消费几乎成为了唯一的评判标准，这正是生态失调、资源浪费的根源所在。一些生产企业利用“过度包装”“ 奢华包装”来赚取更大的利润，一些异形的书籍在纸张运用上就会造成浪费，并且在运输过程中也会因为空间占用较大引起一定的不方便（王健，2008）。相比较之下，现代意义上的平面设计则倡导建立合理的消费观念，不仅强调与自然环境友好相处，同时注重设计的人文内涵。例如，一些绿色包装设计遏制了过度包装，并选用低成本、无污染、可再生、可回收的包装材料，节约了资源的使用。同时，包装的结构也进行了简洁性设计，方便运输、携带，减少空间占用。另外，绿色设计意义上的平面书籍设计应尽量符合印刷纸张的开本，从而最大限度的节约用纸，同时，应可能减少为了装帧华丽而大肆利用高档材料、复杂形式的行为，避免不必要的浪费。

以互联网为媒介的网站设计也同样开始融入了绿色设计理念。随着信息科技的迅猛发展，不断增多的垃圾信息充斥于互联网空间，不仅对网络秩序产生了威胁，也大大增加了人们获取有效信息的难度（万军，2009）。另外，一些互联网服务供应商为了提供更为丰富的内容，消耗了巨额的环境成本。在该背景之下，以最大化用户需求为基准的创作思想开始涌现。例如，拥有简洁界面、明细交互过程及模块化理念的网站开始更为人们所接受，其不仅能有效降低用户浏览时的网络延迟，还可以极大节省网络宽带资源，提高使用效率，并减少维护成本。

第二节　为了使用的设计

一、工业设计

工业设计是一门以工业产品为对象，涉及工学、美学、经济学、人体工程学、社会学和心理学等领域的复杂学科。作为生产性服务业的重要组成部分，其发展水平已经成为评价地域工业竞争力的标志之一。

工业设计起始于19世纪中叶，西方各国相继完成了工业革命，宣告传统手工艺生产方式的终结，机械化、批量化大生产促使社会各行业、各工种的分工细化（李亮之，2001）。一般来说，由于手工业生产方式已经积累了若干年的生产经验，可以很好地将技术与艺术相结合。相比之下，机器工业无法有效地继承该特点，但为了适应消费者传统的审美习惯，通常把手工业产品的装饰直接强加到工业产品中（何人可，2010）。然而，该做法并没有得到人们的认同，严重缺乏设计、拙劣、粗糙的产品引发了生产者和消费者之间的利益冲突。这种情况下，以工艺合理性、结构精简性和材料适用性为主题，同时注重曲线和装饰美感的思想逐渐成为改良的趋势。之后，由于第一次世界大战和第二次世界大战期间历史的特殊性，各国的工业设计产生了鲜明的地域特点；同时，对设计师的重视也达到了前所未有的程度。另外，国立包豪斯学校（Das Staatliches Bauhaus，1919～1933）的建立也标志着工业设计已经逐步成为以教育为主导的活动。建立者瓦尔特·格罗佩斯（Walter Gropius）主张尊重产品的自身结构逻辑，并强调几何思想在设计中的灵活运用，关注商业因素，最终做到实用、经济、美观。但就局限性来说，他在某种程度上忽视了传统设计的精髓，同时抹杀了个性的表现意义。由于德国纳粹的迫害，该校被迫于1933年7月解散。第二次世界大战中，美国收留了大量的包豪斯流亡人员；同时，战后的美国较其他国家而言并没有遭到大幅度的破坏，其科学技术水平在当时也已处于世界领先地位，从而为工业设计的发展提供了理想的环境（何人可，2010）。因此，世界工业设计的中心逐渐转移到美国。战争结束后，大量的军事科学技术用于民用生产，从而大大推动了经济的增长，引起了产业结构的重大变化，不断开发出巨大的新市场。同时，愈加严重的消费膨胀现象以及市场销售中空前剧烈的产品竞争也促使工业设计不断向商业化方向靠近。从而在很大程度上推动了世界工业设计的发展。

20世纪50年代后期，随着科学技术的不断进步，全球各国贸易边界不断扩张，国家间各学科的学术交流也开始更为频繁。期间，为了促进工业设计在全球性质的深入探讨，国际工业设计协会于1957年4月在伦敦成立，标志着工业设计已走上了健康发展的轨道。另外，随后出现的能源危机和环境问题等，促使工业设计与环境学、材料学、心理学、市场学、人机工程学等现代科学有机结合，逐步形成以新科学为基础的独立学科，并已广泛应用于各个领域。

二、机械设计

机械设计是指根据用户的使用要求对专用机械的工作原理、结构、运动方式、力和能量的传递方式、各个零件的材料和形状尺寸、润滑方法等进行构思、分析和计算并将其转化为具体的描述以作为制造依据的工作过程，目标是在满足已设定的约束条件下，做出优化设计。

最早的机械设计可追溯到古代社会。近代考古发现以及一些古代经典著作均证明了中国在农具、交通工具、武器和生活用具的制造方面到秦汉时已经达到相当高的技术水平，在当时处于世界领先地位（蔡赛，2011）。例如，《道德经》中有记载，“三十辐共一毂，像日月也”，而在秦始皇陵发现的二号铜车马，车融会贯通就有 30 个车辐，表明在当时对轮辐的数目已经有了一定的规则。一般来说，在中国古代，机械发明的设计者与制造者是统一的。唐代时期，由于中国与许多国家的经济、文化和科学技术的交流日益频繁，同时扩展了贸易边界，大幅增加了商品在数量与质量上的要求，从而促进了生产设备的改进速度，整个世界范围内的机械设计有了很大的发展，机械设计水平也前进了一大步。

之后，机械设计的焦点逐渐转到西方欧洲国家。17 世纪初，欧洲各国的航海、纺织以及钟表等行业迅速兴起，从而也提出了很多机械设计的技术难题。基于此，哲学学院与试验研究会和柏林学会于 1644 年分别在英国和德国成立。同时，法国和意大利也于 1666 年组建了相关研究机构（蔡赛，2011）。期间，许多知名学者提出了经典理论和重大发明，为机械设计的未来发展奠定了基础。例如，伽利略（Galileo）发表了自由落体定律、惯性定律、抛物体运动，还进行过梁的弯曲实验；牛顿（Newton）在 1687 年发表的论文《自然定律》里，对万有引力和三大运动定律进行了描述；胡克（Hooke）建立了在一定范围内弹性体的应力—应变成正比的胡克定律；瓦特（Watt）于 1764 年发明了蒸汽机，推动了多种行业对机械的需求，进入了产业革命时代。同时，各种机械的载荷、速度、尺寸都有很大的提高。1854 年，德国学者劳莱克斯（Reuleaux. F）在著作《机械制造中的设计学》中首次将机械设计从力学中分离出来，建立了以力学和制造为基础的新科学体系。

第二次世界大战之后，作为机械设计理论基础的机械学科迅速发展，摩擦学、可靠分析、机械优化设计、有限元运算，尤其是计算机在机械设计中迅速推广，使机械设计的速度和质量都有了大幅的提高，也标志着机械设计已经进入了一个新的纪元。同时，随着全球化贸易的不断发展，国际市场的激烈竞争也为现代机械设计的进步提供了催化剂。各国逐渐认识到机械设计产品在提高竞争力、发展国家经济中的重要性。这一时期，机械设计获得了空前的进步，且已逐渐成为一门独立学科。

三、为了使用的绿色设计

为了使用的设计旨在为使用者提供方便、实用的设计方案。随着“绿色时代”的到来，以使用为目的的设计行为在此背景下也注入了新的生命内涵，形成了新的为了使用的绿色设计理念。在考虑使用者便捷使用的同时也要考虑资源能源的消耗、生态环境的响应等。

工业设计的历史久远，在人类的发展历程中，工业设计推动整个工业文明的发展和前进。传统的工业设计过多地关注产品及工艺的实用性、美观性以及经济性，唯独没有涉及绿色环保意识，造成了资源能源以及原材料的浪费，产品无法回收处理，从而对生态环境产生了深远的影响。另外，在商业利益的驱动下，产品的生产周期逐渐缩短，加速了地球上不可再生资源的枯竭。20 世纪 50 年代后期，随着科学技术的不断进步，全球各国贸易边界不断扩张，国家间各学科的学术交流也更为频繁。期间，为了促进工业设计在全球性质的深入探讨，国际工业设计协会于 1957 年 4 月在伦敦成立，其标志着工业设计已走上了绿色可持续发展的健康轨道。

机械设计在工业生产中具有重要的作用，它是一个完整的加工制造环节，传统的机械设计过程只注重成品功能，部分产品在生产过程中加入对人体有害的物质成分，因此在从事生产制造的过程中使用者不断地付出生命的代价。机械设计中存在的问题，引起了国际社会的反思，致力于研究机械设计的设计者们在不断地改善产品的设计问题，使机械设计融入绿色设计的理念。绿色设计理念可以帮助设计者在机械制造过程中充分考虑各个环节的因素，从整体上把握原材料以及能源资源的消耗情况，及时对产品进行生态环境评估，将长远利益与当前利益结合，将经济性与可持续发展理念结合。

第三节　为了人居的设计

一、环艺设计

环艺设计又可称为“环境艺术设计”，是一种新兴的艺术设计门类。涉及的学科广泛，主要包含建筑设计、室内设计、公共艺术设计、景观设计等。环艺设计以建筑学为基础，但更注重建筑的室内外环境艺术气氛的营造、规划细节的落实与完善以及局部与整体的关系。环艺设计是自然与人工、科学与技术结合的产物。

早在原始社会，环艺设计就已经与人类的生活和劳作息息相关。其体现方式则主要蕴含着智慧与创造力的劳动成果，例如用茅草树皮盖的简陋的房屋、山洞的壁画及各种陶器等。之后，人类由原始社会逐渐过渡到农业社会，生产力的扩大与膨胀促使改造自然活动加强。同时，由于地域与文化的差异，所创造的成果也有所不同。工业社会时期，民主、社会、无产阶级等思想主导着环艺设计的发展。同时，如何将建筑与自然紧密联系在一起成为了当时环艺设计探讨的主题。然而，真正意义上的环艺设计出现于 20 世纪 80 年代，快速的经济发展伴随着大量的资源浪费、环境污染，从而引发出很多令人担忧的全球问题，人类的生存环境受到前所未有的威胁（马晶，2011）。基于此，各国开始树立科学发展观和建立资源节约型、环境友好型社会的发展战略，其中，环艺设计作为以协调人类自然关系为目标的艺术科目，在可持续发展的大背景下，成为了该战略的重要组成部分（施琴，2011）。同时，以循环经济为原则，以对生存环境的改善和对环境合理利用为目标，在满足人们实际功能需求的基础上，避免设计的复杂对资源的消耗和占用，且考虑生态要求和经济要求之间的平衡的思想，成为未来环艺设计的发展与实践方向。

二、景观设计

景观设计是通过对土地上空间的设计，使自然环境与社会环境相互协调；融合建筑、艺术、工程、自然与人文科学，帮助人们建立生活意识，创造健康、舒适和安全的高品质生活居住环境。景观设计与规划、生态、地理等多种学科交叉融合，目标是将人的活动，包括城市、建筑、水利和交通等人类工程，与生命的土地和谐相处。

景观设计自远古时期就已经存在，一般来说，其与城市设计、建筑设计等领域是紧密联系的。在古代文明中，景观成为城市强弱的象征，其主要以花园或园林为表现形式(郝鸥，2014)。新石器时代，从猎人过渡而来的采集者开始收集种子与植物，并为它们提供保护，这是最早意义上的景观。在长期的生产生活中人们对自然界的认识从模糊到清晰，对自然上天的崇拜观念逐渐形成，这一时期的各种纪念性景观是早期建筑文化的主要表达。其中，亚述人所建造的狩猎苑囿是最早渗入到环境中的景观园林设计。文艺复兴时期，以意大利和法国为先驱的西方各国建筑景观发生极大变革。景观的形式属于古希腊罗马风格的一种继承和超越。虽仍处于围墙之内，但是强调轴线设计则是侧重空间的延伸和边界向地平线的延伸。其中，巴洛克园林属于文艺复兴后期的代表风格，其以浪漫主义的精神作为形式设计的出发点，以反古典主义的严肃、拘谨、偏重于理性的形式，赋予了更为亲切和柔性的效果。这一时期，人类进入农业文明，对自然界有了一定的驾驭能力，开始开垦耕作农田、修建水利灌溉工程、砍伐森林等。因而创造了农业文明所特有的“田园风光”。随着生产力和生活水平的提高，古典园林开始大肆兴建，其主要是为少数统治阶级服务，且以追求视觉景观之美和精神的陶冶为主要目的。19 世纪中叶，植物研究成为专门的学科，大量花卉开始在景观中运用，花卉在园林中的地位愈来愈重要，花卉的形态、色彩、香味、花期和栽植方式均成为景观设计中的重点。

相较于西方国家强调人工创造的几何形景观而言，以中国为代表的东方各国景观设计则更加侧重自然山水的利用，要求融于自然、顺乎自然。这是中国古代园林体现“天人合一”汉民族文化观念所在，是中国园林的最大特色，也是其永具艺术生命力的根本原因

（杨吉方和毛白滔，2010；高银贵，2007）。一方面，按占有者身份可分为皇家园林和私家园林。前者是专供帝王休息享乐的园林，具有规模宏大、建筑色彩富丽堂皇等特点，代表作有颐和园、承德避暑山庄等；而后者是供皇家的宗室外戚、王公官僚、富商等休闲的园林，规模相对较小，而且其中的建筑小巧玲珑，代表作有苏州拙政园、北京恭王府等。另一方面，按所在地域可分为北方园林、江南园林和岭南园林。其中，北方园林具有占地面积广、建筑富丽堂皇、河川和常绿树木较少以及风格粗犷等特点；江南园林则大多面积小且淡雅朴素；而岭南园林则以热带风光为主，建筑高且宽敞。

然而，直到19世纪的工业化时期，现代意义上的景观设计才被提出。工业革命虽然在某种程度上给人类带来了巨大的社会生产进步，但由于人们认识局限性的客观存在以及对生态环境承载力考虑上的欠缺，直接导致了生态环境的破坏和人们生活质量的下降。当时的城市极为拥挤且污染严重，引起了居民的不满。他们针对此问题进行商讨并提出了一些建议。其中，最为著名的是埃比尼泽·霍华德（Ebenezer Howard）提出的花园城市概念，即减小城市规模，降低城市人口密度，开发城市外环的郊区，并建立新城镇居住区。20世纪初，该想法影响了英美及部分欧洲国家城市开发的战略制定。期间的代表作有1857年建造的世界第一个城市公园——纽约“中央公园”以及1872年建造的世界第一个国家公园——美国“黄石公园”。

三、建筑设计

广义上的建筑设计是指设计一个建筑物或建筑群所要做的全部工作。不断更新的科学技术被广泛应用于建筑设计中，同时扩大了其所涉及的领域，主要包含建筑学、结构学以及给水、排水、供暖、空气调节、电气、燃气、消防、防火、自动化控制管理、建筑声学、建筑光学、建筑热工学、工程估算、园林绿化等方面的知识，并需要各种科学技术人员的密切协作。

人类历史上的第一批巨型建筑产生于埃及，巨大的陵墓金字塔反映了当时已有了一定的几何、测量和起重运输机械等领域知识储备。而古希腊的建筑则与古埃及建筑宏大雄伟的风格产生了鲜明的对比，该类建筑将朴素的形式与人体活动相适应的尺度完美地结合，并通过材料与施工以及相适应的装饰得以充分体现（王受之，2012）。其中，帕提农神庙（公元前447～438年）是其标志性成果之一。古罗马建筑直接继承了古希腊建筑的思想，但建筑的类型、数量和规模都大大超过了前者。拱券和穹隆结构技术的发明以及天然混凝土材料的使用是该时期建筑设计的最大成就。代表作有大角斗场、万神庙、卡拉卡拉浴场等。其中面积最大的温水厅用三个十字拱覆盖，是古罗马结构技术的代表；而三层迭起连续拱券输水道则被认为是工程技术史上的奇迹。

之后的拜占庭形成独特的建筑体系，继承了古希腊、古罗马的建筑遗产，同时吸取了波斯、两河流域等地的经验。该类建筑群以基督教为背景，具有鲜明的宗教色彩，其突出特点是屋顶的圆形，同时，中心对称式构图的纪念性艺术形象同结构技术相协调（罗小未，2004）。兴建于君士坦丁堡的圣索菲亚大教堂是拜占庭建筑的代表作。罗曼建筑则是向哥特式建筑的过渡形式，其首次将沉重的墙体结构与垂直上升的动势结合起来，同时把高塔组织到建筑的完整构图之中。而哥特式建筑是一种兴盛于中世纪高峰与末期的建筑风格，它由罗曼式建筑发展而来，为文艺复兴建筑所继承。建筑特色包括尖形拱门、肋状拱顶与飞拱。代表作有巴黎圣母院以及米兰大教堂。巴洛克建筑是18 世纪在意大利文艺复兴建筑基础上发展起来的一种建筑和装饰风格，其特点是追求动感自由的外形，喜好富丽的装饰和雕刻以及强烈的色彩，常用穿插的曲面和椭圆形空间。

中国古代建筑也具有悠久的历史传统和光辉的成就。例如，万里长城、释迦塔、卢沟桥、大雁塔等。其中，被列为世界文化遗产、七大奇迹之一的万里长城，其历史可上溯到西周时期，是中国古代劳动人民创造的伟大奇迹，是中国悠久历史的见证；位于中国境内山西省朔州市应县城西北佛宫寺的释迦塔建于公元1065 年，现与意大利比萨斜塔、巴黎埃菲尔铁塔并称“世界三大奇塔”。

直到近代，建筑设计和建筑施工逐渐分离开来，各自成为了独立的学科。这在西方是从文艺复兴时期开始萌芽，到产业革命时期才逐渐成熟；在中国则是清代后期在外来的影响下逐步形成的。随着社会的发展和科学技术的进步，建筑所包含的内容、所要解决的问题越来越复杂，客观上需要更为细致的社会分工，促使建筑设计逐渐形成专业，成为一门独立的分支学科。现代主义建筑充分利用先进的生产力，探索新的建筑形式。它顺应了资本主义生存发展的需要，成为近代建筑发展的主流。19 世纪下半叶钢铁和水泥的应用，为建筑革命准备了条件。1851 年兴建的水晶宫，采用铁架构件和玻璃，现场装配，成为近现代建筑的开端。

四、城市设计

城市设计是一种关注城市规划布局、城市面貌、城镇功能，并且尤其关注城市公共空间的学科。相对于城市规划的抽象性和数据化，城市设计更具具体性和图形化；但是，因为20 世纪中叶以后实务上的城市设计多半是为景观设计或建筑设计提供指导、参考架构，因而与具体的景观设计或建筑设计有所区别（张明，1987）。

城市设计自1 万多年前的新石器时代就已经客观存在了，主要是以对村落形式的群居生存环境为主的规划设计。这一时期的规划大多以实用性为主，例如抵御自然灾害、防范异族入侵等。随着人类文明的不断进步、劳动工具的改进与技术水平的提高，手工业以及以交换为目的的商品生产开始出现（张明，1987）。同时，仅以商品交换为活动的阶级也随之兴起，从而摆脱了土地对其的束缚，一些固定的交易场所应运而生，即为早期的城市。其中，较具有代表性的包括古希腊和古罗马。前者追求城市的自然与和谐，并以人本主义为原则；而后者则以体现政治军事力量以及直接实用性为目的，侧重开敞空间的创造与城市秩序的建立。之后的欧洲中世纪的城市设计大致可分为要塞型、城堡型和商业交通型。大多具有围合特性，城市整齐、统一并具有条理性，而且各个地域的城市设计具有不同的特色。而以中国为主的东方城市，大多中轴对称，且具有规整的方格路网。

现代城市设计将目光逐渐锁定在以人为本的基础思想之上，注重城市的连续决策过程。城市形态灵活且与当地的特殊景观和环境特征相联系，创造出有当地特征的环境和空间。同时强调城市整体的美观性、实用性以及协调性。

五、为了人居的绿色设计

历史长河中，人类的居住环境经历了从自然环境向人工环境的演化过程。随着人类发展与环境、资源之间的矛盾日益尖锐，可持续发展思想和生态人文概念在人类意识上不断加深。为了人居的绿色设计，即绿色人居理念，开始步入到回归自然、与自然共生的转换，绿色、健康、节能、环保正在成为人居绿色设计的新趋势。

就环艺设计来说，绿色设计理念的融入即要处理好人工环境与自然环境之间的关系（孟涛，2014）。作为设计者，需对环境问题给予充分的考虑，例如如何以恰当的手段使得在满足人们实际功能需求目标的同时最大可能的减少环境成本。同时，充分利用阳光、空气、水分等自然因素，加大对绿化植物的使用也是绿色环艺设计中重要的实践方法。

作为绿色意义上的景观设计，就是让系统内的自然要素自身来维持平衡，而不是通过人工干预来维系平衡关系。绿色景观设计从原有的封闭式内向型转为开放型，同时也着重发挥着改善人居环境质量以及为城市人群提供公共交往活动场地的作用。同时，以可持续发展和“以人为本”思想为基准的城市生态系统也开始融入景观设计中。

真正意义上的绿色建筑始于美国建筑师伊安·麦克哈格（Ian McHarg）于1969年所著的《设计结合自然》一书，同时，生态能源技术的发展也为绿色建筑的节能目标的实现提供了有效保障。自1990年起，以英国为先导的世界各国相继开始制定自己的绿色建筑标准，并在世界范围内兴建绿色建筑。绿色建筑倡导对绿色材料的运用，即尽可能使用天然无毒建材，同时通过设计手段来实现节省资源消耗、提高资源利用率，例如，使建筑中的采光、温度、空气等系统与外部自然环境相融合，成为完整、和谐的统一体。

从城市的宏观层面来看，功能结构和空间格局的不合理分配、交通工具急速增长造成的高碳排放以及高耗能建筑导致的能源超额消费已然成为了制约中国可持续发展的重要障碍（王建国和王兴平，2011）。而绿色城市设计的落脚点则是既要金山银山，也要绿水青山，同时时刻把握人与自然的和谐发展以及节能、低碳和可再生的根本原则。另外，绿色城市设计侧重在三维的城市空间坐标中化解各种矛盾，对空间内的人文与自然物质要素在实现预定统一目标的前提下进行综合设计，使城市达到各种设施功能相互配合和协调，从而建立新的立体绿色形态系统。

第四节　为了发展的设计

一、大型工程设计

大型工程设计是指为达到一定的功能与发展目的，对建设工程中所需的技术、经济、资源、环境等条件进行综合分析、论证、评价，根据法律法规约束条件而制定的工程方案设计。它是人们运用在历史中所积累的经验与知识方法结晶，有目标地创造工程构想与计划的过程。该类设计具有技术复合度高、技术风险高、实施难度大、投资规模巨大以及效益突变性大等特点。

回顾历史，以人类发展为目标的大型工程设计层出不穷。19 ~ 20 世纪，欧美洲为了连通世界，促进各地方经济文化交流，苏伊士运河、巴拿马运河以及英吉利海峡隧道分别于 1869 年、1914 年和 1994 年陆续开通。其中，作为亚洲与非洲间的分界线，苏伊士运河在埃及贯通苏伊士地峡，连接地中海与红海，提供从欧洲至印度洋和西太平洋附近土地的最近的航线，肩负着连通亚洲与非洲、欧洲的重要使命，是世界上最具有战略意义的两条人工水道之一（另一条为巴拿马运河）；巴拿马运河位于中美洲国家巴拿马，横穿巴拿马地峡，是沟通大西洋与太平洋的重要航运水道，极大地促进了世界海运业的发展，同时，巴拿马运河也极大地缩短了美国东西海岸间的航程；而英吉利海峡隧道也称为英法海底隧道、欧洲隧道，该工程的建成大大缩短了英国与其他欧盟各国往返的时间，将欧洲铁路网进行了完美的填补，对欧洲一体化进程产生了重要影响。

中国自古代就开始兴建大型工程设计，对人类发展作出了巨大贡献。例如，京杭大运河是世界上里程最长、工程最大的古代运河，也是最古老的运河之一，全长约 1797 公里，开凿到现在已有 2500 多年的历史；坐落在成都平原西部的岷江上的都江堰，始建于秦昭王末年（约公元前 256 年至公元前 251 年），是全世界迄今为止年代最久、唯一留存、仍在一直使用、以无坝引水为特征的大型工程设计；万里长城，是中国也是世界上修建时间最长、工程量最大的一项古代防御工程，是世界文化遗产之一，被称为人类的奇迹。长城修筑的历史可上溯到西周时期，延续不断修筑了2000多年，分布于中国北部和中部的广大地域之上，长度总计达5万多公里。

二、为了发展的绿色设计

大型工程设计是一项关系国计民生的设计类别，对国家乃至全球经济和社会发展起着十分重要的作用，其几乎涉及人类发展活动的全部领域。传统上的大型工程设计往往忽略自然资源的节约利用以及对生态环境产生的影响。随着生态环境问题的日益严峻和对社会生活影响的深化，人们保护生态环境的意识逐渐提高，人与自然共生发展的要求逐步提高，基于可持续发展、循环经济等思想的绿色设计理念也开始主导着整个世界发展前进的方向。为了发展的绿色设计，纵观整体布局，将设计、发展、环境融为一体，走资源消耗少、环境污染小、经济效益好的可持续发展之路，最终实现资源节约、环境友好的社会目标。

近几十年，以改善环境质量、提高生活水平为目的的超大型工程绿色设计在中国开始兴起，例如三峡工程、三北防护林工程、高速铁路网、西气东输、南水北调、京津冀一体化等。其中，三峡工程是迄今为止世界上最大的水利水电枢纽工程，该工程在改善航运、推动发展绿色设计、保护环境以及保障能源安全等方面有着十分重要的作用，现已成为全世界最大的水力发电站和清洁能源生产基地；青藏铁路，是实施西部大开发战略、实现中国各民族共同繁荣发展的标志性超大型工程，是世界海拔最高、线路最长的高原铁路。同时，青藏铁路建设中始终坚持绿色设计理念，将保护珍稀动植物、维护原始景观放于首位。据统计，修建过程中用于环境保护的投资高达15.4亿元，同时委托第三方进行全线环境保护监控。青藏铁路的竣工对青藏两省区加快经济社会发展、改善各族群众生活、增进民族团结和巩固祖国边防都具有十分重大的意义；南水北调是缓解中国北方水资源严重短缺局面的重大战略性超大型工程项目，该工程从宏观意义上增加了中国水资源的综合承载能力，提高了资源的配置效率，同时有利于缓解水资源短缺对北方地区城市化发展的制约，促进了当地城市化进程。

第五节　为了未来的设计

一、战略规划设计

战略规划设计是指为解决战略问题所设计制定的行动目标、步骤和行动要求，即战略方案的内容，这是一种静态的涵义；作为动词的“战略规划设计”是指行动目标、步骤和行动要求的设计制定过程，即是战略方案的制定过程，这是一种动态的含义。战略规划设计以大局为着眼点，对未来有一定的前瞻性，同时尊重客观规律，发挥智囊团作用，征求民众意见，最终选取最优方案，以实现初始设计目的。战略规划设计是各国乃至全世界未来前行的导向标，关系着整个人类的生存与发展。

战略规划设计自人类的起源时代就已经出现，任何作为集体活动指导的方案都属于早期战略规划设计的范畴。例如，群居的迁移导向、集体的劳作分配以及与其他部落的外交行为原则等。该类设计在历史上随着人类的发展一直得以延续，是一切物质化与精神化的开端，为人类所创造，同时指引着人类演化与繁衍的方向。

二、为了未来的绿色设计

作为人类未来的导向标，战略规划设计被视为“为了未来的设计”。为了未来的绿色设计以创新发展为起点，兼顾统筹协调，放眼未来。绿色战略规划设计在世界范围内兴起。

中国“十三五”规划确立了五大发展理念：创新、协调、绿色、开放、共享。将“绿色”的理念纳入到国家战略设计中，体现了人与自然、人与人之间的和谐发展。从根本上改变了旧的战略设计模式，使绿色设计与战略规划设计融为有机的整体。“十三五”规划是2016~2020年中国经济社会发展的宏伟蓝图，是各族人民共同的行动纲领，是政府履行经济调节、市场监管、社会管理和公共服务职责的重要依据。同时，习近平主席于2013年9月提出的“一带一路”战略为中国未来区域经济建设与世界外交手段提供了明确指引方向。“一带一路”是指“丝绸之路经济带”和“21世纪海上丝绸之路”的简称。它充分依靠中国与有关国家既有的双多边机制，借助既有的、行之有效的区域合作平台。“一带一路”战略是目前中国最高的国家级顶层战略。该规划提出，要发挥新疆独特的区位优势和向西开放重要窗口作用，深化与中亚、南亚、西亚等国家交流合作，形成丝绸之路经济带上重要的交通枢纽、商贸物流和文化科教中心，打造丝绸之路经济带核心区。

另一代表性绿色战略设计为欧盟委员会于2010年公布的未来十年欧盟经济发展计划，即“欧盟2020战略”，旨在加强各成员国间经济战略的协调，在应对气候变化的同时促进经济增长，扩大就业。根据该项计划，欧盟将重点关注科技创新、研发、教育、清洁能源及劳动力市场自由化。其中包含了一些具体量化指标，如二氧化碳排放量在1990年基础上削减20%，可再生能源占最终能耗来源的比重达到20%等。

专栏1-1　世界设计领域名人

1. 沃尔特·提格（Walter Darwin Teaque，1883～1960）

美国最早的职业工业设计师之一，同时也是一位非常成功的平面设计家。他的设计生涯与世界最大的摄影器材公司——柯达公司有非常密切的关系。1927年为柯达公司设计照相机包装，1936年设计了柯达公司的“班腾”相机，这是最早的便携式相机，相机的基本部件压缩到基本的地步，为现代35毫米相机提供了一个原型与发展基础。他与技术人员密切合作，善于利用外形设计的美学方式来解决功能与技术上的难点，这是美国工业设计师的一个重要特点。提格发展了一套设计体系，为企业开发整个产品系列的设计，这种设计方式使他成为美国早期最为成功的工业设计师之一。1955年，提格的设计公司与波音公司设计组合作，共同完成了波音707大型喷气式客机的设计，使波音飞机不仅有简练、极富现代感的外形，而且创造了现代客机经典的室内设计。

2. 雷蒙德·罗维（Raymond Loeway，1889～1986）

罗维出生于法国巴黎，后移居美国。他是美国工业设计的重要奠基人之一，一生从事工业产品设计、包装设计及平面设计（特别是企业形象设计），参与项目数千个，从可口可乐瓶到美国宇航局的“空中实验室”计划，从香烟盒到“协和式”飞机的内舱，设计内容极为广泛，代表了美国第一代工业设计师无所不为的特点，并取得了惊人的商业效益。罗维在20世纪30年代开始设计火车头、汽车、轮船等交通工具，引入了流线型特征，从而引发了流线风格。他把设计高度专业化和商业化，使他的设计公司成为20世纪世界上最大的设计公司之一。他不仅对工业技术感兴趣，对于人的视觉敏感性也有很深的认识和追求，他的设计既具工业化特征，又有人情味。他的一生，是美国的工业设计开始、发展、到达顶峰和逐渐衰退的整个过程的缩影和写照。罗维一生获得无数殊荣，他是第一位被《时代》周刊作为封面人物采用的设计师。罗维对于美国工业设计的发展起到了非常重要的促进作用，他漫长的职业生涯，他的敬业精神，他对于设计界的形象，特别是他自己公司的形象和他个人形象锲而不舍的推动，都产生了非常重要的影响。

3. 埃罗·沙里宁（Eero Saarinen，1910～1961）

沙里宁是美国著名建筑设计师和工业设计师，生于芬兰的克柯鲁米，早年便显露出设计天赋，1922年获瑞典火柴盒设计第一名，1923年4月随父移民美国，定居底特律，毕业于耶鲁大学建筑系。1940年和伊姆斯设计的椅子获得了美国纽约现代艺术博物馆举办的国际现代家具设计比赛大奖。20世纪40年代沙里宁与诺尔公司合作从事家具设计，代表作有71号玻璃纤维增强塑料模压椅、胎椅、耶金香椅等，这些作品都体现出有机的自由形态，而不是刻板、冰冷的几何形，被称为有机现代主义的代表作，成为工业设计史上的典范，至今仍广为流传和使用。沙里宁在建筑上的代表作有杰斐逊纪念碑、耶鲁大学溜冰场、莫斯与斯泰尔学院、美国驻英大使馆、美国驻挪威大使馆、密尔沃基战争纪念馆、哥伦比亚广播公司大楼、环球航空公司候机楼等。

4. 贝聿铭（Pei Ieoh Ming，1917～）

贝聿铭生于中国广州，1935年加入美国籍，毕业于麻省理工学院和哈佛大学。贝聿铭的作品没有华丽奇特的外表，他以构思严密、设计精心、手法完全著称于世。建筑界人士普遍认为贝聿铭的建筑设计有三个特色：一是建筑造型与所处环境自然融合，二是空间处理独具匠心，三是建筑材料考究和建筑内部设计精巧。他在设计中既引入了许多中华传统建筑的符号，又使用现代建筑的材料和结构。贝聿铭作品丰富，每每新作出世，总是能得众人的瞩目。代表作有波士顿基督教科学教会中心、康奈尔大学赫伯特约翰逊艺术博物馆、国家美术馆东馆、约翰·肯尼迪图书馆、北京香山饭店、香港中国银行等。这些设计新颖、造型大胆、技术高超的建筑作品在美国建筑界引起轰动。美国建筑界宣布1979年是"贝聿铭年"。1988年设计的法国巴黎罗浮宫扩建工程的玻璃金字塔不仅是体现现代艺术风格的佳作，也是运用现代科学技术的独特尝试。他所获得的重要奖项包括1979年美国建筑学会金奖，1981年法国建筑学院金奖和1983年第五届普里茨克建筑奖，被世人美誉为现代主义的泰斗，为华人在现代设计界争得一席之地。

5. 维克多·巴巴纳克（Victor Papanek，1927～1998）

维克多·巴巴纳克是20世纪60年代末美国著名设计理论家，一生主要在大学和艺术学院任教，他的研究和教学包括了建筑、产品和平面等设计领域，获得过许多重要的设计奖项。他曾给联合国科教文组织（UNESCO）、世界卫生组织（WHO）和许多第三世界国家做过大量的设计工作，堪称"世界公民"。著有《为真实世界而设计》一书，书中明确提出了设计的三个目的：第一，设计应该为广大人民服务，而不是为少数富裕国家和阶层服务；第二，设计不但应为健康人服务，而且应考虑为残疾人服务；第三，设计必须考虑地球的有限资源使用问题，必须为保护地球服务。巴巴纳克所提出的上述三个目的，反映了现代设计的根本宗旨和本质特征，对美国、对世界设计都产生了重大影响。书中的诸多观点被认为是现代设计师进行设计实践必须奉行的准则。

6. 弗兰克·盖里（Frank Gehry，1947～）

盖里是解构主义的重要代表人物，生于加拿大多伦多，美国南加州大学建筑学学士，哈佛大学城市规划硕士。1962年成立盖里建筑事务所，逐步在自己的建筑设计中溶入解构主义的哲学观点。他的代表作有巴黎的美国中心，瑞士巴塞尔的维斯塔公司总部，洛杉矶的迪斯尼音乐中心，巴塞罗那的奥林匹亚村，明尼苏达大学艺术博物馆等。他1997年设计的西班牙毕尔巴鄂古根海姆艺术博物馆，被称为“世界上最有意义、最美丽的博物馆”。盖里1989年获建筑界最高大奖——普利茨克建筑设计奖。盖里的设计基本采用解构的方式，即把完整的现代主义、结构主义建筑整体破碎处理，然后重新组合，形成破碎的空间和形态。他认为基本部件本身就具表现的特征，完整性不在于建筑本身总体风格的统一，而在于部件充分的表达。他追求建筑的艺术个性和审美价值，并主张尽量缩小建筑与艺术之间的鸿沟。在他的设计中可见毕加索的立体主义、杜尚的达达主义、马格利特的超现实主义等成分。

7. 菲利普·斯塔克（Philippe Patrick Starck，1949～）

菲利普·斯塔克，一个非凡的传奇人物，集流行明星、疯狂的发明家、浪漫的哲人于一身，或许算得上是世界上最负盛名的设计师。他认为自己是“一位日本建筑师，美国的艺术总监，德国工业设计师，法国艺术总监，意大利家具设计师”。1965年，不满16岁的斯塔克在法国LaVilette家居设计竞赛中获得第一名。1968年创立以其名字命名的公司。他几乎囊括了所有国际性设计奖项，其中包括红点设计奖、iF设计奖、哈佛卓越设计奖等。斯塔克于1980年接受了密特朗总统的爱丽舍宫的改建工程，并于1984年完成巴黎Costes餐厅的室内设计，这两项设计为其带来了全球性声誉。他是一位全才，设计领域涉及建筑设计、室内设计、电器产品设计、家具设计等。他的家具设计异常简洁，基本上将造型简化到了最单纯但又十分典雅的形态，从视觉上和材料的使用上都体现了“少即是多”的原则。斯塔克承认20世纪八九十年代的大部分设计，包括他自己的许多作品在内，都缺乏持久的魅力，因为它们都是受时尚和新奇品味左右的自我陶醉式的“过度设计”。他希望新的世纪他能创造出更经久耐用，可以体现简约主义、极少主义及减少主义的产品来。斯塔克认为经久耐用的产品又成为今天设计的中心话题，只有在主观上真心去追求时，才能取得经典性的成果。他认为现代设计大师的作用就是用最少的材料创造更多的“快乐”。

专栏1-2　当今世界设计领域知名奖项

1. 德国：红点奖（Red Dot Award）

1955年，欧洲最富声望的著名设计协会（Design Zentrum Nordrhein Westfalen）在德国城市埃森（Essen）设立红点奖，多年以来为无数企业颁发了享有盛誉的设计大奖。以“促进环境和人类和谐的设计”为理念的红点奖，致力于将获奖的设计概念转化为商品，为获奖创意和商业化合作搭桥牵线。该奖项涵盖了多种产品和传播设计，包括设计论坛、设计出版、设计贸易洽谈会以及设计展示、设计推广和顾问服务等内容。而其竞赛项目则由产品设计、传播设计和概念设计三个部分组成。每年，由设在德国 Zentrum Nordrhein Westfalen 举办的“设计创新”大赛进行颁奖。评委们对参赛产品的创新水平、功能、人体功能学、生态影响以及耐用性等指标进行评价后，最终选出获奖产品。

2. 德国：iF 奖

自 1953 年起，iF 一直在设计与经济结合上扮演一个专业且信誉卓著的设计服务提供商。iF 的目标在于提升大众对于设计的认知，为了达到这个目标，iF 努力地拓展基于其多年来的设计相关活动所建立起来的沟通网络。该奖是由德国历史最悠久的工业设计机构——汉诺威工业设计论坛（iF Industrie Forum Design）每年定期举办。德国 iF 国际设计论坛每年评选 iF 设计奖，它以“独立、严谨、可靠”的评奖理念闻名于世，旨在提升大众对于设计的认知，其最具分量的金奖素有“产品设计界的奥斯卡奖”之称。

3. 中国：红星奖

中国创新设计红星奖于2006 年由中国工业设计协会、北京工业设计促进中心、国务院发展研究中心《新经济导刊》杂志社共同发起，并会同国内地方相关工业设计协会联合举办，由北京工业设计促进中心承办。该奖项的理念是“全球视野，国家利益”以及“设计为人民”。

4. 中国：光华龙腾奖

光华龙腾设计创新奖于2005 年设立，2011 年由国家科学技术奖励办公室正式批准为中国唯一评选设计人才的国家级奖项。光华龙腾奖在全球首倡并全面关注绿色设计，鼓励设计界整体走以绿色设计为中心的道路，尤其关怀青年设计家的绿色成长。光华龙腾包括“中国设计贡献奖”“光华龙腾奖——中国设计业十大杰出青年”“龙腾之星”三个奖项。其中，“中国设计贡献奖”向对中国设计产业发展作出杰出贡献的权威专家、友好人士、行业组织颁授荣誉；“中国设计业十大杰出青年”以发现青年优秀设计人才、树立自主创新楷模为宗旨；“龙腾之星”旨在树立“自主创新”和“原始创新”理念，挖掘大学生的创新潜能，通过未来创新设计竞赛、未来创新设计博览会等活动，促进国际高校间的创业团队交流互动。光华龙腾奖的宗旨为“绿色，创新，人才”。

5. 日本：G-Mark 设计奖

日本 G-Mark 设计奖（Good Design Award）由日本国际贸易与工业部（Ministry of International Trade and Industry）于 1957 年设立，现在的管理机构为日本工业设计促进组织（Japan Industrial Design Promotion Organization，JIDPO）。它也是亚洲地区最具影响

力的设计奖项，素有“东方设计奥斯卡奖”之称。该奖项设立的目的是通过设计在制造商和用户之间建立起一种良性互动。

6. 美国：IDEA 工业设计奖

IDEA 工业设计奖由美国商业周刊（*Business Week*）主办、美国工业设计师协会 IDSA（Industrial Designers Society of America）担任评审的工业设计竞赛。该奖项设立于1979年，主要颁发给已经发售的产品。奖项设定的目的主要包含三个部分，分别为：

（1）通过不断拓展知识边界、连通性和影响力来引导专业领域；

（2）通过重视职业发展与教育启发设计师的设计理念并提升职业素养；

（3）提升工业设计领域的水平和价值观。

其评判标准主要有设计的创新性、对用户的价值、是否符合生态学原理、生产的环保性以及适当的美观性和视觉上的吸引力。

7. 绿色设计国际贡献奖、绿色设计国际大奖

绿色设计国际贡献奖、绿色设计国际大奖是由世界绿色设计组织（World Green Design Organisation，WGDO）于2011年在瑞士卢加诺设立的国际性、公益性奖项，采用推荐报名提名方式，由主办机构邀请相关专业组织在全球范围征集。WGDO 是首个致力于推动绿色设计发展的非营利性国际组织，旨在倡导和传播“绿色设计”理念，以“绿色设计”为手段引领生产、生活、消费方式变革。在十一届全国人大常委会副委员长、中国科学院前院长路甬祥院士倡导下，光华设计基金会、英国国际设计联合会、中国新华社《中国名牌》杂志社、瑞士 QSC 基金会等机构发起建立国际可持续发展高层对话平台——世界绿色设计论坛，以举办中国（扬州）峰会·欧洲峰会、世界绿色设计博览会及评选绿色设计国际大奖/绿色设计国际贡献奖等形式，促进“绿色设计”信息、技术、材料、项目、资本、人才等交流合作。世界绿色设计组织连续五年通过绿色设计国际贡献奖、绿色设计国际大奖开展表彰、奖励等活动形式，整合了二十多个国家的专业资源，表彰了西门子、海尔、宝洁、万科等数百家领军企业和数百位领军人物，促成了一批绿色设计成果转化落地。绿色设计国际贡献奖在欧洲颁奖，旨在表彰以绿色设计为手段，推动绿色技术、绿色材料、绿色能源、绿色装备应用，致力于改善人类生存环境作出卓越贡献的专业人士和专业组织。同步，绿色设计国际大奖在中国颁奖，努力实现循环、可持续、无害化，有助于保护或改善人类生存环境的各类设计。

第二章 绿色设计理论

绿色设计是20世纪90年代初国际上兴起的一种先进设计思想，其直接背景是国际社会对可持续发展和人类健康越来越深入的关注。在过去200多年的时间里，世界工业与经济的发展消耗了大量资源和能源，然而地球上的资源和能源毕竟有限，这种高投入高输出的发展模式能否持续下去日益成为国际社会关注的重点课题。绿色设计正是以资源、能源的高效利用作为其根本出发点，将产品的经济效益和环境效益统一起来，从而实现可持续发展 。

传统设计主要是根据该产品的性能、质量和成本等指标进行设计，设计过程中很少考虑产品的维护性、拆卸性、回收性、报废产品的处理以及对生态环境的影响。按传统设计生产制造出来的产品，在其使用寿命结束后不能有效地回收，而且其生命周期的全过程都可能造成生态环境的污染，并造成资源的大量浪费，影响了经济发展的可持续性。

绿色设计，是在产品整个生命周期内，着重考虑产品的环境属性（自然资源的利用、环境影响及可拆除性、可回收性、可重复利用性等），同时把它当成设计的目标。在满足环境要求的同时，并行考虑并保证产品应有的基本功能、使用寿命、经济性和质量等。绿色设计的基本思想是在设计阶段把环境因素和预防污染的措施纳入产品设计之中，将环境性能作为产品的设计目标和出发点，力求资源利用合理化、废弃物产生少量化、对环境的污染程度降到最小值。

绿色设计要求设计师具有更广博的知识和对人类可持续发展的责任感，以及更明晰的设计理论和系统化的设计体系。因此对产品设计中可行的绿色设计方法和设计流程的研究是非常必要的。

本章首先探讨了绿色设计内涵的“神秘四角”，即绿色设计的科学性、绿色设计的艺术性、绿色设计的人文性和绿色设计的商品性；随后详细阐述了绿色设计遵循的五个基本原理，包括生命周期原理、“3R”原理、PRED和可持续发展“拉格朗日均衡”、黄金分割美学规则、人体工学与柯布-道格拉斯变体方程；最后四节分别探讨了绿色设计理论产生的必然性、绿色设计理论哲学基础、绿色设计理论基本观点、绿色设计工具与方法。

第一节 绿色设计内涵的“神秘四角”

丰富绿色设计内涵，是可持续发展时代对各类、各层绿色设计的普遍要求，也是设计工作者在各自的专业范围内必须思考的中心议题。在研究中，已经概括出绿色设计必须具备的四个基本内涵，亦可称之为绿色设计的“神秘四角”。

一、绿色设计的科学性

任何设计尤其是绿色设计，“科学性”永远是设计的第一元素。离开科学的设计只能是一种非理性的偏执与疯狂，历史上这样的典型事例数不胜数，最终都被丢进了文明的垃圾堆。图 2-1 ~ 图 2-4 列举了在世界设计史中体现科学性的示例。

图 2-1　知觉组织规律示意

图 2-2　炼金术示意

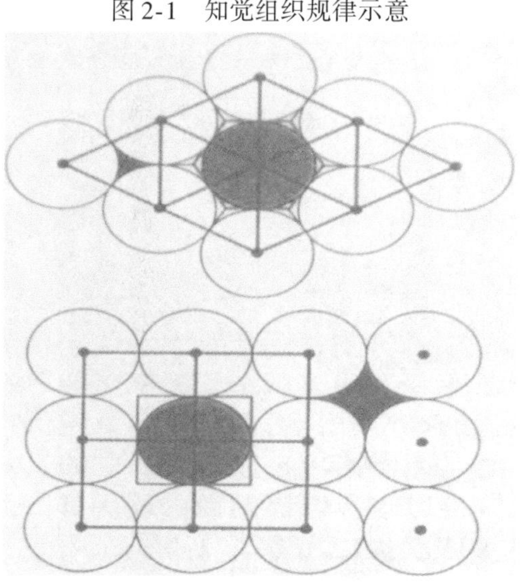

图 2-3　几何圆的排列

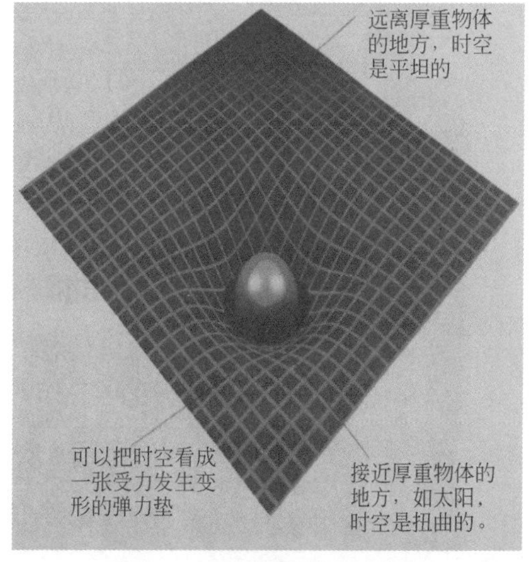

图 2-4　时空扭曲的图形表达

二、绿色设计的艺术性

设计的一个先天识别，表达在具象上和抽象上的可接受性、可亲近性、可欣赏性、可激励性。通常所谓的“美”与“喜闻乐见”，正是设计包括绿色设计在内的必须具备的优异特性。图 2-5 ~ 图 2-6 为绿色设计的艺术性示例。

图 2-5　艺术造型

图 2-6　球面螺旋

三、绿色设计的人文性

人类文明的主流价值，应当充分体现在绿色设计的唯理观与对于公平正义的礼赞上。这通常要求设计能够凝练出文明的本真、人性的真谛与启迪朝向“真善美”踏出自信步伐的尊严。图 2-7 ~ 图 2-8 为绿色设计的人文性示例。

图 2-7　信仰的力量

图 2-8　一个残疾女孩对世界的向往

四、绿色设计的商品性

设计当然也包括绿色设计，其目标之一是获得市场的认可，从而得到财富增值的目的。设计的功利性与其在整个生产力链条中的作用之一，就是能正当地换取社会财富。图2-9～图2-10为绿色设计的商品性示范。

图2-9 变形的墙体

图2-10 斜线平面构成

第二节 绿色设计五大原理

绿色设计遵循五个基本原理，依次是生命周期原理、“3R”原理、PRED和可持续发展“拉格朗日点”、黄金分割美学规则、人体工学和寻求平衡点的“柯布-道格拉斯变体方程”。

一、生命周期原理

广义的生命周期应用很广泛，其基本涵义可以通俗地理解为“从摇篮到坟墓”的整个过程。生命周期是非常有用的工具，标准的生命周期分析认为市场经历发展、成长、成熟、衰退几个阶段。然而，真实的情况要微妙得多，给那些真正理解这一过程的企业提供了更多的机会，同时也更好地对未来可能发生的危机进行规避。

通常应用逻辑斯蒂曲线去解释生命过程的数学表达，将一个“生命过程”分成五个时期：开始期，加速期，转折期，减速期，饱和期。对于绿色设计而言，无论是产品设计，抑或是工程设计，乃至战略设计，绿色设计总是在考虑全周期的各个环节的资源流转、环境应力和技术经济计量。

二、“3R” 原理

以减量化、资源化、再循环为特征的物料循环过程，是绿色设计理念的基本组成，其目的在于充分利用资源，延长生命周期，从而达到少消耗资源、少消耗能源、少牺牲生态环境容量，从总体上突出绿色设计支撑地球系统健康运转的总要求。

三、PRED 原理与可持续发展“拉格朗日点”

“P”代表人口（population），“R”代表资源（resources），“E”代表环境（environment），“D”代表发展（development），PRED 说明了发展同人口、资源、环境的内在关系。在绿色设计中，任何方案都是在思考人口、资源、环境的总体响应中完成的。由此提炼出的可持续发展拉格朗日点，就是对于 PRED 原理的定量表征。

四、黄金分割美学规则

黄金分割的美学内涵，在设计学中享有极大的声誉。任何设计成果没有美学和人体工学的成分，都不会得到市场的认可，也不可能成就绿色设计在社会生活与市场经济中的地位。

五、人体工学和寻求平衡点的“柯布-道格拉斯变体方程”

考虑到适宜性、视觉冲击以及凸显绿色设计在价值链中的地位，柯布-道格拉斯方程可说明资本和劳动力变化对于生产力函数的影响。在绿色设计中，通过加大 R&D 的投入（资本项）和增加设计师的数量（人才项），将能有效提升绿色设计的比重和提高绿色设计在整个行业和产业中的绿色发展水平。本报告正是应用人体工学和寻求平衡点的柯布-道格拉斯变体方程，首次定量计算出中国各地区（暂不包括香港、澳门、台湾省，下同）的绿色设计贡献率。

第三节　绿色设计理论产生的必然性

一、全球环境问题日益严重

20 世纪 80 年代以来，随着经济的发展，具有全球性影响的环境问题日益突出。不仅发生了区域性的环境污染和大规模的生态破坏，而且出现了温室效应、臭氧层破坏、全球气候变化、酸雨、物种灭绝、土地沙漠化、森林锐减、越境污染、海洋污染、野生物种减少、热带雨林减少、土壤侵蚀等大范围的和全球性环境危机，严重威胁着人类的生存和发展。国际社会在经济、政治、科技、贸易等方面形成了广泛的合作关系，并建立起了一个庞大的国际环境条约体系，联合治理环境问题。

全球气候变暖。由于人口的增加和人类生产活动的规模越来越大，向大气释放二氧化碳等温室气体不断增加，导致大气的组成发生变化。大气质量受到影响，气候有逐渐变暖的趋势。气候变暖将会对全球产生各种不同的影响，较高的温度可使极地冰川融化，海平面每十年将升高 6 厘米，将使一些海岸地区被淹没。气候变暖也可能影响到降雨和大气环流的变化，易造成旱涝灾害，这些都可能导致生态系统发生变化和破坏。因此，全球气候变化将对人类生活产生一系列重大影响。

生物多样性丧失。近百年来，由于人口的急剧增加和人类对资源的不合理开发，加之环境污染等原因，地球上的各种生物及其生态系统受到极大的冲击，生物多样性也受到很大的损害。有关学者估计，世界上每年至少有 5 万种生物物种灭绝，平均每天灭绝的物种达 140 个。

大气污染。大气污染的主要因子为悬浮颗粒物、一氧化碳、臭氧、二氧化碳、氮氧化物、铅等。21 世纪以来，全球大气污染导致每年有 30 万～70 万人因烟尘污染死亡，2500 万儿童患慢性喉炎，400 万～700 万的农村人口受害。

二、绿色消费日益扩展

对绿色产品的需要，实际上从人类社会一开始就存在着。但只有到了今天，当环境问题日益为人们所重视和关注之时，对绿色产品的需要才被发掘和激发出来，而且显得格外突出，并转化成为现实的经济活动。绿色消费需求是具有绿色消费意愿，且具有对绿色产品和劳务的支付能力的消费需求。有效的、足够的绿色消费需求是绿色产品市场形成的前提和基础。随着环境污染的恶化和消费者理性消费意识的提高，潜在的绿色消费需求开始形成，具有预见性和前瞻性的经营者开始开发适应市场需求的绿色产品。

绿色消费将引起生产领域的彻底革命。全球的绿色消费需要，引起了世界各生产企业管理者观念的更新，生产者可以不理会环境的时代已经过去。为了满足消费者的绿色消费需要，必须开发新的绿色产品；为了创造一流的新产品，必须改变传统生产模式，实现清洁生产；为了赢得消费者的青睐，必须树立环境保护新形象。于是，绿色产业迅速崛起，绿色产品风靡全球。在未来的国际市场上，严重污染环境、破坏生态平衡的产品将受到限制和禁止，它们将被不污染环境或有利于环境保护的绿色产品取代。国际市场上形形色色的绿色产品层出不穷，从“绿色食品”到“绿色产品”，从“绿色汽车”到“生态住宅”等，无所不包，无所不有。绿色观念正激发起世界各国有远见的制造商们的创造热情。绿色产品为地球和人类带来了新生，也向生产销售商们展示了广阔而诱人的市场前景。

三、绿色壁垒日益严格

近年来，中国对外贸易正面临越来越多来自于发达国家甚至发展中国家的绿色贸易壁垒的挑战。总体来说，绿色贸易壁垒对中国出口市场份额、贸易机会、企业和商品信誉等方面都产生了不利影响，导致国外消费者对中国部分产品尤其是农产品食品信心下降，对中国出口造成长期的负面影响。从企业的出口成本和出口效益来看，由于绿色贸易壁垒多数是以环境标准和标志的形式出现，要想实现其环境标准、获取其环境标志，就必须投入大量的资金和人力进行技术改造，改善环境质量；同时还将增加有关的检验、测试、认证和公关等手续以及相关的费用，从而使企业出口产品的成本大幅度上升，价格优势大大削弱，丧失了国际市场竞争力，企业的出口效益日渐下降。从中国的对外贸易关系来看，由于遭遇了越来越多的绿色贸易壁垒，中国与主要贸易伙伴国之间的贸易摩擦不断，处理稍有不当，就会影响到双边或多边贸易关系，因此，必须恰当处理绿色贸易壁垒对中国对外贸易产生的冲击。

在当今国际经济一体化趋势越来越明显的大背景下，国际贸易作为国际经济一体化主要推动力之一，得到了前所未有的发展，各国间的经济贸易往来愈加频繁、关系愈加密切。随着技术性贸易壁垒的不断发展，绿色壁垒（green barriers，GBs）已经成为技术性贸易壁垒的重要组成部分。通常，绿色壁垒是由进出口国为保护本国生态环境和公众健康而设置的各种环境保护措施、法规标准等，是对进出口贸易产生影响的一种技术性贸易壁垒。从实践角度看，绿色壁垒主要包括国际和区域性的环境保护公约、国别环境保护法规和标准、检验和检疫要求、绿色包装与标签要求、ISO 14000 环境管理体系和环境标志等自愿性措施、生产和加工方法及环境成本内在化要求等类型。

第四节　绿色设计理论哲学基础

一、可持续发展思想

可持续发展是20世纪80年代提出的一个新的发展观，是应时代的变迁、社会经济发展的需要而产生的。1989年5月举行的第15届联合国环境署理事会期间，经过反复磋商，通过了《关于可持续发展的声明》。可持续发展，系指满足当前需要而又不削弱子孙后代满足其需要之能力的发展。可持续发展还意味着维护、合理使用并且提高自然资源基础，这种基础支撑着生态抗压力及经济的增长。可持续的发展还意味着在发展计划和政策中纳入对环境的关注与考虑，而不代表在援助或发展资助方面的一种新形式的附加条件。可持续发展的核心思想是：健康的经济发展应建立在生态可持续能力、社会公正和人民积极参与自身发展决策的基础上。它所追求的目标是：既要使人类的各种需要得到满足，个人得到充分发展，又要保护资源和生态环境，不对后代人的生存和发展构成威胁。它特别关注的是各种经济活动的生态合理性，强调对资源、环境有利的经济活动应给予鼓励，反之则应予摒弃。

二、生态主义思想

生态危机的出现使人们开始重新认识和反思人与自然的关系，而生态运动的发展则促进了生态主义（ecologism）思潮的兴起。生态主义就是在对生态危机反思的基础上伴随着现代环境运动的发展而兴起的。因为，现代环境运动“和其他许多社会运动一样，是在没有理论准备的情况下发生的。当运动扩展至一定规模并且力图继续推进时，为统一或协调目标、组织、行动，必定会提出理论上的要求”。它成为20世纪70年代以后西方社会的一种强有力的政治和哲学话语。生态主义在实践层面就是现代环境运动或生态主义运动，而在理论和意识形态层面则是应生态主义运动的需要而产生的，从一开始就担当着引导和总结运动的角色。

生态中心论（ecocentrism）进一步将价值概念从生物个体扩展到整个生态系统，赋予有生命的有机体和无生命的自然界以同等的价值意义。其主要观点是：①自然客体具有内在价值，这种价值不依赖于其对人的用途；②在生态系统内，自然客体和人类一样具有独立的道德地位与同等的存在和发展权利；③人类应当担当起道德代理人的责任。总体来说，生态中心论为克服人类中心主义，从更高的道德角度去关怀自然、保护环境提供了新的理论依据。

三、循环经济思想

循环经济是在物质的循环、再生、利用的基础上发展经济，是一种建立在资源回收和循环再利用基础上的经济发展模式。也就是说，循环经济是以资源的高效利用和循环利用为目标，以“减量化、资源化、再循环”为原则，以物质闭路循环和能量梯次使用为特征，按照自然生态系统物质循环和能量流动方式运行的经济模式。它要求运用生态学规律来指导人类社会的经济活动，其目的是通过资源高效循环利用，实现污染的低排放甚至零排放，保护环境，实现社会、经济与环境的可持续发展。循环经济是把清洁生产和废弃物的综合利用融为一体的经济，本质上是一种生态经济，它要求运用生态学规律来指导人类社会的经济活动。

四、低碳发展思想

低碳发展是“低碳”与“发展”的有机结合，一方面要降低二氧化碳排放，另一方面要实现经济社会发展。低碳发展并非一味地降低二氧化碳排放，而是要通过新的经济发展模式，在减碳的同时提高效益或竞争力，促进经济社会发展。低碳经济最早出现在英国政府发表的能源白皮书《我们能源的未来：创建低碳经济》（2003 年）中。作为第一次工业革命的先驱和资源并不丰富的国家，低碳经济率先被英国政府肯定。这一事件本身有着颇为深刻的启示意义——工业文明的创造者正在抛弃“旧我”，寻找一种新的发展模式。2006 年，世界银行前首席经济学家尼古拉斯·斯特恩（Nicholas Stern）牵头编制的《斯特恩报告》指出，全球每年以 GDP 1% 的投入，可以避免将来每年 GDP 5% ~20% 的损失，呼吁全球向低碳经济转型。2007 年 12 月，联合国气候变化大会在印尼巴厘岛举行，所制定的受世人关注的应对气候变化的“巴厘岛路线图”具有里程碑意义。“巴厘岛路线图”为 2009 年前应对气候变化谈判的关键议题确立了明确议程，要求发达国家在 2020 年前将温室气体排放减少 25% ~40%。2008 年 7 月，G8 峰会上八国表示将与《联合国气候变化框架公约》的其他签约方一道，共同达成到 2050 年将全球温室气体排放减少 50% 的长期目标。2009 年 7 月，“应对金融危机”和“气候变化”成为 G8 峰会的两大主题，重申到 2050 年全球温室气体排放至少减少 50%，提出发达国家温室气体排放总量减少 80% 以上的长期目标。

第五节　绿色设计理论基本观点

20 世纪 80 年代，绿色设计作为一种新的国际设计思潮应运而生。绿色设计反映了人们对现代科技文化所造成的环境及生态破坏的反思，与此同时也是设计师道德和社会责任心的一次回归。在漫长的人类设计长河中，环艺设计为人类创造了现代生活方式和生活环境的同时，也加速了资源、能源的消耗，并对地球的生态平衡造成了极大的破坏。特别是环艺设计商业化的极端性，使设计成了鼓励人们无节制消费的重要媒介，有计划的商品废止制度就是这种现象的表现。正是在这种情况下，设计师们不得不重新深思环艺设计师的职责，绿色设计随之产生。

早在 20 世纪 60 年代末，美国设计理论家维克多·巴巴纳克于 1971 年出版了一本备受争议的著作《为真实世界而设计》，并于 1984 年对该书进行了局部修订。该书着眼于设计师面临的人类需求的最迫切的问题，意在强调设计师的社会及伦理价值，他认为，设计的最大作用并不是创造商业价值，而是一种适合社会变革程序里的必然产物。他同时还强调了保护地球现有的绿色环境，设计中更应该严肃对待地球范围内有限资源的利用问题。巴巴纳克的观点在当时并不被所有人理解和接受。直到 70 年代能源危机的爆发，巴巴纳克的“有限资源论”才得到普遍认可。绿色设计也渐渐得到更多的人的关注和认同。从表 2-1 中可以看出，绿色设计经历了认识的提高—实践—总结经验—再实践—总结实践原理的过程。

其中，值得一提的是，“绿色设计”这一概念最早是由艾薇儿·福克斯和罗宾·默雷尔于 1989 年在他们所创作的《绿色设计》一书中提出的（Fox and Murrell，1989）（图 2-11）。该书以建筑领域为侧重点，首次谈及原材料的选择、原材料与产品的运输能耗、产品工艺能耗以及技术创新等供应链环节对生态环境的作用，所涉及的范围几乎囊括建筑设计中的各方面，例如地板、窗帘、墙纸、砖、胶合板、硬质纤维板、金属、沥青等。同时，他们还将现有的建筑中所使用的能源及原材料进行详细比较，倡导可再生能源及材料的大规模利用，并建议通过技术能力的提升来最大可能地降低原材料及能源的浪费，从而在根本上减少酸雨、温室效应等自然灾害的发生。

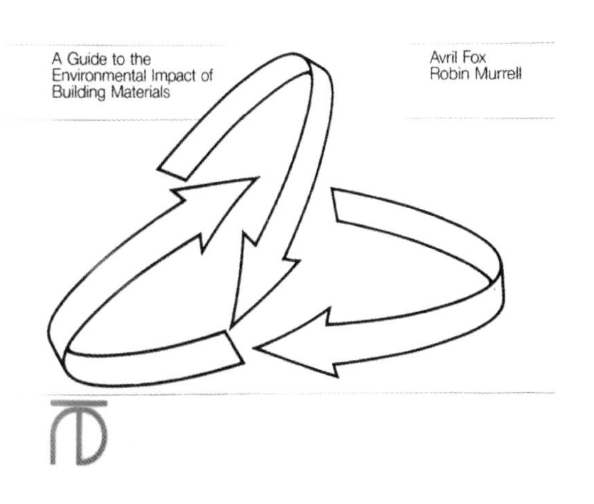

图 2-11　《绿色设计》封面

表 2-1　绿色设计的代表性观点

年份	作者	论著	观点
1969	伊安·麦克哈格 Ian McHarg	设计结合自然 *Design With Nature*	用生态学的观点，从宏观研究自然、环境和人的关系； 在研究方法和程序上，提出了系统的分析方法； 阐明人对自然的依存关系，批判以人为中心的思想； 提出“适应”的原则
1969	约翰·托德 John Todd	从生态城市到活的机器：生态设计原理 *From Eco City to Live Machine：Ecological Design Principle*	生命世界是所有设计的母体； 应该遵从而不是违背生命规律； 建设必须基于可再生的能源、资源； 应有助于整个生物系统，体现可持续性； 应同周围自然环境协同发展； 设计和建设应有助于这个星球恢复已有的破坏； 应遵从神圣的生态系统； 必须体现生物地方性
1971	维克多·巴巴纳克 Victor Papanek	为真实世界而设计 *Design for the Real World*	设计是社会变革程序里的必然产物； 设计应该为广大人民服务，而不是只为少数富裕国家服务； 设计不但为健康人服务，同时还必须考虑为残疾人服务； 强调设计中对有限资源的利用问题； 提出所设计出的产品不应给环境造成污染； 呼吁设计艺术的人文精神
1979	詹姆斯·拉伍格克 James Lovelock	盖亚：地球生命的新视野 *Gaia：A New Look at Life on Earth*	地球是一个生命系统； 在盖亚中生存
1989	艾薇儿·福克斯和罗宾·默雷尔 Avril Fox and Robin Murrell	绿色设计 *Green Design*	最早提出绿色设计理念； 倡导使用耐久性高且可再生建筑材料； 减少原材料浪费； 摒弃高能源消耗工艺
1989	戴维·皮尔森 David Pilsen	自然住宅手册 *Natural Housing Handbook*	为星球和谐而设计； 为精神平和而设计； 为身体健康而设计

续表

年份	作者	论著	观点
1991	威廉姆·麦克唐纳 William McDonough	汉诺威原则：为可持续设计 *Hannover Principle: For Sustainable Design*	人与自然的共生； 相互依赖性的认识； 尊重物质和精神之间的关系； 创造有长期价值的安全目标； 摒弃废弃物之概念； 对设计的局限性有清醒的认识； 通过知识共享来寻求不断的提高； 对设计结果负责； 依靠自然的力量
1991	布兰达·威尔和罗伯特·威尔 Brenda Vale and Robert Vale	绿色建筑学：为可持续发展的未来而设计 *Green Architecture: Design for the Future of Sustainable Development*	设计结合气候； 能源材料的循环利用； 尊重基地环境； 整体的设计观； 节约能源； 尊重用户
1994	莱斯利·斯塔尔·哈特 Leslie Starr Hart	可持续发展设计指导原则 *Guiding Principles of Sustainable Design*	体现正确的环境意识； 尊重基地的生态系统及文化脉络； 增强对自然环境的理解，制定行为准则； 结合功能需要，采用简单的适用技术； 尽可能使用可更新的地方建筑材料； 避免易破坏环境、产生废弃物的材料； 坚持“越小越好”，完善建筑空间使用的灵活性； 减少建筑过程中对环境的损害； 无障碍设计的考虑
1994	约翰·莱尔 John Lyle	再生设计理论 *Regenerative Design*	让自然做功； 整合而非孤立； 向自然学习，以自然为背景； 需求多功能的满意或较优而非单一功能的最大或最小； 适当的以适用为目的的技术追求，而非过分追求高科技； 用信息取代物质和能量消耗； 寻求用共同途径解决多个不同问题，而非就事论事； 把管理储存含资源、能源和废弃物作为关键因素来对待； 创造环境之形来标识过程； 创造环境之形来引导功能流

续表

年份	作者	论著	观点
1995	西姆·范德莱恩 Sim Van Der Rye	生态设计 *Ecological Design*	设计结合自然； 公众参与设计； 为自然增辉； 设计结果应来自环境本身； 评价设计的标准——生态开支
1996	约瑟·A. 邓肯 Joseph A Denkin	环境资源导引 *Environmental Resource Guide*	目的和范围：使设计人员在选择和确定建筑材料时有环境方面的资讯工具； 核心概念：生命周期分析； 主要内容：包括建筑材料分析过程，并通过《计划篇》《应用篇》《材料篇》三部分； 服务对象范围很广
1998	吴良镛	21世纪建筑学的展望 *Outlook for Architecture in 21st Century*	正视生态的困境，加强生态意识； 人居环境建设与经济发展良性互动； 正视科学技术的发展，推动经济发展和社会繁荣； 关怀最广大的人民群众，重视社会发展的整体利益； 进一步推动文化和艺术的发展
2008	娄永琪，勤巴，朱小村	环境设计 *Environmental Design*	环境设计的再定义； 阐述环境设计的基本范畴与衍生范畴； 解析与生态、人文、体验、中国精神相关的理论和环境设计之间的依存关系
2008	刘志峰	绿色设计的方法、技术及其应用 *Method, Technology and Application of Green Design*	提升管理层的绿色责任意识； 提高产品的创新能力和技术水平； 提升员工的绿色意识和参与热情
2010	夏青	面向可持续发展的资源型城市生态环境评价 *Sustainable Development Oriented Ecological Environment Assessment on Resource-based City*	从全行业的视角，提出了矿业可持续发展的概念、内涵及目标； 从系统论的观点，构建了矿业可持续发展的系统工程框架； 从矿业可持续发展系统的持续性、协调性和生态性三个角度构建了系统模型

续表

年份	作者	论著	观点
2015	辛向阳	中国好设计：消费电子电器创新设计案例研究 *China Good Design: Case Study on Innovative Design of Consumer Electronic Appliances*	设计3.0时代基本属性：智能、绿色、普惠、协同、批量定制等； 典型性、代表性创新产品设计案例； 消费类电子与家电产品创新设计评价标准
2015	付允，林翎	循环经济标准化：理论、方法和实践 *Theory, Method and Practice of Circular Economy Standardization*	从标准体系角度诠释了循环经济理论内涵； 全景式展示了循环经济试点示范类型； 建立了资源循环利用分类和代码体系； 提出了循环经济标准化方法体系； 构建了国家层面的资源循环利用标准体系
2016	牛文元	2016中国绿色设计报告 *China Green Design Report 2016*	绿色设计理论与方法； 绿色设计世界案例； 绿色设计贡献率模型； 绿色设计标准通则（草案）制定； 绿色设计指标体系； 绿色设计“资产—负债”表

第六节 绿色设计工具与方法

一、绿色设计的基本原则

由于绿色设计具有明显的多学科交叉融合特性，目前绿色设计的实践经验和知识还不很丰富，特别是缺乏系统的设计数据和资料，因此，绿色设计比较可行的方法应是从基础做起，即通过不断地实践与总结，建立绿色设计的相关准则，并经过不断完善，逐步实现计算机辅助绿色设计。

绿色设计准则就是为了保证所设计产品的“绿色度”所必须遵循的设计原则。目前的产品设计考虑的主要因素是产品的功能、寿命、质量和经济性等，而对产品的绿色特性则考虑较少。这主要是因为，一方面缺乏绿色设计所必需的知识、数据、方法和工具；另一方面，由于绿色设计本身涉及产品的整个生命周期，其实施过程非常复杂。因此，在这种情况下，较为有效的方法就是系统地归纳和总结与绿色设计有关的准则，以指导绿色设计过程的进行。

随着对产品环境性能的关注，许多专家学者对产品绿色设计原则的内涵也进行了广泛的讨论。Fiksel（1993）对产品绿色设计原则的定义是：一种有系统地在产品生命周期中考虑环境与人体健康的议题。在产品绿色设计中应考虑八个原则：

（1）产品在制造过程中应避免产生有害的废弃物；

（2）产品在生产过程中应尽量使用清洁的方法与技术；

（3）应减少消费者因使用产品而排放对环境有害的化学物质；

（4）应尽量减少产品再生产过程中消耗的能源；

（5）产品设计应该选择使用无害且可回收再利用的物质，避免采取进口或长途运输的方式取得这些物质；

（6）生产过程应使用回收再利用的物质与重复使用的零部件；

（7）产品设计应考虑产品是否容易拆卸；

（8）应考虑产品废弃后回收与重复使用的机会。

企业追求产品绩效的过程实际上就是实现产品功能、经济效益与环境效益之间的平衡；产品绿色设计原则就是提供一种逻辑框架，协助企业以系统方式审视产品可能产生的环境影响，寻求改善产品环境性能的机会。同时，这些原则也将有助于企业激发更有创意的设计理念。

二、绿色设计的核心理念

绿色设计是将经济、社会、环境融合到一起的过程，绿色设计并不是要完全改变每个行业所特有的设计模式、设计方法、设计经验，而是要结合各个行业的自身特点注入绿色的理念和思想。通过探索绿色设计的原则与方法，进一步指导实践，进而丰富各个领域的绿色设计内涵。绿色设计的理念重点包括以下内容。

代内公平。保护全球的生态环境，走可持续发展的战略道路，全人类都必须在这一共同目标下团结起来，承担自己的责任，应尽自己的义务。绿色设计必须坚持代内公平原则，即设计必须是针对全世界公民的，任何个人、利益集团、国家都无权特殊对待。在生态规则面前人人平等。

代际公平。人类改造自然的活动有一个重要的特点，就是在获得利益和伴随之产生的恶果之间有个很长的时间差。所以我们应当设身处地地想到我们的子孙后代生存与发展的权利，考虑自然资源的合理利用，对自己的行为加以约束，在满足自己需求的同时，兼顾后代人的利益，为子孙后代造福。

环境保护。绿色设计要求产品从生产到使用乃至废弃、回收处理的各个环节都对环境无害或危害甚小，其评价应按当代国际社会公认的环境保护标准进行。它要求企业在生产过程中选用清洁的原料、清洁的工艺过程，进行清洁生产；从设计上应保证用户在使用该产品的全过程中不产生环境污染或只有允许的微小污染，并同时保证产品在报废、回收处理过程中产生的废弃物最少。

资源节约。绿色设计应尽量减少材料、资源的消耗量，尽量减少使用材料的种类，特别是稀有昂贵材料及有毒、有害材料的种类和用量。这就要求设计产品时，在满足产品基本功能的条件下，尽量简化产品结构，合理使用材料，并使产品中零件材料能最大限度地再利用。同时，还应保证在其生命周期的各个环节能源消耗最少。

安全性。绿色设计必须保证产品的安全性，即必须在结构设计、材料选择、生产制造和使用的各个环节上采用先进、有效的安全技术，实现产品安全本质化，确保使用者的人身安全和健康。

三、绿色设计方法

（一）生命周期设计方法

生命周期设计方法就是在产品概念设计阶段考虑产品生命周期的各个环节，包括需求分析、设计开发、生产制造、销售、使用、直到废弃后拆卸回收或处理处置，以确保满足产品的绿色属性要求。产品生命周期设计过程可以划分为三个层次：设计层、评价层和综合层。产品生命周期的六个阶段组成了产品生命周期维，而设计层、评价层和综合评价层则组成产品的设计过程维。

生命周期设计就是追求整个产品生命周期内资源能源的优化利用，减少或消除环境污染。产品生命周期设计的策略包括以下三个方面：

（1）产品设计面向生命周期全过程。产品设计应考虑从原材料采集到产品报废后处置过程中的所有环节。

（2）实现多学科跨专立合作设计开发。由于生命周期设计涉及生命周期的各个阶段、各种环境问题和环境效应，以及不同的研究对象。如减少废弃物排放、现有产品的再循环、新产品开发及再循环等。

（3）环境需求分析应在产品设计的初期阶段进行。在产品设计的初期阶段就应归纳出对其系统的环境要求，而不是依赖于末端处理，要综合考虑环境、功能、美学等设计原则，在多目标之间进行权衡，做出最合理的设计决策。

（二）优选法与统筹法

优选法是指研究如何用较少的试验次数，迅速找到最优方案的一种科学方法。优选法在数学上就是寻找函数极值的较快、较精确的计算方法，也叫最优化方法。1953年美国数学家J. 基弗（J. Keifer）提出单因素优选法、分数法和0.618法（又称黄金分割法），后来又提出抛物线法。至于双因素和多因素优选法，则涉及问题较复杂，方法和思路也较多，常用的有降维法、瞎子爬山法、陡度法、混合法、随机试验法和试验设计法等。优选法应用于中国从20世纪70年代初开始，首先由数学家华罗庚等推广并大量应用。企业在新产品、新工艺研究，仪表、设备调试等方面采用优选法，能以较少的实验次数迅速找到较优方案，在不增加设备、物资、人力和原材料的条件下，缩短工期、提高产量和质量、降低成本等。

统筹法，又称网络计划法。它是以网络图反映、表达计划安排，据以选择最优工作方案，组织协调和控制生产（项目）的进度（时间）和费用（成本），使其达到预定目标，获得更佳经济效益的一种优化决策方法。统筹法最适用于大规模工程项目，人们的经验难以胜任，用以往的某些管理方法（如反映进度与产量的线条图等方法）来进行计划控制也愈加困难；相反地在项目繁多复杂的情况下，网络计划是可以大显身手。1962年，科学家钱学森首先将网络计划技术引进国内。1963年，在研究国防科研系统SI电子计算机的过程中，采用了网络计划技术，使研制任务提前完成。计算机的性能稳定可靠，随后，经过华罗庚对网络计划技术的大力推广，终于使这一科学的管理技术在中国生根发芽、开花结果。

（三）并行绿色设计方法

并行工程（concurrent engineering，CE）是现代产品开发的一种模式和系统方法，它以集成、并行的方式设计产品及其相关过程，力求使产品开发人员在设计初期就考虑产品生命周期全过程的所有因素，包括质量、成本、计划进度和用户的要求等，最终使产品最优（陈心德和吴忠，2011）。绿色设计与并行工程关系紧密，为了追求提高质量、降低成本、缩短开发周期、开发资源、能源利用率最高、环境污染最小的绿色产品的设计目标，并行工程的方法对绿色设计的实施有着重要的支撑作用。并行绿色设计实质上是绿色与并行有机结合的先进设计技术，充分体现了绿色化、并行化、集成化的整体优势。并行绿色设计的特点主要表现在以下四个方面：

（1）设计目标的一致性。在产品设计过程中，综合考虑产品的功能、面市时间、质量、成本、服务和环境特性，使产品既满足功能方面的使用特性，又符合制造工艺、使用和废弃处置等方面的环境保护要求。

（2）设计信息的集成性。从产品设计初期，充分考虑影响产品的各种因素，且重点关注影响环境的因素。在计算机支持的协同工作环境中，实行信息集成、资源共享，使有关人员能够及时地接受和发送准确的信息，以便协同进行优化设计。

（3）设计过程的协同性。主要表现为从产品设计初期就考虑其生命周期全过程，包括技术设计、工艺设计、生产制造、使用维护、废弃处理等过程，应用并行设计方法，在产品设计各阶段并行交叉进行，可以及时发现、协调与其过程不合理之处，并进行改进、评估和决策。

（4）设计人员的多样性。并行绿色设计比普通产品设计涉及更多的环节和技术人员，如材料工程师、工艺人员、检测人员和销售人员等。

（四）绿色模块化设计方法

模块化设计就是在对一定范围内的不同功能或相同功能不同性能功能分析的基础上，划分并设计出一系列功能模块，通过模块的选择和组合可以构成不同的产品，以满足市场的不同需求。模块化设计既可以很好地解决产品品种规格、设计制造周期和生产成本之间的矛盾，又可为产品快速更新换代、提高产品质量、方便维修、增强产品的竞争力提供必要条件。产品模块化对绿色设计具有重要意义，主要体现在以下三个方面：

（1）能够满足绿色产品的快速开发要求。

（2）可将产品中对环境或人体有害的部分、使用寿命相近的部分等集成在同一模块中，方便拆卸回收和维护更新。

（3）可以简化产品结构。模块化设计能较为经济地用于多种小批量生产，更适合绿色产品的结构设计，如可拆卸结构设计等。

模块划分直接关系到产品的功能结构和绿色程度。产品能否实现环境属性和功能属性的有机体统一，与模块划分是否合理密切相关。因而模块划分是绿色模块化设计的重中之重。模块划分准则涉及零件合并、功能属性和绿色属性三个方面的内容。

（五）绿色质量功能配置方法

质量功能配置是一套结构化的认知转换方法，主要用于产品开发和全面质量管理。它要求产品开发直接面向用户需求，在产品设计阶段考虑工艺和制造问题，质量功能配置方法的运用，可以减少设计开发成本，缩短开发时间，并可将客户的需求恰当地转换为产品工程技术特性（林志航和车阿大，1998）。

绿色质量功能配置是将质量功能配置与生命周期设计相结合，按产品生命周期中生产、制造、使用以及废弃各个阶段中的特性，利用质量功能配置的方法将客户需求转换为产品技术特性的一种方法。基于环境质量功能配置的绿色产品规划建模主要包括客户环境需求获取、质量屋的建立、质量屋决策三个步骤。

（1）客户环境需求获取。客户环境需求是广义的，是产品全生命周期中产品相关的各方对产品功能、性能尤其是绿色性能的要求；将广义的客户按产品生命周期客户类型分组，针对不同的客户群体采集客户环境需求，再进行综合处理，得到建立质量屋所需的重要参数——客户环境需求的权重。

（2）质量屋的建立。质量屋的建立，主要是在客户环境需求获取基础上，制定对应的产品相关技术特性，建立环境需求——技术特性关系矩阵以及技术特性自相关矩阵，计算出各技术特性的相对重要度，为最终的质量屋决策服务。

（3）质量屋的决策。质量屋的决策目的是在有限的成本预算下，确定技术特性的目标值，使产品配置达到最大的客户满意度，这是一个复杂的多目标决策过程；通过建立数学优化模型，协调各方的矛盾，实现绿色产品规划。

第三章 绿色设计贡献率

绿色设计是启动绿色发展的第一杠杆，区域绿色发展在设计层面的研究离不开绿色设计的定量分析。传统的绿色设计研究更多强调设计在环境友好型和资源节约型产品层面的表现，尚未对区域层面的绿色设计理论进行定量分析和研究。本章为全面反映中国各地区绿色设计的真实水平，借鉴已有的成熟理论和方法，首次提出并创制“绿色设计贡献率函数”，该函数可从宏观上更深层次地表征各地区绿色设计的基础水平、发展潜力和选择策略。

鉴于绿色设计是借助产品生命周期中与产品相关的各类信息，利用并行设计等各种先进的设计理论，使产品或区域的绿色设计水平具有技术先进性、环境友好性和经济合理性的一种系统设计方法。本章提出的区域绿色设计贡献率的理论解析主要包括绿色设计本底度函数、推进度函数和覆盖度函数的构建和评价。

（1）绿色设计本底度主要考虑绿色设计人才数量和质量以及设计资金的投入情况，这两方面的因素共同决定一个地区的绿色设计本底度。本章借鉴“生产函数”理念，构建绿色设计本底度函数，通过统计分析绿色设计人才和研发资金的投入，评价我国各地区绿色设计本底度。

（2）绿色设计推进度主要表征一个国家或地区产品生产过程以及整个产业链条对增强绿色属性设计的推进程度。本章以绿色设计“3R”原理为基础，借鉴“弹性系数”的理念，设计并构建绿色设计推进度函数，并以此评价我国各地区的绿色设计推进度。

（3）绿色设计覆盖度主要描述区域内各类绿色设计行业或产业的分布广度和深度。本章平行借鉴生态学中“生态位宽度”的理念，通过适当的延伸和拓展，提出绿色设计覆盖度函数，对各地区绿色行业普遍采用绿色设计的完整度以及地区产业整体水平的绿色设计比重进行评价。

本章提出的“绿色设计贡献率函数”同时受到绿色设计“本底度”“推进度”“覆盖度”的影响，三者虽各自独立对区域绿色设计贡献率的形成起作用，但只有三者共同作用才能实现区域绿色设计贡献率函数的最优化。

第一节　绿色设计本底度

本底值来源于信号分析检测领域，一般表示没有进样时检测器的信号值。对于绿色设计来说，本底度表示一个地区或国家具备绿色设计的基础能力，反映的是该地区或国家绿色设计的发展潜力。绿色设计本底度主要取决于两个方面：一是设计人才的数量和质量，人才是推进绿色设计的基本要素；二是取决于设计资金的投入，资金是开展绿色设计的保障。这两个方面的因素共同决定一个国家或地区绿色设计本底度。本节借鉴“生产函数”理念，即通过劳动力和资本投入关系来反映地区产值产出的数量表达，结合对绿色设计本底内涵和影响因素的分析，实施相应的调整和参数变换，提出并构建绿色设计本底度函数，通过统计分析绿色设计人才和研发资金的投入，评价我国各地区绿色设计本底度。

一、绿色设计本底度函数的构建依据

绿色设计本底度函数构建目的是通过已有的要素，尽可能精确地反映一个国家或地区绿色设计的基础能力。本报告引入投入产出的理念，即通过绿色设计人才和资本两方面的投入来计算其本底的产出，这与经济学中生产函数的计算类似，因此，借鉴生产函数的计算方法和理念来构建绿色设计本底度函数。

早在 1890 年，马歇尔（Alfred Marshall）在他的著作《经济学原理》中提出了生产函数理论。对生产函数的估计一直是经济计量领域中的重要组成部分。随着学科的交叉发展，生产函数以及与生产函数相关的理论已经广泛应用到各种学科和研究领域。

生产函数从定性方面来看，其反映的是一种具体的投入产出关系；从定量方面来看，还具体表明了投入要素转变为某种产出的比例关系。经济学中使用最广泛的生产函数模型为柯布-道格拉斯生产函数，柯布-道格拉斯生产函数最初是美国数学家柯布（C. W. Cobb）和经济学家道格拉斯（Paul H. Douglas）共同探讨投入和产出的关系时创造的生产函数，是在生产函数的一般形式上作出的改进，引入了技术资源这一因素。他们最初本想借助计量经济学方法所得到的生产函数来分析国民收入在工人和资本家之间的分配关系，并通过该生产函数来证实边际生产率原理的正确性。因此，柯布和道格拉斯是为了研究收入分配而考察生产函数的。后来柯布-道格拉斯生产函数在收入分配方面失去了重要意义，已被广泛地用于研究生产的投入产出关系，虽然其形式简单，但它具备了经济学者所关心的重要基本性质，使得其在经济理论分析和实证应用中都得到了广泛的使用。

柯布-道格拉斯生产函数是根据美国 1899 ~ 1922 年间制造业的有关部门数据构造出来的。其形式如下：

$$Y = A_{(t)} \cdot L^{\alpha} \cdot K^{\beta} \cdot \mu \tag{3-1}$$

式中，Y 为工业总产值；$A_{(t)}$ 为综合技术水平；L 为投入的劳动力数；K 为投入的资本；α 为劳动力产出的弹性系数；β 为资本产出的弹性系数；μ 为随机干扰因子。

从这个模型看出，决定工业系统发展水平的主要因素是投入的劳动力数、固定资产和综合技术水平（包括经营管理水平、劳动力素质、引进先进技术等）。根据 α 和 β 的组合情况，它有三种类型：

（1）$\alpha+\beta>1$，称为递增报酬型，表明按技术用扩大生产规模来增加产出是有利的。

（2）$\alpha+\beta<1$，称为递减报酬型，表明按技术用扩大生产规模来增加产出是得不偿失的。

（3）$\alpha+\beta=1$，称为不变报酬型，表明生产效率并不会随着生产规模的扩大而提高，只有提高技术水平，才会提高经济效益。

柯布-道格拉斯生产函数要求资本和劳动的生产弹性不随资本与劳动比率变化而变化，这是一个非常强的限制条件，它要求资本与劳动之间的相互替代弹性为1。

二、绿色设计本底度函数的理论解析

根据柯布-道格拉斯生产函数的公式（3-1）以及参数界定，对绿色设计本底度函数主要参数做如下延伸和类比推广：

（1）柯布-道格拉斯生产函数中的产出即“工业生产总值”，可类比绿色设计本底度函数中的“绿色设计本底度”。

（2）柯布-道格拉斯生产函数中的“综合技术水平”，反映的是整体的技术水平，可类比绿色设计本底度中的“GDP 质量指数”，反映绿色设计整体技术水平。

（3）柯布-道格拉斯生产函数中的“投入的劳动力数”，反映的是劳动力要素的投入，可类比绿色设计本底度中的“工程与技术人员占比”，反映绿色设计人才要素的投入。

（4）柯布-道格拉斯生产函数中的“投入的资本”，反映的是资本要素投入，可类比绿色设计本底度中的“研究与试验发展（R&D）投入占比”，反映绿色设计资本要素的投入。

（5）柯布-道格拉斯生产函数中的“劳动力产出的弹性系数”，反映的是生产过程中劳动力投入产出弹性，可类比绿色设计本底度中的“投入工程师等人数的弹性系数”，反映绿色人才要素投入产出弹性。

（6）柯布-道格拉斯生产函数中的“资本产出的弹性系数”，反映的是生产过程中资本投入产出弹性，可类比绿色设计本底度中的“投入 R&D 经费的弹性系数”，反映绿色资本要素投入产出弹性。

（7）柯布-道格拉斯生产函数中的“随机干扰因子”，反映的是随机因子，绿色设计本底度中也应加入随机因子。

根据以上的延伸关系，结合柯布-道格拉斯生产函数公式（3-1）架构，提出绿色设计本底度数学表达式，如下：

$$R = G_{(t)} \cdot L^{\alpha} \cdot S^{\beta} \cdot m \tag{3-2}$$

式中，R 为绿色设计本底度；$G_{(t)}$ 为 GDP 质量指数；L 为工程与技术人员占比；S 为 R&D 投入占比；α 为投入工程师等人数的弹性系数；β 为投入 R&D 经费的弹性系数；m 为随机因子。

绿色设计本底度采用变体的柯布-道格拉斯函数，其内涵说明：本底度 R 取决于有创新性的投入强度，式中采用 R&D 投入比重，说明 R&D 投入水平越高，越有利于绿色设计的提升；采用工程与技术人员数说明具有绿色设计的潜力，此两者恰好符合原柯布-道格拉斯方程中有关资本和劳动力对于工业总产值的贡献；同时应用 GDP 质量表征该地区的绿色发展水平。假定所应用的弹性系数 α 与 β 之和等于 1，表征两者产出的弹性系数（效益水平）保持均衡。需要进一步解释的是：在绿色设计本底度函数表达式中，$G_{(t)}$ 表征的是 GDP 质量指数，反映的是一个国家或是地区经济发展的质量，即不同的质量表示其经济发展能力水平，发展质量高的地区相对应的绿色设计的发展条件比较充分，发展质量低的地区其绿色设计的发展条件相对缺乏，因此，这一因素类似于柯布-道格拉斯生产函数中的“综合技术水平”，作为绿色设计本底度函数正向指标。中国各地区（暂不包括香港、澳门、台湾省，下同）GDP 质量指数见表 3-1。

表 3-1　2013 年中国各地区 GDP 质量指数

地区	GDP 质量指数	地区	GDP 质量指数
北京	0.878	湖北	0.447
天津	0.65	湖南	0.449
河北	0.428	广东	0.666
山西	0.372	广西	0.431
内蒙古	0.405	海南	0.537
辽宁	0.535	重庆	0.513
吉林	0.439	四川	0.454
黑龙江	0.408	贵州	0.331
上海	0.732	云南	0.345
江苏	0.618	西藏	—
浙江	0.683	陕西	0.457
安徽	0.419	甘肃	0.257
福建	0.548	青海	0.262
江西	0.488	宁夏	0.202
山东	0.545	新疆	0.263
河南	0.449	—	—

注：西藏缺少数据。

资料来源：当代绿色经济研究中心．2014．中国发展质量研究报告 2014．北京：科学出版社．

在绿色设计本底度函数表达式中，α 和 β 分别为人才和资金投入的弹性系数，在绿色设计本底度函数中，设定 $\alpha+\beta=1$，即不变报酬型，表明人才和资金所能产生绿色设计能力的效率并不会随着投入规模的扩大而提高。α 和 β 根据地区发展情况来确定，在人才投入相对缺乏的地区，人才投入的弹性系数设置较高（$\alpha>\beta$），在资金投入相对缺乏的地区，资金投入的弹性系数设置较高（$\alpha<\beta$）。

在绿色设计本底度函数表达式中，m 表征的是随机因子，在正常发展状况下，可以设定 $m=1$，不考虑随机因素的影响。

三、绿色设计本底度的地区评价

基于绿色设计本底度函数的理论解析，以工程与技术人员占比、R&D 投入占比和 GDP 质量指数分析数据为依托，对中国 31 个省、自治区和直辖市的绿色设计本底度指数进行分析和评价，相应的评价结果如表 3-2 所示。

表 3-2　地区绿色设计本底度指数及排名

地区	绿色设计本底度指数	排名
北京	1.000	1
上海	0.668	2
天津	0.576	3
浙江	0.417	4
广东	0.408	5
江苏	0.379	6
福建	0.299	7
山东	0.282	8
湖北	0.259	9
辽宁	0.243	10
陕西	0.242	11
四川	0.236	12
重庆	0.234	13
黑龙江	0.202	14
吉林	0.192	15
湖南	0.182	16
安徽	0.172	17

续表

地区	绿色设计本底度指数	排名
河北	0.149	18
河南	0.146	19
山西	0.146	20
海南	0.129	21
内蒙古	0.125	22
江西	0.122	23
广西	0.120	24
甘肃	0.082	25
青海	0.078	26
云南	0.066	27
贵州	0.037	28
新疆	0.030	29
宁夏	0.001	30
西藏	—	—

注：西藏缺少数据。

数据来源：国家统计局. 2014. 中国统计年鉴 2014. 北京：中国统计出版社.

中国绿色设计本底度指数位于前十名的地区包括北京、上海、天津、浙江、广东、江苏、福建、山东、湖北、辽宁。从地域分布来看，除湖北省外，绿色设计本底度较高的区域主要集中在东部地区，这说明绿色设计在工业技术基础能力较高的东部地区应用和推广更为广泛，这些地区工业体系相对健全，具有比较先进的设计水平，从理念上也比较重视绿色设计。我国绿色设计本底度指数位于后十名的地区则为海南、内蒙古、江西、广西、甘肃、青海、云南、贵州、新疆、宁夏。从地域分布来看，除海南省以外，本底度指数较低的地区几乎全部位于中西部。中西部地区工业技术水平较低，经济发展总体上还处于工业化初期到中期的过渡阶段。产业体系相对不健全，在产业链条上基本上处于中间加工环节，从产业发展驱动力来看，主要依靠资源和劳动力要素，绿色设计基础要素相对匮乏，因此相对来说，绿色设计的本底度较低。

第二节 绿色设计推进度

推进表征对区域绿色设计状态施加影响，使其继续朝增进的方向运动（向前运动）。绿色设计强调的是产业的整个生产链条，以及在产品整个生命周期内无论对产品还是生产链条的消耗属性、周期属性和环境属性，并将其正面提升作为设计目标。结合这几方面的概念界定，绿色设计推进度表征一个国家或地区产品生产过程以及整个产业链条对增强绿色属性设计的推进程度，即通过绿色设计体现“3R”，减少环境污染、减小能源消耗以及提升循环或重新利用过程的水平。因此，影响绿色设计推进度的主要指标包括污染物排放、能源消耗量和重复利用率，由于重复利用率数据不好获取，本报告通过借鉴“弹性系数”的理念，构建并设计绿色设计推进度函数，并以此评价中国各地区的绿色设计推进度。

一、绿色设计推进度函数的构建依据

中国环境污染主要是由于化石能源的消耗形成，因此在产品生产过程以及产业整个链条中，污染物的排放和能源消耗量之间存在必然的依存关系。通过绿色设计的推进，实现能源消耗量与污染物排放量之间的依存关系逐渐变弱，即通过降低能源消耗量，使污染物排放量更少。这与经济学中“弹性系数”概念相近，这里将借鉴“弹性系数”理念和计算方法，通过能源消耗量和污染物排放量之间的依存关系，衡量绿色设计的推进程度。

弹性系数是来自于经济学的概念，一般表示一定时期内相互联系的两个经济指标增长速度的比率，它是衡量一个经济变量的增长幅度对另一个经济变量增长幅度的依存关系。以需求价格弹性为例，需求价格弹性是指需求量对价格变动的反应程度，是需求量变化的百分比除以价格变化的百分比。需求量变化率对商品自身价格变化率反应程度的一种度量，等于需求变化率除以价格变化率。即

需求弹性=需求量变化的百分比÷价格变化的百分比

需求的价格弹性实际上是负数，也就是说，由于需求规律的作用，价格和需求量是呈相反方向变化的，价格下跌，需求量增加；价格上升，需求量减少。因此，需求量和价格的相对变化量符号相反，所以需求价格弹性系数总是负数。由于它的符号始终不变，为了简单起见，习惯上将需求看做一个正数，因为我们知道它是个负数。

因此，需求价格弹性主要有以下三种类型：

（1）当需求量变动百分数大于价格变动百分数，需求弹性系数大于1时，称做需求富有弹性或高弹性。

（2）当需求量变动百分数等于价格变动百分数，需求弹性系数等于1时，称做需求单一弹性。

（3）当需求量变动百分数小于价格变动百分数，需求弹性系数小于1时，称做需求缺乏弹性或低弹性。

从需求价格弹性的本质分析，如果需求是富于弹性的，涨价后厂商收入反而下降，因为需求量下降的速度要大于价格上涨的速度；如果需求是缺乏弹性的，那么涨价可提高厂

商收入，因为需求量下降的速度要小于价格上涨的速度；如果弹性正好为1，则厂商收入不变，因为需求量下降的损失正好抵消了价格上涨的收益。所以，在厂商制定价格时，必须考虑有关商品的需求弹性情况。若需求价格弹性小于1，采取提价政策；若需求价格弹性大于1，采取降价政策。

弹性系数体现的是两个经济变量之间的依存关系，这种依存关系反映在能源消费量和污染物排放量两者之间就是绿色设计推进度。通过计算一个国家或地区能源消费量和污染物排放量之间的依存关系，从而确定这一国家或地区绿色设计推进度的高低。

二、绿色设计推进度函数的理论解析

根据上述弹性系数的概念和计算方法，将其类比延伸到绿色设计推进函数表达式的设计上，分别从空间维度和时间维度两个方面计算能源消费量和污染物排放量两者依存关系，据此绿色设计空间推进度函数表达式为

$$P_s = \mu(C_i/C)/(E_i/E) \tag{3-3}$$

式中，P_s为绿色设计空间推进度；C_i为第i省主要污染物排放量；C为全国主要污染物排放总量；E_i为第i省能源消费量；E为全国能源消费总量；μ为修正系数。

在绿色设计空间推进度函数表达式中，P_s反映的是某一国家或地区相对于其他国家和地区的绿色设计空间推进度，即这一国家或地区的污染物排放量占比与能源消费量占比的匹配关系，本报告中则表征中国各地区的绿色设计空间推进度。C_i和C分别表示具体i省的污染物排放量以及全国污染物排放总量，E_i和E表示具体i省的能源消费量以及全国能源消费总量。

在绿色设计空间推进度函数表达式中，μ为修正系数，表示i省的地区生产总值与全国生产总值的比重。各地区因发展水平不同其绿色设计的推进水平也有差别，如果没有修正系数，单纯依靠两变量的匹配关系，则不能反映发展程度的差别。相对污染物排放量和能源消费量占比都低的地区其绿色设计空间推进度与两者都高的地区差别不大，因此，通过加入修正系数，校正这种偏差，使得绿色设计空间推进度函数表达式能更为精确地反映各地区绿色设计的推进状况。

在时间维度上，绿色设计推进度的表达式为

$$P_t = \mu \Delta C_i / \Delta E_i \tag{3-4}$$

式中，P_t为绿色设计时间推进度；ΔC_i为第i省主要污染物排放量变化率；ΔE_i为第i省能源消费量变化率；μ为修正系数。

在绿色设计时间推进度函数表达式中，P_t反映的是某一国家或地区的绿色设计时间推进度，即这一国家或地区的污染物排放量变化率与能源消费量变化率的依存关系，本报告中则表征中国各地区的绿色设计时间推进度。ΔC_i和ΔE_i分别表示i省的污染物排放量年度

变化率和能源消费量的年度变化率。

在绿色设计时间推进度函数表达式中，修正系数 μ 的设计和算法与公式（3-3）中一致，表示 i 省的地区生产总值与全国生产总值的比重。通过修正系数，纠正发展水平差别带来污染物排放量变化率和能源消费量变化率比值偏差，使得绿色设计时间推进度函数表达式能更为精确地反映各地区绿色设计的推进状况。

三、绿色设计推进度的地区评价

（一）绿色设计空间推进度

基于绿色设计空间推进度函数的理论解析，以地区主要污染物排放总量、能源消费量、地区生产总值比重统计数据为依托，对中国 31 个省、自治区和直辖市的绿色设计空间推进度指数进行评价和分析，相应的评价结果如表 3-3 所示。

表 3-3　地区绿色设计空间推进度指数及排名

地区	绿色设计本底度指数	排名
江苏	0.990	1
广东	0.968	2
山东	0.898	3
浙江	0.809	4
上海	0.772	5
北京	0.770	6
河北	0.630	7
四川	0.627	8
辽宁	0.616	9
湖北	0.613	10
天津	0.573	11
福建	0.571	12
湖南	0.546	13
河南	0.522	14
重庆	0.415	15
山西	0.408	16

续表

地区	绿色设计本底度指数	排名
内蒙古	0. 382	17
云南	0. 342	18
吉林	0. 323	19
安徽	0. 314	20
广西	0. 310	21
陕西	0. 304	22
黑龙江	0. 259	23
新疆	0. 249	24
贵州	0. 234	25
青海	0. 214	26
甘肃	0. 196	27
海南	0. 141	28
江西	0. 130	29
宁夏	0. 095	30
西藏	—	—

注：西藏缺少数据。

数据来源：国家统计局. 2013. 中国统计年鉴 2013. 北京：中国统计出版社.

中国绿色设计空间推进度指数位于前十名的地区包括江苏、广东、山东、浙江、上海、北京、河北、四川、辽宁、湖北。从地域分布来看，除四川省外，绿色设计空间推进度较高的区域基本集中在东部地区，说明绿色设计在工业化程度较高的东部地区更容易推进，这些地区工业体系相对健全，具有比较先进的设计水平，从理念上也比较重视绿色设计，因此相对来说绿色设计空间推进度整体水平较高。中国绿色设计空间推进度指数位于后十名的地区则为广西、陕西、黑龙江、新疆、贵州、青海、甘肃、海南、江西、宁夏。从地域分布来看，除黑龙江、海南以外，空间推动度指数较低的地区几乎全部位于中西部。中西部地区是中国转型发展过程中产业转移的重点区域，东部发达地区落后的产能转移到西部地区，给绿色设计带来很大的推进空间，因此，中西部在绿色设计推进过程中应注重产业升级，更为强调生产工艺的绿色化，提升绿色设计的推进度水平。

（二）绿色设计时间推进度

基于绿色设计时间推进度函数的理论解析，以地区主要污染物排放总量变化率、能源消费量变化率和地区生产总值比重分析数据为依托，对中国 31 个省、自治区和直辖市的绿色设计时间推进度指数进行评价和分析，相应的评价结果如表 3-4 所示。

表 3-4　地区绿色设计时间推进度指数及排名

地区	绿色设计本底度指数	排名
上海	0. 990	1
浙江	0. 747	2
广东	0. 672	3
江苏	0. 402	4
河南	0. 391	5
山东	0. 343	6
河北	0. 333	7
北京	0. 325	8
湖南	0. 324	9
辽宁	0. 289	10
四川	0. 234	11
福建	0. 231	12
湖北	0. 211	13
吉林	0. 209	14
江西	0. 190	15
山西	0. 188	16
陕西	0. 174	17
安徽	0. 172	18
黑龙江	0. 172	19
重庆	0. 169	20
天津	0. 164	21
内蒙古	0. 152	22
广西	0. 131	23
云南	0. 114	24
甘肃	0. 112	25
贵州	0. 107	26
新疆	0. 067	27
宁夏	0. 061	28
青海	0. 048	29
海南	0. 040	30
西藏	—	—

注：西藏缺少数据。

数据来源：国家统计局. 2012. 中国统计年鉴 2012. 北京：中国统计出版社；国家统计局. 2013. 中国统计年鉴 2013. 北京：中国统计出版社.

中国绿色设计时间推进度指数位于前十名的地区包括上海、浙江、广东、江苏、河南、山东、河北、北京、湖南、辽宁。从地域分布来看，除河南省和湖南省外，绿色设计时间推进度较高的区域分布在东部发达地区，说明在时间维度上，绿色设计在发展程度较高的东部地区推进速度更快，相对而言发达地区产业转型升级起步较早，大多数地区已经处于工业化后期，第三产业比重较高，因此在绿色设计时间推进过程较为顺利，使得其推进度指数较高。中国绿色设计时间推进度指数位于后十名的地区则为天津、内蒙古、广西、云南、甘肃、贵州、新疆、宁夏、青海、海南。从地域分布来看，除天津和海南省以外，时间推进度指数较低的地区几乎全部位于中西部。从时间维度来看，中西部地区在绿色设计推进方面面临的阻力较大，一方面工业化水平低，相应的生产工艺水平也低，发展方式相对粗放，更加强调产值数量的增长；另一方面缺少先进的设计技术和人才，在推进绿色设计方面后劲不足。

第三节　绿色设计覆盖度

绿色设计覆盖度表示区域内各类绿色设计行业或产业的分布广度和深度。绿色设计分布广度关注地区各行业部门普遍采用绿色设计的完整度，完整度越高表明地区绿色设计覆盖的行业种类越多；绿色设计分布深度不仅关注绿色设计的行业分布，更强调地区绿色设计企业的数量及其产业整体水平的绿色设计比重。基于“绿色设计覆盖度”的上述定义，本报告平行借鉴生态学中“生态位宽度”的理念，通过适当的延伸和拓展，提出绿色设计覆盖度函数，对各地区绿色设计行业的分布广度和深度进行评价分析。

一、绿色设计覆盖度函数的构建依据

绿色设计覆盖度函数同时强调绿色设计行业在区域范围内的分布广度和深度，即绿色设计产业在区域产业布局中的分布情况。覆盖度函数设计的上述要求与生态学中“生态位”的概念相似，因此本报告将以此为基础设计覆盖度函数。

生态位是指一个种群在生态系统中所占据的位置及与其他相关种群之间的功能关系与作用。20 世纪 20 年代，格林内尔（J. Grinell）首创“生态位”的概念，并强调其空间概念和区域上的意义。1927 年埃尔顿（Charles Elton）将其内涵进一步发展，增加了确定某种生物在其群落中机能作用和地位的内容。在自然环境里，每一个特定位置都有不同种类的生物，其活动及其与相关生物的关系取决于它的特殊结构、生理和行为，即每种生物都有其独特的生态位。例如，每一种生物占有各自的空间，在群落中具有各自的功能和营养位置。

生态位的相关概念已在多方面使用，最常见的是与资源利用有关联的部分概念，如生态位宽度、生态位重叠等。所谓“生态位宽度”是指被一个生物所利用的各种不同资源的

总和，通常可以利用多维空间对生态位相关概念进行精确化描述。生态位宽度是就一个生态因子轴而言的，这方面实验较多的是动物的竞争取食，以食物种类或体积大小为变量。设某物种在 s 种食物资源中取食，取每种食物的个体数分别为 N_1，…，N_i，…，N_s，则

$$P_i = \frac{N_i}{N_1 + \cdots + N_i + \cdots + N_s} \tag{3-5}$$

式中，P_i表示取食第 i 种食物的个体数在总数中的比例。莱文斯（Levins）提出的计算生态位宽度 B 的公式是

$$B = \frac{1}{\sum_{i=1}^{s} (P_i)^2}$$

假设设置装有不同食物的食槽 s 个，使一种动物取食，统计每槽取食的个体数。一种极端情况是，每槽个体数相等，表明该物种在所测范围内占有最宽的生态位，此时 B 值最大；另一种极端情况是，所有个体都在同一食槽取食，表明该物种在所测范围内占有最窄的生态位，此时 B 值最小。现实生活中，某一种群的生态位通常是介于上述最大生态位和最小生态位之间的某个数值，这进一步为本报告以此为基础构建绿色设计覆盖度函数提供了理论依据。

二、绿色设计覆盖度函数的理论解析

基于“生态位宽度”的上述定义及其计算公式，进行如下类比和延伸：①生态学中的“动物竞争取食”可类比为绿色设计领域中的“行业区域布局”；②“某物种在 s 种食物资源中取食”可类比为“所有评价区域内有 s 类绿色设计行业”；③“取每种食物的个体数 N_1，…，N_i，…，N_s”可类比为“绿色设计企业在每类行业中的数量 N_1，…，N_i，…，N_s”；④“取食第 i 种食物的个体数在总数中的比例 P_i”可类比为“某区域第 i 类绿色设计相关企业数占绿色设计企业总数的比例 P_i”；⑤“某物种的生态位宽度 B”可类比为“区域绿色设计的覆盖度指数 E”。基于上述类比关系，并结合绿色设计覆盖度对绿色设计行业分布广度和宽度的要求，对生态位宽度的计算公式进行改进，提出绿色设计覆盖度函数的具体数学解析，即绿色设计覆盖度同时受区域绿色设计企业数、行业种类数以及绿色设计总体发展水平等多个要素的影响，具体的理论解析公式如下：

$$P_i = \frac{N_i}{N_1 + \cdots + N_i + \cdots + N_s} \tag{3-6}$$

$$E = \mu \times \frac{1}{\sum_{i=1}^{s} (P_i)^2} \tag{3-7}$$

式中，E 为绿色设计覆盖度；P_i 为第 i 类绿色设计相关企业数占绿色设计企业总数的比例；μ

为绿色设计生产企业数占比参数，即某地区绿色设计相关企业数量与现阶段绿色设计企业总数量的比值；N_i 为第 i 类绿色设计生产企业数量；s 为现阶段绿色设计生产企业类别总数。

与“生态位宽度”的定义方式和度量公式对比，“绿色设计覆盖度”的理论解析增加了参数 μ，该参数主要用于反映分布情况一致但企业分布数量不同的区域之间差别。例如，对区域 A 和区域 B 的绿色设计覆盖度进行评价：区域 A 有 12 家绿色设计或生产企业平均分布在 6 类绿色设计行业中，区域 B 有 6 家绿色设计或生产企业平均分布在 6 类绿色设计行业中，若根据“生态位宽度”的原始定义构建“绿色设计覆盖度”的理论公式，则区域 A 和区域 B 的绿色设计覆盖度均为 6，这显然未能充分反映出区域绿色设计覆盖度的整体内涵，仅评价了区域绿色设计的分布广度，未评价其分布宽度。本报告将“生态位宽度”的公式进行扩展，引入参数 μ，即绿色设计生产企业数占比参数。引入参数 μ 之后，上述例子中区域 A 和区域 B 的绿色设计覆盖度则分别调整为 4 和 2，这就可以同时反映出区域 A 和区域 B 绿色设计行业或产业的分布广度和宽度水平。因此，本报告提出的绿色设计覆盖率函数理论解析公式具有相应的合理性，可以在一定范围内综合反映地区绿色行业的完整度及其产业发展的整体水平。

三、绿色设计覆盖度的地区评价

（一）覆盖度评价数据来源

当前国内绿色设计或生产企业主要以工业节能和清洁生产企业的形式存在，因此本报告将重点对各地区工业节能和清洁生产企业的情况进行统计分析。数据主要来源于中国工业节能与清洁生产协会、各省（自治区、直辖市）环境保护局网站的公报数据。在收集整理的基础上，对各省（自治区、直辖市）的数据进行进一步汇总，表 3-5 列举了北京市部分工业节能和清洁生产审核企业名单。

表 3-5　北京市部分工业节能和清洁生产审核企业名单（摘选）

序号	单位名称	所属地区	行业分类
1	中国节能环保集团公司	北京市	环境保护
2	中国建筑材料集团有限公司	北京市	建筑材料
3	中国中钢集团公司	北京市	冶金矿产
4	施耐德电气（中国）有限公司	北京市	电气电机
5	威立雅水务集团公司	北京市	健康生活

续表

序号	单位名称	所属地区	行业分类
6	中节能六合天融环保科技有限公司	北京市	环境保护
7	北京仟亿达科技有限公司	北京市	节能改造
8	中海昊华环境科技集团有限公司	北京市	环境保护
9	中国通用咨询投资有限公司	北京市	投资咨询
10	北京光耀能源技术股份有限公司	北京市	能源技术
11	中国新时代控股集团公司	北京市	装备制造
12	中国北方机车车辆工业集团公司	北京市	装备制造
13	中氢联合能源科技（北京）有限公司	北京市	能源技术
14	中节能太阳能科技有限公司	北京市	能源技术
15	新时代健康产业（集团）有限公司	北京市	健康产业
16	中国中煤能源集团有限公司	北京市	能源技术
17	双鸭山东方墙材集团有限公司	北京市	建筑材料
18	北京爱社时代科技发展有限公司	北京市	装备制造
19	北京航峰科伟装备技术股份有限公司	北京市	装备制造
20	朗德华（北京）云能源科技有限公司	北京市	能源技术

通过在相同统计口径下收集汇总，共获得近400家工业节能和清洁生产企业名单。这些工业节能和清洁生产企业广泛分布在中国31个省、自治区和直辖市。为进行区域绿色设计覆盖度核算，进一步对各地区工业节能和清洁生产审核企业进行行业分类，共分为12个主要行业，即环境保护、建筑材料、电气电机、冶金矿产、投资咨询、化工造纸、节能改造、能源技术、电子信息、新材料、健康产业、装备制造。每个行业工业节能和清洁生产企业名单的分布情况如图3-1所示，各类工业节能和清洁生产企业行业分布的差异性较为明显，其中环境保护、节能改造、新材料等领域的工业节能和清洁生产企业数量较多，而建筑材料、冶金矿产、化工造纸等领域的工业节能和清洁生产企业数量则较少。

（二）覆盖度评价结果分析

基于绿色设计覆盖度函数的理论解析，以工业节能和清洁生产企业的统计数据为依托，对中国31个省、自治区和直辖市的绿色设计覆盖度指数进行评价和分析，相应的评价结果如表3-6所示。

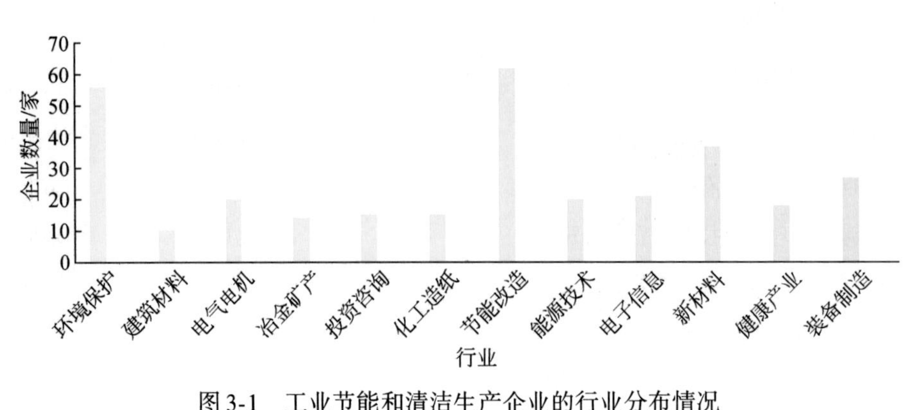

图 3-1　工业节能和清洁生产企业的行业分布情况

表 3-6　地区绿色设计覆盖度指数

地区	绿色设计覆盖度指数	排名
北京	1.000	1
浙江	0.864	2
山东	0.823	3
广东	0.772	4
江苏	0.718	5
上海	0.665	6
福建	0.591	7
四川	0.542	8
天津	0.471	9
重庆	0.471	10
河南	0.464	11
安徽	0.327	12
海南	0.327	13
宁夏	0.318	14
云南	0.292	15
陕西	0.238	16
山西	0.159	17
内蒙古	0.159	18
吉林	0.159	19
黑龙江	0.159	20
湖南	0.159	21
广西	0.159	22
新疆	0.159	23

续表

地区	绿色设计覆盖度指数	排名
河北	0.156	24
甘肃	0.152	25
江西	0.141	26
湖北	0.141	27
贵州	0.141	28
辽宁	0.099	29
青海	0.001	30
西藏	—	—

中国绿色设计覆盖度指数位于前十名的地区包括北京、浙江、山东、广东、江苏、上海、福建、四川、天津、重庆。除西部地区的四川省和重庆市，这些地区几乎全部位于东部，说明东部地区是中国绿色设计覆盖度较高的地区，这些地区绿色设计行业的种类较广、企业数量较多及其产业的整体水平较高。然而，中国绿色设计覆盖度指数位于后十名的地区则为青海、辽宁、贵州、湖北、江西、甘肃、河北、新疆、广西、湖南。除东北地区的辽宁省和东部地区的河北省，覆盖度指数较低的地区几乎全部位于中西部，这说明中西部地区是中国绿色设计覆盖度较低的地区，这些地区绿色设计行业的种类较窄、企业数量较少且其产业的整体水平较低，之后相关地区的发展战略应更多关注绿色设计行业。例如，贵州省在中国工业节能与清洁生产协会备案的工业节能和清洁生产企业的数量仅有三家，且只覆盖了环境保护和冶金矿产两个行业领域。

第四节　绿色设计贡献率

为全面反映中国各地区绿色设计的真实水平，提出并创制“绿色设计贡献率函数”，该函数从宏观上更深层次地去表征各地区绿色设计的基础水平、发展潜力和选择策略。理论上，“绿色设计贡献率函数”试图回答三个问题：各地区发展绿色设计的基础潜力有多大？各地区绿色设计的推进情况如何？各地区推行绿色设计的广度和深度？应用上，“绿色设计贡献率函数”与单纯的绿色设计发展水平评价不同，它并不只考虑地区绿色设计的推进水平，同时也考虑绿色设计的协调能力以及绿色设计的发展基础。因此，“绿色设计贡献率函数”无论在理论的开拓上，还是从实际的应用上，都具有鲜明的定量化特色。

一、绿色设计贡献率函数的理论解析

“绿色设计贡献率函数”的理论模型，是在可持续发展理论的基础上，围绕着绿色设计的本底度（基础维）、推进度（发展维）、覆盖度（空间维）设计。图 3-2 中 O 到 G 的矢量，代表了规范意义下地区绿色设计的最佳发展行为，即绿色设计贡献率。凡是偏离或背离这个矢量，均被认为是在不同程度上对于绿色设计发展行为的失误。

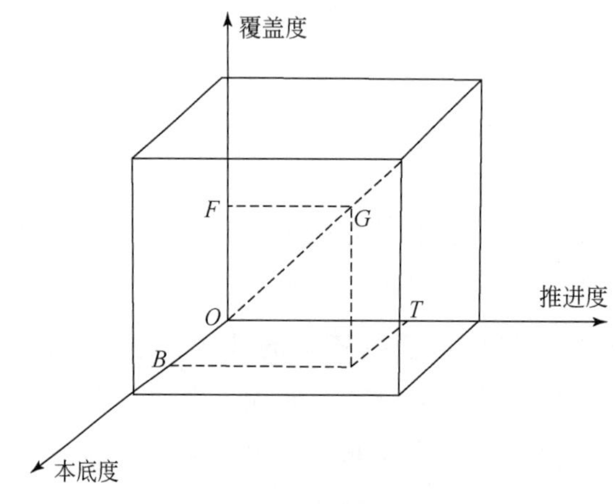

图 3-2　绿色设计贡献率函数的三维理论解析

根据绿色设计贡献率函数的三维理论，绿色设计贡献率函数同时受绿色设计本底度、推进度和覆盖度函数的影响，且在平衡状态下寻求目标函数最大化，其具体的理论解析公式如下：

$$\boldsymbol{OG}=\sqrt{\frac{\boldsymbol{OB}^2+\boldsymbol{OT}^2+\boldsymbol{OF}^2}{3}} \tag{3-8}$$

（1）***OB*** 表征区域绿色设计本底度，主要是应用绿色设计领域的柯布-道格拉斯变体函数，对各地区 GDP 质量指数、工程与技术人员数、R&D 投入占比情况进行整合，以期实现对区域范围内绿色设计本底情况的表征。

（2）***OT*** 表征区域绿色设计推进度，主要是利用经济学中弹性系数的计算方式，从空间和时间两个维度，核算各地区三废产生情况和能源消费情况的弹性关系，以期实现对区域范围内绿色设计推进情况的表征。

（3）***OF*** 表征区域绿色设计覆盖度，主要是利用利用生态学中生态位的思想，对各地区绿色设计企业的行业分布面及其各主要行业内企业分布数量进行描述，以期实现对区域范围内绿色设计分布广度和宽度的表征。

（4）***OG*** 表征综合性的区域绿色设计贡献率，不仅考虑地区绿色设计的发展基础，还平行地关注区域绿色设计的推进水平和协调情况，即绿色设计贡献率是绿色设计本底度、推进度和覆盖度函数在平衡状态下的路径最优化表征。

总之，绿色设计贡献率函数同时受到绿色设计本底度（基础维）、推进度（发展维）、覆盖度（空间维）的影响，三者虽各自独立对区域绿色设计贡献率的形成起作用，但只有三者共同作用才能实现区域绿色设计贡献率函数的最优化。

二、绿色设计贡献率的地区评价

基于绿色设计贡献率函数的理论解析，区域绿色设计贡献率不仅考虑其绿色设计的发展基础，还平行地关注绿色设计的推进水平和协调情况。因此，基于绿色设计本底度、推进度、覆盖度的核算结果，进一步对中国31个省、自治区和直辖市的绿色设计贡献率指数进行统计、评价和分析，相应的统计结果和评价分析情况如表3-7所示。

表3-7　地区绿色设计贡献率指数

地区	绿色设计本底度	绿色设计推进度	绿色设计覆盖度	绿色设计贡献率	绿色设计贡献率	
					地区	排名
北京	1.000	0.585	1.000	0.884	北京	1
天津	0.576	0.362	0.471	0.477	上海	2
河北	0.149	0.503	0.156	0.316	浙江	3
山西	0.146	0.274	0.159	0.201	广东	4
内蒙古	0.125	0.236	0.159	0.180	江苏	5
辽宁	0.243	0.467	0.099	0.309	山东	6
吉林	0.192	0.234	0.159	0.198	天津	7
黑龙江	0.202	0.171	0.159	0.178	福建	8
上海	0.668	1.000	0.665	0.793	四川	9
江苏	0.379	0.770	0.718	0.646	河南	10
浙江	0.417	0.872	0.864	0.748	重庆	11
安徽	0.172	0.206	0.327	0.244	河北	12
福建	0.299	0.402	0.591	0.447	辽宁	13
江西	0.122	0.102	0.141	0.123	湖北	14
山东	0.282	0.676	0.823	0.636	湖南	15
河南	0.146	0.472	0.464	0.391	安徽	16
湖北	0.259	0.416	0.141	0.294	陕西	17
湖南	0.182	0.445	0.159	0.293	云南	18
广东	0.408	0.924	0.772	0.734	海南	19

续表

地区	绿色设计本底度	绿色设计推进度	绿色设计覆盖度	绿色设计贡献率	绿色设计贡献率	
					地区	排名
广西	0.120	0.178	0.159	0.154	山西	20
海南	0.129	0.016	0.327	0.203	吉林	21
重庆	0.234	0.267	0.471	0.340	宁夏	22
四川	0.236	0.439	0.542	0.425	内蒙古	23
贵州	0.037	0.115	0.141	0.107	黑龙江	24
云南	0.066	0.187	0.292	0.204	广西	25
西藏	—	—	—	—	江西	26
陕西	0.242	0.201	0.238	0.228	甘肃	27
甘肃	0.082	0.095	0.152	0.114	新疆	28
青海	0.078	0.066	0.001	0.059	贵州	29
宁夏	0.001	0.001	0.318	0.184	青海	30
新疆	0.030	0.100	0.159	0.110	西藏	—

中国绿色设计贡献率指数位于前十名的地区包括北京、上海、浙江、广东、江苏、山东、天津、福建、四川、河南。除中部地区的河南省和西部地区的四川省，这些地区几乎全部位于东部，这说明东部地区是中国绿色设计贡献率较高的地区，这些地区绿色设计的发展水平和发展潜力均位于全国前列。然而，中国绿色设计贡献率指数位于后十名的地区则为青海、贵州、新疆、甘肃、江西、广西、黑龙江、内蒙古、宁夏、吉林。除东北地区的黑龙江省和吉林省，贡献率指数较低的地区几乎全部位于中西部，说明中国中西部地区绿色设计贡献率较低，这些地区或绿色设计发展水平低，或绿色设计提升潜力低，之后相关省份的发展战略应更多关注绿色设计行业。

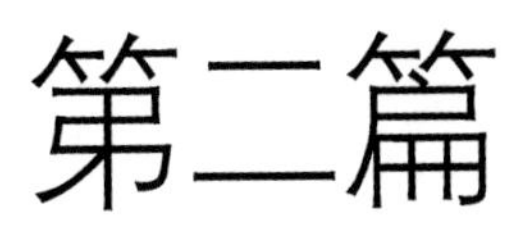

绿色设计案例篇

第四章——世界绿色设计案例

案例分析是研究问题的重要工具和通用方法，通过对绿色设计案例各方面信息与技术的挖掘，提取有效因素，可为2016中国绿色设计报告提供理论支撑，并为未来绿色发展提供有效指导依据。

本章梳理了绿色能源、绿色制造、绿色建筑、绿色交通、绿色化工、绿色材料六大领域中世界著名的绿色设计经典案例。

绿色能源案例分析主要包括丹麦的2050计划、能源互联网以及分布式能源。其中丹麦的2050计划主要针对从根本上减少化石能源消耗，提高能源利用率，实现零碳排放；能源互联网旨在利用先进的电力电子技术，采取清洁与绿色的发展模式，形成一个公共的能源交换与共享平台；分布式能源作为一个开放性的能源系统，为能源的供求、智能化控制以及能源的高效利用提供支撑。

绿色制造案例分析主要包括中国绿色制造计划——中国制造2025、3D打印技术以及宝钢集团有限公司。其中，中国制造2025通过“三步走”实现制造强国的战略目标，是建设中国为制造强国的三个十年战略中第一个十年的行动纲领；3D打印技术在集成化、柔性制造及快速模具方面具有很大优势，成为绿色制造的重要实施路径；宝钢集团在世界钢铁行业的综合竞争力为前三名，被认为是未来最具发展潜力的钢铁企业。

绿色建筑案例分析主要包括天津生态城低碳体验中心、英国BRE环境楼以及中国国家体育场（鸟巢）。其中，三大建筑在设计科学性、能源资源节约性以及低碳环保性等方面均在绿色生态城市建设上起到引领示范作用。

绿色交通案例分析主要包括巴西库里蒂巴交通系统、中国绿色货运行动以及中国高铁。其中，巴西库里蒂巴凭借城市分级公交线路结构以及路网系统成为世界可持续发展“生态之都”；中国绿色货运行动以“绿色货运，节能减排”为主题，实现绿色货运目标理念；中国高铁作为绿色环保的交通工具在中国已经越来越成为一种出行常态，不仅满足了人们出行的需求，而且高铁技术也是中国走向世界、在世界崛起的重要标志。

绿色化工案例分析主要包括柴达木循环经济实验区、阿克苏诺贝尔公司以及江苏圣奥化学科技有限公司。柴达木循环经济试验区自建成以来，相继投产钾肥、纯碱等40多个重大基础性产业项目，为循环经济跨越性发展奠定了产业基础；阿克苏诺贝尔公司提供了多种针对绿色环保建筑建造过程中棘手问题的解决方案，在城市未来发展中起到了关键作用；江苏圣奥化学科技有限公司作为全球最大的专业橡胶防老剂以及中间体的生产企业，始终贯彻着科技与环保的发展理念。

绿色材料案例分析主要包括石墨烯、纳米材料及生物基材料。石墨烯具备颠覆当前所有电子设备的潜质，是21世纪最重要和最具发展潜力的领域；纳米材料作为“十三五”规划中的重点研究材料，在电子、国防、医疗等领域具有不可替代的地位；生物基材料具有绿色、环境友好、原料可再生或可生物降解的特性，是引领未来产业革命的战略性新兴绿色材料。

第一节 绿色能源

一、丹麦的2050计划

（一）零碳计划

2009年，哥本哈根市政府通过的《哥本哈根2025年气候规划》，提出分两步建成碳中和城市：第一，到2015年哥本哈根市的碳排放量比2005年减少20%，现已实现；第二，2025年实现零排放。实现这一目标，首先要从根本上减少化石能源消耗，同时大幅度提高能源的利用效率，并更多地利用生物质能和风能。

（二）能源革命

从1980年起，丹麦已经掀起过两次能源革命，把发展低碳经济置于国家战略高度，并制定了适合本国国情的能源发展战略。随后，丹麦政府采取了一系列政策措施来推动零碳经济，例如，利用财政补贴和价格激励；推动可再生能源进入市场，包括对“绿色”用电和近海风电的定价优惠；对生物质能发电采取财政补贴激励等。同时，在制定了一系列低碳经济发展政策后，丹麦政府又进一步加强立法来巩固既定政策的实施。自1993年通过环境税收改革的决议以来，丹麦逐渐形成了以能源税为核心，包括水、垃圾、废水、塑料袋等16种税收在内的环境税体制，具体举措包括从2008年开始提高现有的二氧化碳税和从

2010 年开始实施新的氮氧化物税标准。另外，丹麦政府也对节能环保的产业与行为进行税收减免，一系列举措收效明显。从 1980 年至今，丹麦的经济累计增长了 78%，能源消耗总量增长却几乎为零，二氧化碳气体排放量反而降低了 13%。丹麦的绿色经验也向世界证明：提高 GDP 和改善人民生活水平，并不意味着要消耗更多能源。长期以来，公私部门和社会各界之间的有效合作是丹麦绿色发展战略的基础。在发展绿色大型项目时，在商业中融合自上而下的政策和自下而上的解决方案，有效地促进了领先企业、投资人和公共组织在绿色经济增长中取长补短，更高效地实现公益目标。其中，最具有代表性的成功案例即是森讷堡的“零碳项目”。

（三）中丹合作

中丹两国的合作为哥本哈根实现 2025 年目标作出了重要贡献。例如，早在 2013 年，已经有部分中国比亚迪汽车公司的电动公交车在哥本哈根交通系统进行初步测试，并且于 2015 年年底正式在哥本哈根投入应用。同时，在研究丹麦能源转型策略的基础上，中国目前也已开始了自己的 2050 可再生能源发展路线研究。早在 2006 年，丹麦就已支持中国开展了风能资源评价、风电项目规划、风电并网能力建设等项目；2009 年，中丹双方又启动了中丹可再生能源发展项目，以促进两国产业技术创新；2012 年，中国国家可再生能源中心在北京成立。该中心与丹麦国家能源署合作，通过学习借鉴丹麦的模型方法和经验，开展了中国 2050 年可再生能源高比例发展的情景研究。在中丹项目框架下，两国企业和机构开展了多项技术创新和合作，包括可再生能源设备检测、并网输电、区域供热等多个领域。

二、能源互联网

（一）技术概要

能源互联网可理解为综合运用先进的电力电子技术，信息技术和智能管理技术，将大量由分布式能量采集装置、分布式能量储存装置和各种类型负载构成的新型电力网络、石油网络、天然气网络等能源节点互联起来，以实现能量双向流动的能量对等交换与共享网络。同时，能源互联网可再生、分布式、互联性、开放性和智能化等生命体特征。从政府管理者视角来看，能源互联网是兼容传统电网的，可以充分、广泛和有效地利用分布式可再生能源的、满足用户多样化电力需求的一种新型能源体系结构；从运营者视角来看，能源互联网是能够与消费者互动的、存在竞争的一个能源消费市场，只有提高能源服务质量，才能赢得市场竞争；从消费者视角来看，能源互联网不仅具备传统电网所具备的供电功能，还为各类消费者提供了一个公共的能源交换与共享平台。

（二）协议标准

2015 年 3 月 2 日，国际标准化组织和国际电工委员会 ISO/IEC（International Organization for Standarization/International Electrotechnical Commission，ISO/IEC）正式发布文件，由天地互连主导的 IEEE1888 标准通过国际标准化组织和国际电工委员会最后一轮投票，成为全球能源互联网产业首个国际标准。IEEE 1888 标准（或称 IEEE 1888 协议），正式名称为泛在绿色社区控制网络协议（IEEE 1888-2011-IEEE Standard for Ubiquitous Green Community Control Network Protocol），是利用互联网技术（支持 IPv6，兼容 IPv4）使所有传感数据和控制数据进行自由传输与交互的应用层面的通信协议，可广泛应用于智慧能源系统，包括下一代电力管理系统，楼宇能源系统、设备设施管理系统等领域的通信，特别在工业、建筑、园区等领域的能源管理方面，具有天然的优势。

（三）政策推动

2015 年 9 月 26 日，习近平总书记在联合国发展峰会上发表了题为《谋共同永续发展 做合作共赢伙伴》的重要讲话，提倡构建全球能源互联网，从而推动以清洁和绿色方式满足全球电力需求方式的发展。这是习近平总书记站在世界高度，继“一带一路”之后提出的又一重大倡议，是对传统能源发展观的历史超越和重大创新，是中国政府积极应对气候变化的一项重要措施，对实现中华民族伟大复兴和人类社会可持续发展具有深远的意义。能源革命是工业革命的根本动力。历史上，每一次能源变革都伴随着生产力的巨大飞跃和人类文明的重大进步。煤炭开发利用、蒸汽机发明，推动第一次工业革命，大幅提升了生产力水平。石油开发利用、内燃机和电力发明，推动第二次工业革命，人类进入机械化和电气时代。构建全球能源互联网，将加快清洁发展，形成以电为中心、以清洁能源为主导、能源全球配置的新格局，实现全球能源转型升级，引领和推动第三次工业革命。

三、分布式能源

（一）技术概要

分布式能源（distributed energy resources）是指分布在用户端的能源综合利用系统。该系统直接面向用户，按用户的需求就地生产并供应能量，具有多种功能，可实现能源的梯级利用，可满足多重目标的中、小型能量转换利用系统。作为新一代供能模式，分布式能源系统是集中式供能系统的有力补充。它有以下四个主要特征（隋军等，2007）：①作为服务于当地的能量供应中心，它直接面向当地用户的需求，布置在用户的附近，可以简化系统提供用户能量的输送环节，进而减少能量输送过程的能量损失与输送成本，同时增加用户能量供应的安全性。②由于它主要针对局部用户的能量需求，系统的规模将受用户需求的制约，相对目前传统的集中式供能系统而言均为中、小容量。③分布式能源系统作为一种开放性的能源系统，开始呈现出多功能的趋势，既包含多种能源输入，又可同时满足用户的多种能量需求。④它通过选用合适的技术，经过系统优化和整合，可以更好地同时满足这些要求，实现多个功能目标。

（二）国际发展

一些发达国家或地区由于较早就开始出台了一系列鼓励分布式能源的产业政策，例如美国的《能源政策法》、日本的《家庭光伏发电补贴法》、德国的《可再生能源法》等，现今它们的分布式能源已具备一定规模。这些国家或地区往往掌握着全球最为先进的技术，并已经建立了合理的价格机制和统一的并网标准。例如，欧盟分布式能源占比约达10%，同时，美国、欧洲和日本在先进的分布式发电基础上推动智能电网建设，为各种分布式能源提供自由接入的动态平台；为节能和需求侧管理提供智能化控制管理平台；为高效利用天然气冷热电联供梯级利用；为因地制宜地利用小水电资源、生物质资源及可再生能源；为清洁回收利用各种废弃的资源能源来增加电力和其他能量供应提供支撑。

（三）国内发展

中国分布式能源起步较晚，现主要集中于北京、上海等大城市，应用场所大多为医院、宾馆、写字楼和大学城等，同时，由于技术、标准、利益、法规等方面的问题，主要采用“不并网”或“并网不上网”的方式运行。分布式能源技术是中国可持续发展的必然选择，是缓解中国严重缺电局面、保证可持续发展战略实施的有效途径之一。2015年年初，新电改方案以国务院的名义在内部下发，该方案力推分布式能源，强调主要采用“自发自用、余量上网、电网调节”的运营模式，完善并网运行服务，加强和规范自备电厂监督管理，全面放开用户侧分布式电源市场，支持企业、机构、社区和家庭根据各自条件，因地制宜投资建设太阳能、风能、生物质能发电以及燃气“热电冷”联产等各类分布式电源。

第二节　绿色制造

一、中国绿色制造计划——中国制造 2025

(一) 强国战略

《中国制造 2025》是国务院于 2015 年 5 月 8 日公布的强化高端制造业的国家战略规划，是建设中国为制造强国的三个十年战略中第一个十年的行动纲领。《中国制造 2025》提出，坚持“创新驱动、质量为先、绿色发展、结构优化、人才为本”的基本方针，坚持“市场主导、政府引导，立足当前、着眼长远，整体推进、重点突破，自主发展、开放合作”的基本原则，通过“三步走”实现制造强国的战略目标：第一步，到 2025 年迈入制造强国行列；第二步，到 2035 年中国制造业整体达到世界制造强国阵营中等水平；第三步，到新中国成立一百年时，制造业大国地位更加巩固，综合实力进入世界制造强国前列（图 4-1）。

图 4-1　绿色制造

注：图片来源于腾讯网。

(二) 政策推动

“十三五”规划建议明确指出，“要支持绿色清洁生产，推进传统制造业绿色改造，推动建立绿色低碳循环发展产业体系，鼓励企业工艺技术装备更新改造”。因此，绿色制造的关键是对生产源头进行污染控制。这就需要加大对新型环保企业的鼓励和扶持力度，坚持把可持续发展作为建设制造强国的重要着力点，加强节能环保技术、工艺、装备推广应用，全面推行清洁生产。随着新一轮科技革命和产业变革的兴起，制造业再次成为各国竞争的焦点。发达国家纷纷实施“再工业化”和“制造业回归”战略，比如美国制定“先进制造业伙伴计划”，英国抛出“高价值制造”战略。与此同时，新兴经济体的崛起也对中国制造业提出挑战。制造业是中国实体经济的主体和国民经济的支柱，是经济结构调整和产业转型升级的主战场，《中国制造 2025》的提出，是适应世界经济发展趋势和中国制造业发展要求的战略选择。

（三）绿色方案

根据《中国制造2025》的相关部署，工业和信息化部正在组织编制《绿色制造工程实施方案》，将鼓励组织实施传统制造业专项技术改造，开展绿色低碳产业化的示范，实施重点区域行业清洁水平的行动计划，扎实推进大气、水、土壤、污染源防治专项。其中，方案将重点推进四项任务。第一是实施传统制造业绿色改造。全面推进钢铁、有色、化工、建材、轻工、印染等传统制造业绿色改造，大力研发推广余热余压回收、水循环利用、重金属污染减量化、有毒有害原料替代、废渣资源化、脱硫脱硝除尘等绿色工艺技术装备，加快应用清洁高效铸造、锻压、焊接、表面处理、切削等加工工艺，实现绿色生产。加强绿色产品研发应用，推广轻量化、低功耗、易回收等技术工艺。第二是推进资源循环利用绿色发展。支持企业强化技术创新和管理，增强绿色精益制造能力，大幅降低能耗、物耗和水耗水平。持续提高绿色低碳能源使用比率，开展工业园区和企业分布式绿色智能微电网建设，控制和削减化石能源消费量。全面推行循环生产方式，促进企业、园区、行业间链接共生、原料互供、资源共享。第三是推动绿色制造技术创新和产业应用示范。提高创新设计能力。在传统制造业、战略性新兴产业、现代服务业等重点领域开展创新设计示范，全面推广应用以绿色、智能、协同为特征的先进设计技术。加强设计领域共性关键技术研发，建设完善创新设计生态系统。第四是构建绿色制造体系支持企业开发绿色产品，推行生态设计，显著提升产品节能环保低碳水平，引导绿色生产和绿色消费。建设绿色工厂，实现厂房集约化、原料无害化、生产洁净化、废弃物资源化、能源低碳化。发展绿色园区，推进工业园区产业耦合，实现近零排放。打造绿色供应链，强化绿色监管，健全节能环保法规、标准体系，加强节能环保监察，推行企业社会责任报告制度，开展绿色评价。

二、3D打印

（一）技术概要

3D打印（3D printing，3DP）即快速成型技术的一种，它是一种以数字模型文件为基础，运用粉末状金属或塑料等可黏合材料，通过逐层打印的方式来构造物体的技术。3D打印通常是采用数字技术材料打印机来实现的。常在模具制造、工业设计等领域被用于制造模型，后逐渐用于一些产品的直接制造，已经有使用这种技术打印而成的零部件。该技术在珠宝、鞋类、工业设计、建筑、工程和施工、汽车，航空航天、牙科和医疗产业、教育、地理信息系统、土木工程、枪支以及其他领域都有所应用。

（二）技术优势

与传统制造业的去料加工技术相比，以 3D 打印为代表的快速成型技术被看做是引发新一轮制造革命的关键要素。精密铸造技术可以称为“金属材料的 3D 打印”，并且具有弱化材料选择性、规模化生产的优势。在医疗和文化创意产业方面，3D 打印可满足个性化、定制化需求；在汽车及航空航天领域，3D 打印在集成化、柔性制造及快速模具方面，具有可缩短周期的巨大优势。同时，通过集成精密成型技术体系的应用，可以在确保产品功能、性能指标的前提下，弱化产品对材料性能的苛求，拓宽材料的选择范围，在产品用组件设计过程中去除“多余质量”，实现产品及组件的减重；可获得精确的近净形尺寸精度与形位公差原件，减少或去除产品后续的加工或处理流程，大幅度简化复杂精密零件产品及组件的制造工艺流程；此外，可以使原来含多个零件的组件或产品能够一次性加工制造，实现简约的产品或组件集成制造，综合成本更低，综合性能更高。

（三）政策推动

现今，环境保护的重要性不可忽视，已成为工业品性能、品质改善过程中必须关注的重要领域。随着工业企业对“中国制造 2025”的深入践行，生态设计、绿色制造成为大势所趋。《中国制造 2025》中将发展先进制造业上升为国家战略，智能制造成为主攻方向，就此要求企业加快从要素驱动向创新驱动转变，由低成本竞争优势转变为质量效益竞争优势，改变资源消耗大、污染物排放多的粗放制造。工业 3D 打印就此成为“绿色制造”的重要实施路径。2015 年 2 月底，《国家增材制造产业发展推进计划（2015-2016 年）》公布，明确国家对 3D 打印的发展目标：到 2016 年初步建立较为完善的增材制造（即“3D 打印”）产业体系，整体技术水平保持与国际同步，在航空航天等直接制造领域达到国际先进水平，在国际市场上占有较大的市场份额。

三、宝钢集团有限公司

（一）公司简介

宝钢集团有限公司简称宝钢，是国务院国有资产监督管理委员会监管的国有重要骨干企业，总部位于上海。子公司宝山钢铁股份有限公司，简称宝钢股份，是宝钢集团在上海证券交易所的上市公司。宝钢集团公司是中国最大、最现代化的钢铁联合企业。宝钢股份以其诚信、人才、创新、管理、技术诸方面综合优势，奠定了在国际钢铁市场上世界级钢铁联合企业的地位。《世界钢铁业指南》评定宝钢股份在世界钢铁行业的综合竞争力为前三名，认为也是未来最具发展潜力的钢铁企业。公司专业生产高技术含量、高附加值的钢铁产品。在汽车用钢，造船用钢，油、气开采和输送用钢，家电用钢，不锈钢，特种材料用钢以及高等级建筑用钢等领域，宝钢股份成为中国市场主要钢材的供应商，同时，产品还出口日本、韩国、欧美等40多个国家和地区。

（二）绿色贡献

2015年，宝钢集团严格贯彻执行新的《中华人民共和国环境保护法》和钢铁行业环境保护新标准，在落实法人主体责任、建立健全管理体系、加强环境保护自查自纠、提升本质化环境保护达标保障能力等方面，开展了行之有效的工作，圆满完成全年各项任务。2016年是“十三五”开局之年，是实施生态文明体制改革的关键时期，根据《关于加快推进生态文明建设的意见》和《生态文明体制改革总体方案》的部署，围绕深化国企改革相关要求，集团公司积极践行“创新、协调、绿色、开放、共享”发展理念，以解决能源环保突出问题为导向，以坚守底线、突出重点、完善制度、引导预期为原则，坚决打好污染防治持久战，健全生态环境保护体系，深化环境经营，提高突发环境事件风险管控能力，不断加快城市钢厂绿色发展。在全球经济发展趋缓、钢铁行业持续低迷的大背景下，宝钢集团坚持了可持续发展经营战略，在2014年完成了3.5亿元节能环保综合投入。据统计，该公司于2014年完成新增绿地150多万平方米；电厂3台燃煤机组完成脱硝和高效除尘改造；高炉完成除尘系统升级改造；光伏发电实现年发电5000万度；污染物减排显著，实现了二氧化硫同比下降13%、氮氧化物同比下降23%、烟粉尘同比下降4.9%、水中化学需氧量同比下降2%；吨钢能耗持续下降，3年节能量累计实现45万吨标煤。

（三）绿色标杆

2015年12月10日，冶金工业规划研究院、环境保护部环境工程评估中心联合召开钢铁绿色发展研究中心成立大会暨《2015中国钢铁企业绿色评级结果》发布会，在公布的被纳入绿色评级范围的69家钢铁企业中，宝钢集团绿色度领先优势明显，成为中国钢铁企业绿色发展标杆企业。该奖项的获得说明宝钢集团在中国钢铁行业名列前茅，为中国绿色制造的实施作出了巨大贡献。其他钢铁企业应借鉴其优秀管理理念及高新生产技术，从而走出一条绿色转型发展之路。

第三节 绿色建筑

一、天津生态城低碳体验中心

该中心位于天津生态城起步区生态科技园内，建筑面积 1.3 万平方米，设计为地下一层，地上五层。整个中心打破固有模式，在南向外墙最大化采用了玻璃与窗户，建筑的北向墙体则最小化开放空间。这样既可以通过南向窗户充分利用自然采光，又可在季节变化时，让南风进入建筑内，减少冬季寒冷的西北风吹入。此外，建筑采用遮阳设备，并通过外立面遮阳板、导光板，将自然光线更深地反射到办公空间。整栋建筑还通过对屋顶及垂直墙体进行绿化，防止夏季的热量集聚以及冬季热量流失。通过这些设计，低碳体验中心的室内温度在自然状态下将保持在22℃左右。低碳体验中心28%的能源利用来源于可再生能源，比生态城自身的目标高40%。为了提高水的利用率，体验中心采用节水配件和设备以及用水监控系统。这里一半的用水来自于非传统水源，包括雨水收集等。落在低碳体验中心的80%的雨水不排入公共管网，以减轻公共基础设施压力，为城市可持续发展及推广低碳生活方式提供典范。据统计，生态城低碳体验中心与类似传统建筑相比可节省30%的能源，相当于每年节省171吨煤和减少427吨二氧化碳排放，在世界低碳生态城市建设上都可起到引领示范作用。

二、英国 BRE 环境楼

英国 BRE 的环境楼为21世纪的办公建筑提供了一个绿色建筑样板。该大楼为三层框架结构，建筑面积6000平方米，其设计新颖，环境健康舒适，不仅提供了低能耗舒适健康的办公场所，而且用作评定各种新颖绿色建筑技术的大规模实验设施。它的每年能耗和二氧化碳排放性能指标定为：燃气每平方米47千瓦时；用电每平方米36千瓦时；二氧化碳排放量每平方米34千克。该大楼最大限度利用日光，南面采用活动式外百叶窗，减少阳光直接射入，既控制眩光又让日光进入，并可外视景观。采用自然通风，尽量减少使用风机。采用新颖的空腔楼板使建筑物空间布局灵活，又不会阻挡天然通风的通路。顶层屋面板外露，避免使用空调。白天屋面板吸热，夜晚通风冷却。埋置在地板下的管道利用地下水进一步帮助冷却。安装综合有效的智能照明系统，可自动补偿到日光水准，各灯分开控制。建筑物各系统运作均采用计算机最新集成技术自动控制。用户可对灯、百叶窗、加热系统的自控装置进行遥控，从而对局部环境拥有较高程度的控制。环境建筑配备47平方米建筑用太阳能薄膜非晶硅电池，为建筑物提供无污染电力。同时，该建筑还使用了8

万块再生砖；老建筑的96%均加以再生产或再循环利用；使用了再生红木拼花地板；90%的现浇混凝土使用再循环利用骨料；水泥拌和料中使用磨细粒状高炉矿渣；取自可持续发展资源的木材；使用了低水量冲洗的便器；使用了对环境无害的涂料和清漆。

三、中国国家体育场（鸟巢）

中国国家体育场（鸟巢）位于北京奥林匹克公园中心区南部，为2008年北京奥运会的主体育场。整个建筑通过巨型网状结构联系，内部没有一根立柱，看台是一个完整的没有任何遮挡的碗状造型，如同一个巨大的容器，赋予体育场以不可思议的戏剧性和无与伦比的震撼力（图4-2）。

图4-2　绿色建筑

注：图片来源于昵图网。

国家体育场设计大纲要求，“国家体育场的设计应充分体现可持续发展的思想，采用世界先进可行的环境保护技术和建材，最大限度地利用自然通风和自然采光，在节省能源和资源、固体废弃物处理、电磁辐射及光污染的防护和消耗臭氧层物质替代产品的应用等方面符合奥运工程环境保护指南的要求，部分要求达到国际先进水平，树立环境保护典范”。在建设中该场馆采用了先进的节能设计和环境保护措施。例如，国家体育场的外观之所以独创为一个没有完全密封的鸟巢状，就是考虑既能使观众享受自然流通的空气和光线，又尽量减少人工的机械通风和人工光源带来的能源消耗。国家体育场的部分区域采用地源热泵、冷热水机组三联供，可同时提供夏季制冷、冬季采暖和供给生活热水，充分利用地热的可再生能源；采用直接数字式控制系统，实现能源的调节和计量，并合理进行排风热回收；采用高效环保的变频暖通空调系统，并可根据需要实现全新风运行和分区调节。其中地源热泵是一项新的先进能源利用技术，国家体育场的建设者们本着节约能源、充分使用可再生能源的原则，设计了地源热泵冷热源系统，利用场地中间面积约为8000平方米的足球场草皮下的土壤资源，为国家体育场的冬季采暖和夏季制冷提供空调系统的冷热源，节约了常规能源。国家体育场所使用的光源，都是各类高效节能型环保光源。同时，在国家体育场的顶部装有专门的雨水回收系统，收集起来的雨水最终变成了可以用来绿化、冲厕、消防甚至是冲洗跑道的回收水。诸多先进的绿色环保举措使国家体育场成为了名副其实的大型“绿色建筑”。

第四节 绿色交通

一、巴西库里蒂巴

（一）城市简介

如何走出一条兼顾发展、民生与环境保护的可持续发展之路，是当下全球各国城市管理者共同关注的课题。被誉为巴西“生态之都”的库里蒂巴为世界提供了一个很好的可持续发展范例。库里蒂巴是巴西南部城市、巴拉那州首府。地处圣保罗西南部约330公里处的马尔山脉高原上，东南距海港巴拉那瓜仅百余公里，有铁路相连。库里蒂巴是巴西除首都巴西利亚之外人均小汽车占有量最高的城市，平均每2.6人拥有一辆小汽车。然而，库里蒂巴公共交通具有极大的诱惑力，许多有小汽车的人纷纷改乘安全、快捷、便宜的公共汽车出行。

（二）快速公交

库里蒂巴的公交路网呈分级结构，其中快速公交系统别具一格。在市区几条主干道上，快速公交车道占据了超过一半的宽度，长度从单节到三节不等的通道式公交车往来其间。公交车运行在专用的通道上，车速每小达到60公里，和地铁相差无几，因此能在极短时间里将客流疏散。库里蒂巴的公共汽车是巴西最密集繁忙的交通系统，日平均输送190万人次，在繁忙的上下班时间，人们只需等待45秒钟就可以乘上公共汽车。为了方便车辆进出市中心，双向快速公交车道两侧隔一个街区，还有与之平行的单向快速车道。

（三）交通系统

公交系统路网包括直达线、小区间连线、输送线等，总长度为1100公里。这些非特快公交车线路与特快线路相连，组成一个完整的公交系统。其中，直达站在库里蒂巴市中心或市内主要地区及周边地区的快速公交线路，站间距离平均为 3 公里。库里蒂巴为使公交一体化，注重不同线路间转乘点建设，特别确保专用道和其他运输线路高效衔接。大型公交站多位于综合公共交通网络的轴线上，可分为中转式的大型公交站和终端式的大型公交站。中转式的大型公交站为不同的线路提供分隔开的上下车站台，并以地下通道的形式连接这些站台，从而使乘客方便换乘。终端式的大型公交车站位于结构轴线道路的末端，在站内配套建有大型的基础设施，包括银行、商店、体育设施、社会保险机构等，可以方便周围地区的居民使用，减少居民向市中心集结，从而减少市中心的交通压力。库里蒂巴市中心商业区就位于综合交通系统的总枢纽换乘站附近，目前市内 75% 的上班族都利用公共交通，这个比率在全世界所有的城市中是最高的。库里蒂巴成了巴西小汽车使用率最低的城市。与巴西其他城市相比全市一年可节约 700 万加仑燃油，从而使城市空气更加清新。

二、中国绿色货运行动

（一）绿色货运

"中国绿色货运行动"于 2012 年 4 月 18 日正式启动。"中国绿色货运行动"经交通运输部批准，由中国道路运输协会主办，交通运输部公路科学研究院和亚洲城市清洁空气行动中心协办。行动以"绿色货运，节能减排"为主题，以实现绿色货运目标为引领，以可持续发展理念为先导，配合政府主管部门、服务货运企业，促进加快转变发展方式，产业结构调整和升级，倡导节能减排和绿色安全发展。行动围绕与低碳运输、节能环保、安全生产等有关的产业链条，促进建立货运行业绿色科学发展长效机制。"中国绿色货运行动"旨在倡导绿色货运理念，通过提高道路货运效率，推广节能技术，提高绿色运输管理与驾驶技术水平，实现行业可持续健康发展。交通运输部为加强对此项活动的支持和指导，成立了中国绿色货运行动指导委员会，环境保护部等相关部委负责节能减排的有关司局领导参加指导委员会工作，同期成立专家组。

（二）评估标准

该行动创建了绿色货运企业标准和车辆标准。企业标准规定，根据企业在节能减排及为社会提供绿色环保、安全便捷的道路货物运输服务和物流服务方面做出努力和取得效果的不同程度，由中国道路运输协会对其进行评价和认证。绿色货运企业用绿叶标志表示企业绿色等级，在第一阶段绿色货运企业最高等级为三叶，第二阶段将在第一阶段的基础上评价并认证四叶和五叶企业。车辆标准则明确了对绿色运输车辆技术的要求，规定示范企业使用有效的节能和环保型货运车辆。同时，行动先期确定 20 家优秀货运企业为示范企业，选择 1000 辆车依据绿色货运行动指南、绿色货运企业和车辆标准进行试点示范工作。20 家企业结合各自特点，在城市配送、甩挂运输、危险品运输、冷链运输、仓储等道路货运多个领域开展示范运营，从“绿色管理、绿色技术、绿色驾驶”三个方面对比两个标准，找出差距，分析原因，总结成果。据中国道路运输协会副会长兼秘书长王丽梅介绍，示范企业全部为协会货运领域骨干会员，企业等级二级以上，企业质量信誉考核 3A 级，业务范围涵盖了货运与物流领域，平均自有营运货车 1252 辆，自有车辆占比企业全部车辆近 40%，高于全国平均水平。申报的绿色货运车辆全部符合燃料消耗量限值标准，其中 80% 符合《中国绿色货运行动绿色货运车辆标准》规定。

（三）未来规划

行动准备进一步开放企业标准，将大型货主纳入进来，整合上下游产业链，共同履行社会责任；适当提高车辆标准，形成引领行业绿色发展的先导，完善相关数据采集；行动应与国家节能减排政策和重点工作相结合，加强政策技术方面的研究，为政府决策提供参考；加大宣传力度，提升绿色货运行动的公信力。

三、中国高铁

（一）绿色出行

铁路作为节能环保的交通工具，相对节约土地，环境污染小，具备可持续发展的条件，极大地缓解了民众出行需求和运力不足之间的矛盾。同时，列车每人百公里耗电不到 8 度，完成相同运输工作量，消耗的能量比公路、航空少 2 ~ 6 倍，大大节约了能源，减少了资源浪费。据资料显示，公路能耗是铁路的 1.8 ~ 2.4 倍。参照日本新干线及法国 TGV 和国内有关资料，按每人每公里标准能耗计算，各运输方式能耗比较系数：内燃机车牵引铁路为 2.86，电力牵引铁路为 1.93，高速铁路为 2.73，高速公路为 22.05，飞机为 44.1。因此，高速铁路的能耗大大低于小汽车和飞机。尽管高速铁路的能耗一般要高于普通铁路，但是由于高速铁路的作业效率要远远高于普通铁路，从整体而言，高速铁路节能效应优于普通铁路。

（二）简要现状

中国高铁经过铁路人十几年的不懈努力，从无到有，从摸索至成熟，经过了一条曲折的发展道路。如今，出门乘高铁，越来越成为一种社会常态，高铁因其正点、快捷、明亮、像飞机客舱一样干净、舒适受到人们的追捧，逐渐成为最受欢迎的交通工具之一，同时也是绿色环保的交通工具。2015 年，全国铁路新线投产 9531 公里，超额完成 1531 公里，创历史最好成绩。“十二五”期间，全国铁路固定资产投资完成 3.58 万亿元，新线投产 3.05 万公里，是历史投资完成最好、投产新线最多的五年。截至 2015 年，中国高铁的运行时速为 300 公里，并且以行驶了 1.9 万公里的纪录，位居世界第一。同时，2015 年 11 月 19 日，随着海口东西环联络线轨道精捣精调的完成以及电力接触网的接通，标志着东西环联络线正式“牵手”，实现闭环，全球首条环岛高速铁路将在海南诞生，成为中国高铁走向世界的一个重要样板。最为引人关注的是，此次海南西环高铁不仅满足于运营中的环境保护要求，更追求施工环节的精益求精。海南西环高铁在施工环节着重注意了对海岛地区特有的森林、水域、海洋等区域的环境保护，尽量减少了施工对周边环境的影响（图 4-3）。

图 4-3　绿色交通

注：图片来源于新浪微博。

（三）政策推动

《中共中央关于制定国民经济和社会发展第十三个五年规划的建议》指出，推进交通运输低碳发展，实行公共交通优先，加强轨道交通建设，鼓励自行车等绿色出行。实施新能源汽车推广计划，提高电动车产业化水平。综合交通运输发展的总体目标是，到 2020 年基本建成安全便捷、畅通高效、绿色智能的现代综合交通运输体系，推动交通运输实现更高质量、更有效率、更加公平、更可持续的发展。而中国的交通运输低碳发展，首推高铁。另外，国务院总理李克强在泰国访问时也曾大力推介中国高铁，引发了中国高铁走向世界的热议。高铁是高技术合成的产物，是中国经济转型升级的先驱者，高铁技术是中国走向世界、在世界崛起的重要标志。

第五节　绿色化工

一、柴达木循环经济实验区

（一）项目简介

柴达木循环经济试验区是2005年国家发展和改革委员会等六部委批准的国家首批13个循环经济产业试点园区之一，是国家“十一五”规划纲要明确加快实施的循环经济产业园区之一，也是目前国内面积最大、资源较为丰富、唯一布局在青藏高原少数民族地区的循环经济产业试点园区。试验区位于青藏高原北部、青海省西北部，地处青、甘、新、藏四省区交汇的中心地带，主体为举世闻名的柴达木盆地，南有昆仑山，北、东有祁连山，西有阿尔金山，东西长约850公里，南北宽350～450公里，面积25.6万平方公里，是一个典型的资源富集地区。

（二）项目意义

柴达木试验区作为青海主要的经济发展区，资源相对富集，产业发展的聚集优势明显，具备工业发展的优势条件，一直是青海省地方财政重要来源区，承担三江源地区移民安置任务，担负青海省地方实施三江源保护主要财力支撑的重任。大力推动试验区的循环经济建设，不仅会有力地促进区域社会经济健康发展，而且会极大地支持三江源生态环境的保护。同时，从试验区资源条件看，该地区资源富集，资源组合好，关联度强，具备构建以盐湖特色优势资源为主导的区域循环经济产业体系条件，能够支持资源、产品、产业多层次的区域循环经济产业体系建设。推进试验区循环经济发展，有利于促进资源集约化程度，优化资源配置，促进资源的高效利用、循环利用，最大限度地减少和降低因矿产资源开发造成的环境污染、生态破坏，实现区域经济健康、可持续发展。另外，以试验区为载体发展循环经济，大力推进资源的综合开发、有效配置、循环利用，延长产业链，推动产业融合发展，构建资源精深加工和横向扩展相结合的循环工业体系，优化产业结构，是提升试验区产品产业竞争力、转变发展方式的必由之路。

（三）绿色贡献

柴达木循环经济试验区在高起点推动以盐湖化工、油气化工、有色金属、煤化工、特色生物、新兴产业和新材料产业为主导的“七大”产业体系日趋成熟的基础上，相继投产钾肥、纯碱、氢氧化镁、碳酸锂、光伏、光热发电等40多个重大基础性产业项目，为循环经济跨越发展奠定了产业基础。其中，代表性项目包括在建的盐湖集团40万吨金属镁一体化项目、百万吨钾肥综合利用二期工程、柴达木福牛产业基地建设项目、枸杞深加工、设施农业等工程项目，在延伸产业链和资源综合开发利用中更加彰显生态文明的发展理念；先后攻克了反浮选冷结晶、盐湖提钾、老卤提取碳酸锂等136项重大科技难题，其中31项科技成果达到国际、国内领先水平。被科学技术部命名的“创新型盐湖化工循环经济特色产业集群”成为国家级创新型产业集群试点培养单位，试验区科技进步对经济发展的贡献率达到45%。同时，企业在坚持“清洁、环保、高效、节能”的发展原则下，对周边企业排出的石灰石尾矿、炉渣、粉煤灰等进行再次利用，“吃干榨尽”；淘汰落后的年产能仅为45万吨的落后设备生产线，投资7亿元新建新型干法熟料生产线，并配套4.5兆瓦余热发电设备；近两年用于环保设备、排放达标和厂区绿化的投资达7000余万元。企业在谋求自身发展的同时，顶住工业下行的叠加压力，对生态环境保护进行巨额投资，为企业筑起可持续发展之路。

二、阿克苏诺贝尔公司

（一）公司简介

阿克苏诺贝尔公司由许多具有悠久历史的公司组成，最早成立于1792年。其中，瑞典著名的科学家阿科弗莱德·诺贝尔（Alfred Bernhard Nobel）——诺贝尔奖金的创立者，生前创建的多家公司仍为该公司的重要组成部分。阿克苏诺贝尔是全球财富500强公司，是世界领先的大型工业公司，也是世界最大的装饰漆公司之一，业务遍布欧美及世界各地，产品涉及工业涂料、粉末涂料、船舶及防护涂料、包装涂料、纸浆和造纸化学品、基础化学品及聚合物化学品等，广泛生产和供应各类油脂，涂料和专业化学品，旗下拥有多乐士、来威漆、多乐士专业、美时丽等多个世界驰名的建筑装饰漆品牌。

（二）绿色技术

2014年上海国际绿色建筑与节能展览会上，阿克苏诺贝尔突出展示了其为打造更加绿色环保的建筑提供的解决方案，及其在支持城市未来发展中所起到的关键作用，其中包括：为高标准建筑市场上的钢结构提供防火保护及美观效果的Interchar系列膨胀型钢结构防火涂料产品；全球首创的产品无溶剂排放且能够完美展现木纹、大理石等仿真效果的Interpon系列热转印粉末涂料；满足LEED和美国能源之星的要求，作为能源环保型涂料最佳方案的“冷化学涂料”系列氟碳涂料；多乐士专业仿石及艺术质感系列产品；持久保护木材的天然本色木材涂料等。

（三）绿色项目

阿克苏诺贝尔是大型风力发电项目 Vindln 的投资公司之一，目前该项目在北欧地区已有三个风力发电场投入运营，并计划达到每年1000 千兆瓦时的发电产能。阿克苏诺贝尔纸浆与高性能化学品业务集团是该合资公司的投资企业之一，目前60% 的业务已采用可再生能源，并将在未来进一步提高清洁能源的使用比例。在荷兰，阿克苏诺贝尔还因地制宜地建造了一条长达 2 公里的管道用于输送垃圾焚烧发电厂产生的蒸气，为其设于亨格罗的盐场输送电力。在比利时、荷兰和卢森堡地区，该公司还与当地规模最大、最高效的生物质发电厂签署了长期电力购买协议。在巴西，阿克苏诺贝尔提出的“化学岛”理念使得该公司在因佩拉特里斯的工厂 100% 采用可再生能源。通过对当地的桉树每隔 7 年进行采收，纸浆厂可以采用废料进行生物质发电。这一业务理念完美，而且效益高，几乎不需要或很少需要运输化学品。阿克苏诺贝尔计划截止于2020 年，通过利用可再生能源可满足该公司45% 的能源需求，目前该比例已经达到了 34%。

三、江苏圣奥化学科技有限公司

（一）公司简介

江苏圣奥化学科技有限公司成立于 2008 年 5 月，是全球最大的专业橡胶防老剂 6PPD、IPPD 以及中间体 RT 培司的生产企业，公司运营中心位于中国上海，并在中国多个省市拥有生产、研发和其他相关分支机构，且在欧洲设立全资子公司。公司专注于橡胶化学品的研发、生产及营销服务，为中化国际（控股）股份有限公司下属成员企业。江苏圣奥坚持产学研紧密合作的研发模式，形成以上海研发中心为核心、以各子公司相关技术中心为重点、以国内外知名院校合作研发为依托、以科技成果产业化为导向的研发架构。

（二）绿色技术

圣奥集团遵循科技与环保的发展理念，致力于用高科技改造和提升传统橡胶助剂行业，积极开发绿色环保新工艺，在行业内率先开发成功 RT 培司连续催化氢化工艺，使生产过程中出现的污染接近零，大大推进了行业实现清洁工艺的进程。该工艺项目获得 2004 年中国石化系统科学技术进步一等奖，2004 年国家科学技术进步二等奖，取得十余项国内外专利。目前集团“RT 培司催化氢化”的年生产能力在全世界首屈可数。2015 年 8 月 31 日，中国中化集团公司发布《关于授予 2015 年度中化集团科学技术奖的决定》，江苏圣奥

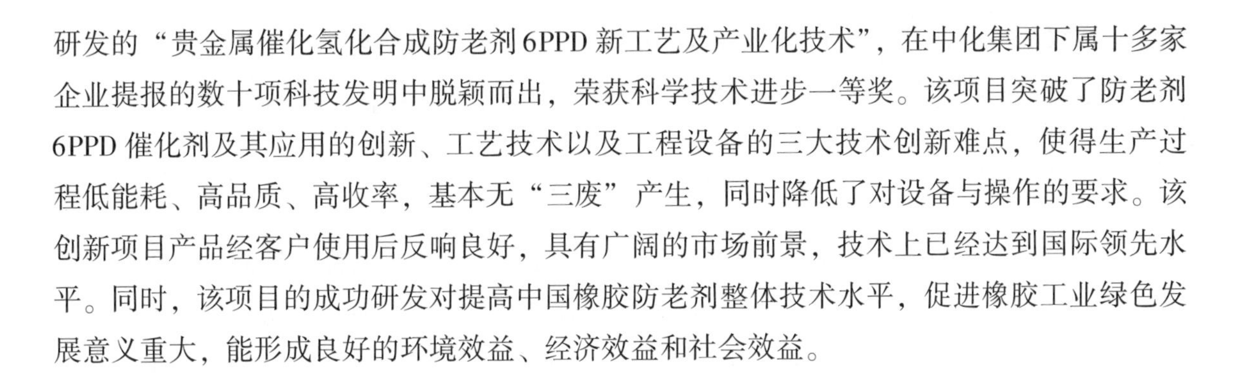

研发的“贵金属催化氢化合成防老剂6PPD新工艺及产业化技术”，在中化集团下属十多家企业提报的数十项科技发明中脱颖而出，荣获科学技术进步一等奖。该项目突破了防老剂6PPD催化剂及其应用的创新、工艺技术以及工程设备的三大技术创新难点，使得生产过程低能耗、高品质、高收率，基本无“三废”产生，同时降低了对设备与操作的要求。该创新项目产品经客户使用后反响良好，具有广阔的市场前景，技术上已经达到国际领先水平。同时，该项目的成功研发对提高中国橡胶防老剂整体技术水平，促进橡胶工业绿色发展意义重大，能形成良好的环境效益、经济效益和社会效益。

（三）行业表彰

2013年12月9日，由中国石油和化学工业联合会主办、中国化工报社承办的“美丽化工——重塑行业形象，改善公众认知，推介优秀企业”大型专题宣传活动年度发布会在海南博鳌隆重举行。江苏圣奥从众多参评企业中脱颖而出，被评为2013年度中国石油和化工企业公民楷模榜——绿色化工奖。绿色化工奖主要是授予注重环境友好、节能减排，有环境保护的政策与措施，致力于发展环保产品，在原料选择、工艺路线、回收利用全生命周期实现绿色化，努力推动循环经济发展的企业。2015年10月14日，第二届中国（青岛）橡胶工业博览会在青岛国际会展中心开幕。博览会继续以“智慧橡胶”为主题，汇聚全球智慧橡胶元素。当天晚上“第二届中国（青岛）橡胶工业博览会奥斯卡‘金橡奖’盛典”盛装举行，江苏圣奥荣膺“2015年度十大影响力品牌奖”，是橡胶化学品行业唯一一家蝉联此殊荣的企业。江苏圣奥凭借多年来对行业专注和务实的精神，专注于橡胶化学品的绿色研发与制造，投入巨资致力于科技创新和研发绿色生态产品，不断探索开发绿色环保新工艺，推进了行业实现清洁生产的进程，引领了行业绿色、健康、可持续的发展。

第六节　绿色材料

一、石墨烯

（一）材料简介

石墨烯一般可被定义为从石墨材料中剥离出来、由碳原子组成的只有一层原子厚度的二维晶体。石墨烯既是最薄的材料，也是最强韧的材料，断裂强度比最好的钢材还要高200倍。同时，它又有很好的弹性，拉伸幅度能达到自身尺寸的20%。石墨烯的发现及其应用，正在催生生物医药、新材料和新能源等领域革命性的技术进步，这些领域的新发明、新成果如雨后春笋，如在锂离子电池电极材料、太阳能电池电极材料、传感器、半导体器件、复合材料制备、透明显示触摸屏、透明电极等方面开始被广泛应用。

（二）政策推动

石墨烯产业发展能够引领战略性新兴产业快速崛起。石墨烯的优异性能有望在现代电子信息科技领域引发一轮革命，具备颠覆当前所有电子设备的潜质，是新一代电子行业的“救命稻草”。据悉，新材料产业“十三五”规划编制接近尾声，将在2016年推出，石墨烯凭借优异性能可广泛应用于新能源汽车、航空航天等多个领域，成为重点发展对象。分析指出，新材料作为高新技术的基础和先导，将成为21世纪最重要和最具发展潜力的领域，发展空间巨大。在国家战略指引下，中国石墨烯研发和专利持有已在全球占据一席之地。国家自然科学基金委员会已经陆续拨款超过3亿元资助石墨烯相关项目；国家引导石墨烯产业成立了中国石墨烯产业技术创新战略联盟；国家首个石墨烯及先进碳材料特色产业基地也在近期获批，将在青岛落户建成。

（三）相关科技

中国石墨烯研发和应用的新成果层出不穷。例如，2013年年底，宁波墨西科技有限公司和重庆墨希科技有限公司先后建成年产300吨石墨烯生产线和年产100万平方米生产能力的石墨烯薄膜生产线，将石墨烯的制造成本从每克5000元降至每克3元。这标志着全球第一条和第二条真正实现规模化、低成本、高品质的石墨烯生产线在中国诞生。2015年年初，中国科学院上海硅酸盐研究所与北京大学、美国宾夕法尼亚大学合作研究，已研制出一种高性能超级电容器电极材料——氮掺杂有序介孔石墨烯。该材料具有极佳的电化学储能特性，而且还可以通过使用水基电解液，做到无毒、环保、价格低廉、安全可靠。同期，浙江大学成功研发了一种新型、廉价、无毒的铁系氧化剂，使石墨烯制造具有制备过程快、成本低、无污染的特点，适用于工业化大规模制备，对拓宽石墨烯应用具有重要意义。中国科学院重庆绿色智能技术研究院成功制备出国内首片15英寸的单层石墨烯显示屏，能够让手机充电速率提高40%，电池寿命延长50%，电池的能量密度增加10%。另外，2016年年初，中国科学院青岛生物能源与过程研究所青岛储能产业技术研究院研究团队研发出的新型石墨烯基高能量度锂离子电容器技术突破了石墨烯复合电极设计与批量制备、可控均匀预嵌锂、充放电胀气抑制及特殊集流极片涂布等技术难题，在实践中总结出石墨烯基锂离子电容器制备技术和工艺，并自力更生设计建设了国内第一条锂离子电容器的中试生产线，研发出了最高容量3500F/4V型锂离子电容器单体。

二、纳米材料

（一）材料简介

纳米材料是指在三维空间中至少有一维处于纳米尺度范围（1～100纳米）或由它们作为基本单元构成的材料，大约相当于10～100个原子紧密排列在一起的尺度。在该范围空间，物质的性能就会发生突变，出现特殊性能。不同于原来组成的原子、分子，也不同于宏观的物质，它是具有特殊性能的新材料。当前纳米技术的研究和应用主要在材料和制备、微电子和计算机技术、医学与健康、航天和航空、环境和能源、生物技术和农产品等方面。用纳米材料制作的器材重量更轻、硬度更强、寿命更长、维修费更低、设计更方便。利用纳米材料还可以制作出特定性质的材料或自然界不存在的材料，制作出生物材料和仿生材料。

（二）政策推动

中国“十三五”规划中指出，新材料对中国成为世界制造强国至关重要。目前，“中国制造”总体水平处在国际产业链低端。所以，中国提出下一步要加快纳米技术和材料等领域的科技攻关。纳米材料作为以自然的生态统一性和生态化的实践方式之一，是形成绿色智慧城市、建设创新型国家过程中必不可少的科技创新驱动。

苏州工业园区率先在国内将纳米技术确定为区域战略性新兴产业，于2010年9月成立苏州纳米科技发展有限公司。为推动纳米技术应用产业国际间合作，该公司创新推出“国际产业集群—平台—苏州产业集群”的国际资源合作模式，中芬纳米创新中心、荷兰高科技中国中心、捷克技术中国中心和伊朗技术中国中心等陆续签约入驻苏州纳米城；德国、英国、奥地利等国家也表达了合作意愿。苏州已经成为国际纳米技术产业资源进入中国的“门户”。同时，北京雁栖经济开发区正着力加速建设国家纳米高新技术产业化基地，计划两年内构建国内领先的纳米科技成果批量转化通道，到2020年建成国际纳米产业研发、国内纳米企业总部的集聚地。现今，产业园区的实力日渐增强。中科纳新、中科纳通、碧水源等一批具有重要影响力的知名企业聚集产业园以及碳纳米管触摸屏、纳米发电机、纳米超级电容器等一批国际领先的产业化项目已入驻产业园。北京纳米园区已经与苏州科技园等形成“一北一南”的发展格局，联合打造创新发展战略高地，可以更好地整合创新资源，推动产业升级，完善合作机制，实现互利共赢。

（三）相关科技

中国各科研单位针对纳米材料技术进行了深入研究，并已取得一系列重大成果。例如，北京大学纳米器件物理与化学教育部重点实验室用自主发展的“无掺杂 CMOS”技术，成功开发了亚 12 纳米的碳纳米管顶栅 CMOS 场效应晶体管器件的制备技术。制备出栅长为 10 纳米的碳纳米管 CMOS 器件。该器件的主要性能指标远优于国际上已发表的最好水平；中国科学院北京纳米能源与系统研究所在植入式长效自充电能源包的研究中获得了一系列国际领先的原创纳米器件和关键技术。通过关键技术开发和核心部件的创新，制作了植入式自驱动能源包，该器件的创新性和技术水平属于国际领先水平；北京中科纳新印刷技术有限公司推出基于的纳米绿色制版技术的全球最高时速 180 张/小时对开报业制版样机——NT220-131A，实现了制版设备的高速化；国家纳米中心研发的拥有自主知识产权的高灵敏度多肽纳米磁珠捕获和分离循环肿瘤细胞技术，能将癌症检测提前到肿瘤组织只有 1 ~5毫米大小，大大优于目前传统的 PET-CT 技术，并且具有高特异性、无创检测、针对多种肿瘤等特点。

三、生物基材料

（一）材料简介

生物基材料是利用可再生生物质（农作物、其他植物及其残体）为原料，通过生物、化学以及物理等方法制造的一类新材料，生物基材料产品具有绿色、环境友好、原料可再生或可生物降解的特性。生物产业是战略性新兴产业，生物技术引领的新科技革命正在加速形成，生物科技的重大突破正在孕育和催生新的产业革命，而研究和发展生物基材料日益成为科研领域的研究热点之一。

（二）政策推动

生物基材料是中国战略性新兴材料产业和生物质产业发展的重要领域之一，利用丰富的生物质资源开发环境友好和可循环利用的生物基材料，最大限度地替代塑料、钢材和水泥材料，对于替代化石资源、发展循环经济、建设资源节约型和环境友好型社会具有重要意义。近些年，随着石油资源日益紧缺和环境污染逐渐加重，人们逐渐追求低碳生活，降解塑料和生物基材料作为环境友好型材料得到了快速发展。世界各国纷纷制定相关法律法规促进这些材料的发展和使用。生物制造是中国“十二五”期间重点发展的生物产业之一，主要包含生物基新材料、生物基化学品等领域。“十三五”期间，生物材料仍被列为前沿新材料，重点发展方向将包括生物基增塑剂、生物基 PX 和生物燃料等。该材料是中国未来五年重点培育壮大的战略性新兴产业之一，需持续深入实施工业强市战略，聚焦工业突破，同时强化企业创新主体地位和主导作用，加速构建多点支撑的战略性新兴产业发展体系，推进开发区转型升级。另外，“十三五”规划中化纤工业发展的重点任务就是生物基纤维，到2020年，中国将力争实现多种新型生物基纤维及原料技术的国产化，实现生物基原料产量77万吨，生物基纤维106万吨。

（三）相关科技

近年来，各国不断加强科技创新，大力推进生物基材料的研发生产，取得了一系列突破性成就。例如，株式会社·冈村制作所（Okamura Corporation）与杜邦泰特乐利生物产品（Du Pont Tate & Lyle Bio Products）联合，首次推出了涂有Susterra1,3丙二醇制成的粉末涂料的办公家具。Susterra丙二醇是一款基于生物的材料，该材料与基于石油的乙二醇相比，能减少多达40%的温室气体以及40%不可再生能源；据国外媒体报道，壳牌石油公司所资助的一项研究已经表明，有可能将玉米秸秆中储存的糖100%转换成氢气，而且完全不会增加大气中的二氧化碳排放。这项技术的关键进步之一在于能够直接使用废弃的生物量作为氢燃料的来源，这就有可能使绿色燃料供应站遍布全国；2014年年末，中国科学院宁波材料技术与工程研究所通过将松香基扩链剂取代石油基扩链剂，研制出1种新型的生物基形状记忆聚合物材料。研究人员通过细致的分子设计，在高分子链上制备高度不兼容的硬链段和软链段，取得了具有优越恢复性能的记忆形状聚氨酯。

第三篇

绿色设计标准篇

第五章 拟定中国绿色设计标准通则（草案）

工业和信息化部、国家发展和改革委员会与环境保护部联合发布《工业和信息化部 发展改革委 环境保护部 关于开展工业产品生态设计的指导意见》，要求编制重点产品生态设计标准，提出产品生态设计标准体系框架，组织编制产品生态设计通则，这是对国家“十二五”规划纲要提出的“加快构建资源节约、生态的生产方式和消费方式”的具体落实，是中国开展和完善绿色设计标准化工作的重要支持，是建立体系化绿色设计标准的有效推动。

本章首先通过文献梳理的方式回顾和整合了绿色设计标准的相关知识与成果，进而提出了基于生命周期理论、“3R”原理、社会网络分析理论和人因分析理论的绿色设计标准的制定，在此基础上，综合考虑行业、方法及层次三维因素，形成了中国绿色设计标准通则（草案）。

梳理绿色设计标准的相关知识和成果后发现，全球绿色设计标准的制定和实施正处于起步阶段，相关标准的数量较少、行业覆盖较窄、涉及方法也不统一，亟待从方法层面和通则制定层面完善绿色设计标准体系。

生命周期理论是对于生命从源头到末端的全过程解析。最初是从生命过程认识开始，此后延续至更加广泛的领域，旨在关注产业链全过程以及产业链对于生命环境影响的考量，体现了当今世界经济社会环境的可持续发展理念，为绿色设计标准化提供理论和方法基础。

“3R”原理充分诠释了循环绿色经济的内涵，即减量化、资源化、再循环，用少量的自然资源来满足经济社会的发展需求，实现资源能源高效利用，生态环境与经济发展持续平衡。结合自然界中物质流、能量流的概念，为绿色设计标准提供了环境经济双向评价准则。

社会网络分析理论可以揭示隐藏在社会现象下的深层社会结构及其演变特性，能够研究不同层次的结构关系，能够解决跨学科的众多问题，可以为中国绿色设计标准通则的制定提供理论和方法基础。从发展与环境保护协同理念出发，通过构建区域交通网络、经济关联网络、创新互动网络模型，在此基础上进行了实证分析，得出了相关结论，为区域交通、经济一体化、创新互动绿色设计标准的制定提供理论依据。

人因分析理论将社会中的人因看做人采取行为策略追求某种目标，从而干预社会发展进程，可以为中国绿色设计标准通则的制定提供理论和方法基础。在生态文明理念下，构建较为普适的人因社会模型，通过求解行为策略集，在一定程度上预见行为后的结果，并不断左右人的行为，实现社会绿色设计。通过人因分析，可以为绿色设计安全性标准、满意度标准、低成本标准、高效率标准的制定提供理论依据。

中国绿色设计标准通则（草案）全面表达了微观、中观与宏观三个层次。对于微观层次，主要考虑产品、工艺等具象化设计；对于中观层次，主要考虑行业、工程、产业链等综合化设计；对于宏观层次，主要考虑国家、区域、城市等长远性规划的战略性设计。通则（草案）为国家和相关行业提供了理论参考框架。

第一节　绿色设计标准综述

绿色设计的推行是大众的期盼，是时代的呼唤，也是世界未来发展和前进的重要推动。绿色设计的发展速度与发展质量同其标准化程度休戚相关，因而从标准化角度探讨和规范绿色设计十分必要。

一、绿色设计标准的含义

（一）标准的内涵

1. 标准的定义

“标准”一词，一般与现代工业生产紧密相连，被普遍认为是现代工业的产物。实际上，“标准”经历了远古时代、古代、近代和现代标准化时期的漫长演化与发展过程（李春田，2005），并逐渐与规范、通用、成本、科学等元素相连接，不仅仅作用于工业生产，更应用于社会的经济、军事、文化等各个方面，其作为一整套社会公器，发挥着规范、制约、引导、整合社会各单元的一系列作用，推动着人类社会的不断前进和发展。随着标准化进程的不断发展，“标准”逐渐成为标准学领域的专有名词，世界各国的政府机构、组织机构、学者、专家等对其进行了广泛而深入的研究（表5-1）。

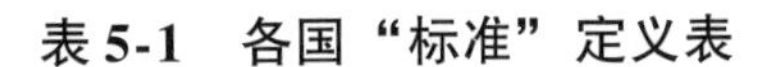

表 5-1　各国“标准”定义表

国家或组织机构	年份	文件	定义
日本	1956	JIS Z 8101-1956	为广泛应用及重复利用而采纳的规格
德国	1960	DIN 820-1960	调节人类社会的协定或规定。有伦理的、法律的、科学的、技术的和管理的标准等
世界贸易组织	1980	WTO/TBT	标准是被公认机构批准的、非强制性的、为了通用或反复使用的目的，为产品或其加工或生产方法提供规则、指南或特性的文件
国际标准化组织	1983	第 2 号指南	适用于公众的，由有关各方合作起草并一致或基本上一致同意，以科学、技术和经验的综合成果为基础的技术规范或其他文件，其目的在于促进共同取得最佳效益，它由国家、区域或国际公认的机构批准通过
中国	1983	GB 3935. 1-1983	对重复性事物和概念所做的统一规定。它以科学、技术和实践经验的综合成果为基础，经有关方面协商一致，由主管机构批准，以特定形式发布，作为共同遵守的准则和依据
国际标准化组织和国际电工委员会	1991	第 2 号指南	为在一定范围内获得最佳秩序，对活动或其结果规定共同和重复使用的规定、指南或特性的文件。该文件经协商一致制定并经一个公认机构的批准（注：标准应以科学、技术和经验的综合成果为基础，并以促进最大社会效益为目的）
中国	1996	GB/T 3935. 1-1996	等同采用 1991 年国际标准化组织和国际电工委员会第 2 号指南对标准概念的定义（第六版）
国际标准化组织和国际电工委员会	1996	第 2 号指南	为了在一定的范围内获得最佳秩序，经协商一致制定并由公认机构批准，共同使用的和重复使用的一种规范性文件（注：标准应以科学、技术和经验的综合成果为基础，以促进最佳的共同效益为目的）
中国	2002	GB/T 20000. 1-2002	等同采用 1996 年国际标准化组织和国际电工委员会第 2 号指南对标准概念的定义

资料来源：麦绿波 . 2012. 广义标准概念的构建 . 中国标准化，(4)：57-58.

不同研究者（机构）对“标准”的定义虽有所差别，但总结和归纳上述定义可从以下几点揭示“标准”的内涵：

第一，“标准”的目的是为了获取社会的最佳秩序。“标准”是标准化活动的产物，作为一种规范、准则、榜样和制约而存在，其制定的出发点是为了整个社会能“获得最佳秩序”，从而获取整体的“最佳共同效益”。

第二，“标准”的对象必须具备同一性和可重复性。“标准”有固定和客观的对象，并且要求对象是“重复性事物”，即标准化的对象应当具备同一事物反复多次出现的性质。

第三，“标准”的权威必须来源于公众所认可的权威机构。“标准”是社会生活和经济技术活动的重要依据，是一种公共资源，它必须能够代表和反映各方面利益，因此，“标准”只能由社会所公认的权威机构批准方才具合法的功能和效益。

第四，“标准”的产生必须以科学性、民主性和公正性为基础。“标准”的产生，一方面离不开科学性，即对科学研究的成就、技术进步的新成果和实践中的先进经验的总结；另一方面有赖于民主性和公正性，即需要相关人员、相关方面（如用户、生产方、政府、科研及其他利益相关方）共同讨论和协商并最终取得共识。

2. “标准”的功能

“不以规矩，不能成方圆”，“标准”在社会发展和经济建设中发挥着至关重要的作用和功能。

（1）“标准”是提高生产效率的极佳手段。随着科学技术的发展，生产的社会化程度增高，生产规模扩大，技术要求变高，分工更加精细，生产协作也越来越广泛，推动了市场经济不断攀升。市场经济越发展，越要求扩大企业间横向联系，要求形成统一的市场体系和四通八达的经济网络。互通有无的经济网络的形成，主要依靠技术上的高度统一与广泛的协调，而“标准”恰巧是实现这种统一与协调的极佳手段，并且可以提高生产效率。

（2）“标准”是增强管理水平的有效方法。泰勒（Taylor，1982）曾说，“正像当年工业革命中引进机器一样，引进科学管理必将给出丰硕之果”，也正是泰勒把“使所有的工具和工作条件实现标准化和完美化”列入管理四大原则的首要原理。一方面，由于“标准”规定了产品的各项指标，因而“标准”能够为管理活动提供目标和依据；另一方面，由于“标准”对不同系统、不同单位的生产技术有所规定，因而“标准”能够衔接企业内部各子系统。不仅如此，“标准”的存在还极大地协调了供需关系，有利于企业解决原材料、配套产品、外购件等供应问题，并提高企业的市场适应能力。“标准”作用于管理的各个环节，能够极大地提高管理水平。

（3）“标准”是技术推广的可靠加速器。“标准”的制定需具备科学性、先进性、合理性等要求，这些要求使标准的内容在当时或一定时期内是先进的，甚至是前瞻性的，并代表了技术或管理的发展方向。企业使用先进性和前瞻性的技术标准将推动企业技术发展和技术进步，提升企业的技术竞争力。企业使用科学、合理的管理标准将改善企业的管理状况，提高企业的管理水平。企业制定和实施先进的产品标准将提升产品技术水平，有利于占领产品市场。因此，“标准”对企业技术进步、提高管理水平、占领市场等都能发挥有效的推动作用。

（4）“标准”是构建节约社会的重要途径。标准是以共识为基础，以协商为条件，以公益为己任，并可以跨国界执行，既能表达管理关系，也能表达技术关系。“标准”具备的一系列特征能够很好地解决公共环境问题、地球资源问题、能源消耗问题等，有助于构建环保、节约、和谐的社会环境。例如，目前已经制定和实施的企业排放控制标准、环境管理体系标准、产品质量管理体系标准、资源开发标准，都对地球环境和公共利益起到有效保护作用。

3. 中国标准化工作概况

“标准”在社会发展过程中发挥着重要作用，中国的标准化理论和实践工作也在不断推进。近年来，中国“标准”数量逐年攀升（图5-1），目前为止，中国现行和即将实施的国家标准（GB）已达27 015条①。

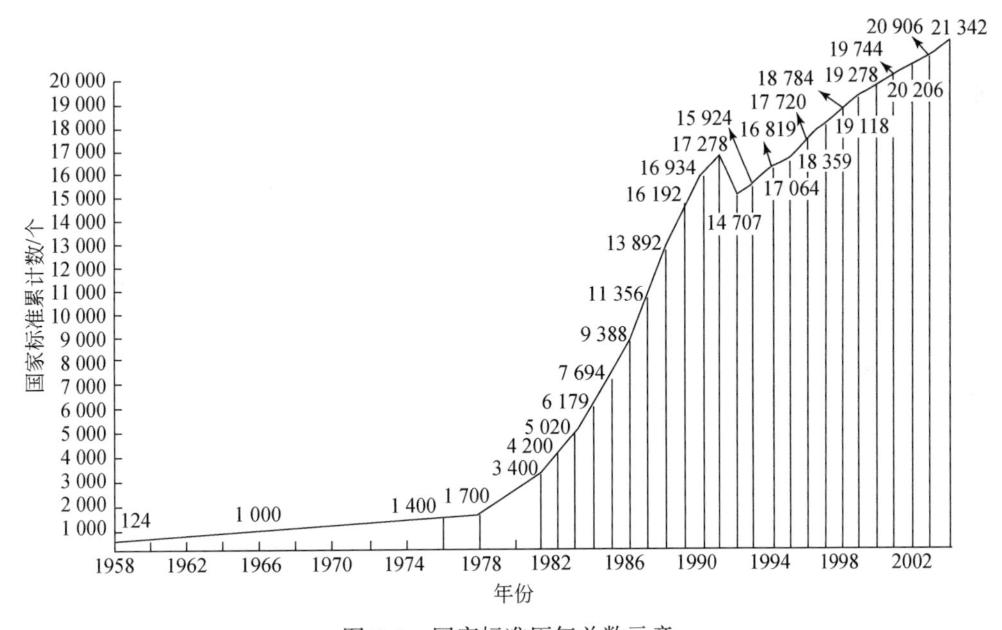

图5-1　国家标准历年总数示意

（二）绿色设计标准的含义

循序渐进的标准化工作形成了较为系统的标准理论、方法与管理机制，为绿色设计标准的产生奠定了良好的基础。

1. 绿色设计的含义

本报告认为，绿色设计是在深刻认识人与自然关系基础上，对规定绿色目标函数进行的预先策划和具有可操作创意的智慧活动，是可持续发展在经济社会领域的集中投射，是

① 统计来源于工标网，http：//www. csres. com/sort/industry/002006_ 1. html，引用于2015年12月27日。

实现自然资源持续利用、绿色财富持续增长、生态环境持续改善、生活质量持续提高的现代设计潮流。

2. 绿色设计标准的含义

绿色设计标准是绿色设计和标准的结合，狭义上是将标准的制定、实施和管理方法应用于绿色设计的活动之中。广义上，绿色设计标准不仅应融合绿色设计与标准两者的定义、内涵和操作，更应覆盖多方法、多层次及多行业（图 5-2）。

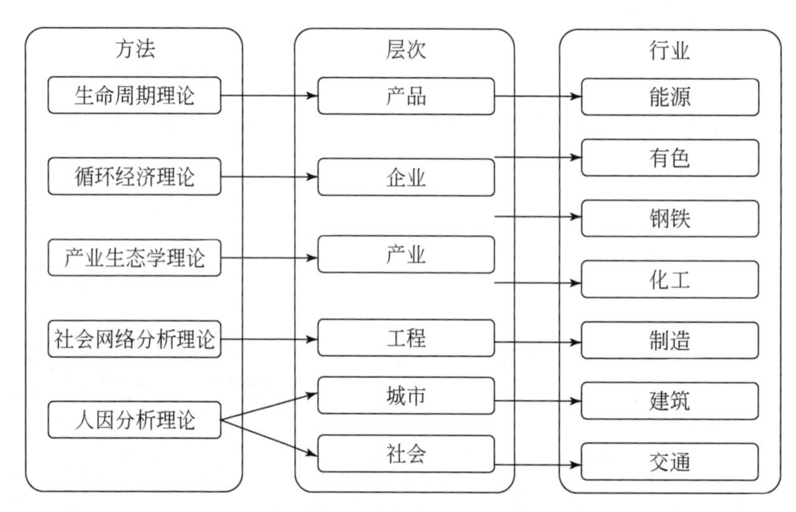

图 5-2　绿色设计标准的方法、层次和行业

本报告认为，绿色设计标准是经由各方协商一致并由公认机构批准和制定，以供全社会共同和重复使用的一种规范性文件，该文件以综合应用科学、技术和经验的成果为基础，以广泛节约各类能源资源为原则，广泛使用生命周期理论、循环经济理论、产业生态学理论、社会网络分析理论、人因分析理论等方法，集中解决各层次（产品、企业、产业、工程、城市、社会）及各行业（能源、有色、钢铁、化工、制造、建筑、交通）的对象设计问题，旨在达到自然资源的持续利用、绿色财富的持续增长、生态环境的持续改善和生活质量的持续提高。

由于绿色设计也被称为生态设计、环境意识设计、环境设计和生命周期设计，故本报告在统计国内外与绿色设计有关的标准时，统一在国家标准文献共享服务平台①进行“相关标准”搜索。其中，相关标准包括：绿色设计标准、生态设计标准、环境意识标准和环境设计标准（下文提到的相关标准与此处同义）。

① http：//www. cssn. net. cn/pagesnew/search/search_ base. jsp，“标准文献共享服务网络建设”是国家科技基础条件平台重点建设项目之一，其中的国家标准馆是中国唯一的国家级标准文献、图书、情报的馆藏、研究和服务机构，馆藏资源有一个世纪以来国内外各类标准文献 110 万余件，包括齐全的中国国家标准和 66 个行业标准，60 多个国家、70 多个国际和区域性标准化组织、450 多个专业协（学）会的成套标准，160 多种国内外标准化期刊及标准化专著。

3. 绿色设计标准的作用

（1）通过订立资源的限额使用标准，创建节约的生产方式。

传统的设计一般只考虑设计对象的美观性及经济实用性，忽略了生产方式对环境的影响。通过建立相应的绿色设计标准，可以促进生产方式的绿色化，主要包括选择生产材料、生产能源和生产技术。

在生产材料的选择方面，绿色设计标准可以要求设计人员改变传统的选材程序和步骤，选材时不仅要考虑产品的使用要求、性能和美观性，更要优先考虑产品的环境性能，优先考虑材料本身制备过程中低能耗、少污染且产品报废后材料便于回收再利用或易于降解。

在生产能源的选择方面，绿色设计标准可以要求尽可能选用太阳能、风能等清洁型可再生一次能源，而不是汽油等不可再生二次能源，这样可有效地缓解能源危机。

在生产技术的选择方面，绿色设计标准要求设计出的产品具有绿色性，可以要求采用最先进的技术，要求设计者有创造性，从而使产品具有最佳的市场竞争力。

（2）通过建立标准认证和标识制度，引导绿色的消费方式。

生产方式和消费方式密不可分，在建立和完善绿色设计标准的同时，应当跟进绿色设计产品的认证标准和标识制度。

瑞士洛桑国际管理学院针对包括惠普、雀巢、佳能等全球1000多家国际企业生态环保标识调查显示，消费者与企业对于生态环保标识已出现混淆与不知所措的情况，随着标识的扩大使用，衍生出了可信度问题。欧洲晴雨表组织调查显示，目前欧盟境内有48%的消费者对于绿色产品过多的生态环保标识感到困惑（绿色设计与制造技术及标准国际交流会，2015）。不仅是生态标识的过剩，生态标识依据的方法和标准也不统一，多数只关注生产环节而缺少全生命周期的环境影响考虑，没有为消费者提供很好的参考意见。因而，绿色设计产品的认证和标识，应当从产品的生产、销售、使用、回收等多方面评价产品的绿色属性，并统一认证标识制度，从而规范企业的生产过程，帮助消费者甄别市场中的商品，引导消费者选择绿色环保的产品，并逐步建立绿色的消费方式。

（3）通过规范产品的拆卸回收标准，促成有效的循环利用。

绿色设计标准可以对设计对象使用寿命结束之后的阶段作相关的规定和要求，这有利于材料的循环利用和有效报废，具体可分为拆卸性设计和回收性设计。

绿色设计标准要求设计采取拆卸性设计，即把可拆卸性作为产品结构设计的一项评价准则，使产品在报废以后其零部件能够高效地不加破坏地拆卸下来，从而有利于零部件的重新利用或进行材料循环再生，达到既节省又保护环境的目的（傅志红和彭玉成，2000）。

绿色设计标准要求采取回收性设计，即在进行产品设计时充分考虑产品的各种材料组分的回收再用的可能性、回收处理方法（再生、降解等）、回收费用等与产品回收有关的一系列问题，从而达到节约材料、减少浪费，对环境污染最小（胡爱武和傅志红，2002）。

二、国外绿色设计相关标准现状

（一）背景

绿色设计的概念虽源自外国，但绿色设计标准的制定和实施处于刚起步阶段。现存的相关标准不多，并行存在一些生态环保标识评价制度，主要有德国的蓝天使、加拿大的枫叶标志、日本的生态标签计划、美国的绿色徽章等。根据瑞士洛桑国际管理学院和欧洲晴雨表组织的调查，现存的生态环保标识主要存在以下问题（绿色设计与制造技术及标准国际交流会，2015）：第一，标识依据的方法标准不统一；第二，标识大多披露单一环境信息，如碳足迹、水足迹、节能等；第三，大多仅关注生产环节，缺少全生命周期的环境影响考虑。在此情况下，2013 年 4 月 9 日，欧盟委员会发布了《建立绿色产品单一市场》的公告和《更好促进产品和组织环境绩效信息》建议案，旨在建立欧盟测定产品和组织环境绩效的通用的、基于生命周期评估的方法，建立绿色产品的统一市场。欧盟同时还发布了评估绿色产品和绿色企业的方法指南，分别为产品环境足迹评价方法和组织环境足迹评价方法。欧盟指出，方法的出台可以避免因评价方法不同，给消费者和采购方带来混乱的环境信息，同时也降低企业披露环境信息的成本。随后，欧盟启动了产品环境足迹评价方法评价试点工作，旨在推进绿色设计标准的统一和规范，具体工作安排见图 5-3。

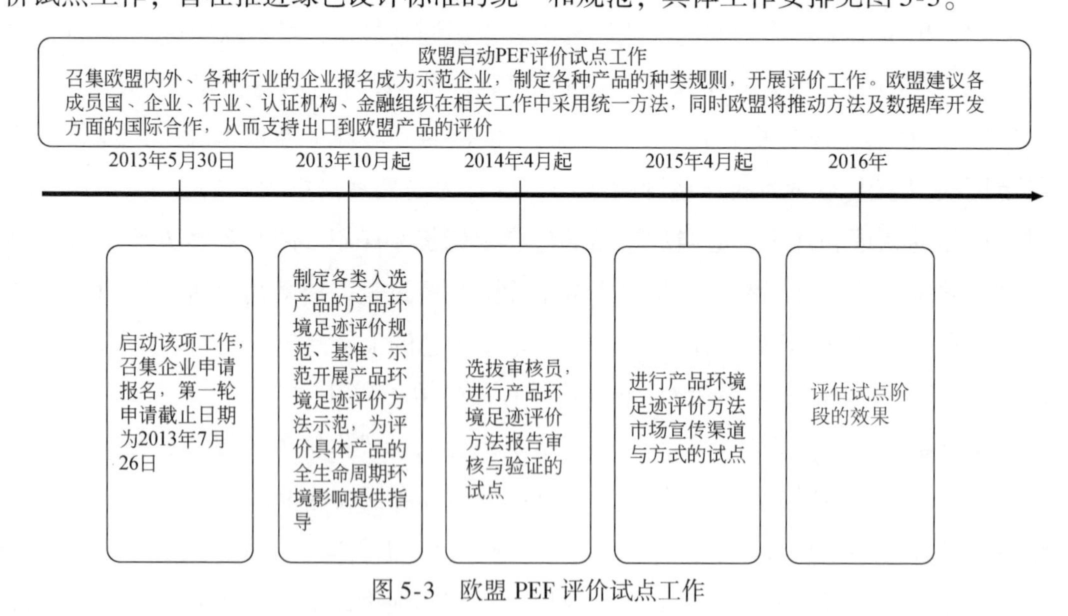

图 5-3 欧盟 PEF 评价试点工作

（二）国外绿色设计相关标准

1. 国际组织绿色设计相关标准

（1）国际标准化组织相关标准：2006 年 5 月，国际标准化组织首次发布环境设计标准，主要针对建筑的室内环境。至今，国际标准化组织已发布14项绿色设计相关标准，其中13项为建筑的环境设计、1项为生态设计的综合型环境管理标准（表5-2）。

表5-2　国际标准化组织相关标准

主体	编号	标准编号	名称	发布日期
国际标准化组织	1	ISO 16813–2006	建筑环境设计·室内环境·一般原则	2006-05
	2	ISO 16818-2008	建筑环境设计·能效·术语	2008-02
	3	ISO 15392-2008	建筑结构的可持续性·一般原则	2008-05
	4	ISO 23045-2008	建筑环境设计·新建筑物的能效评估指南	2008-12
	5	BS ISO 16814-2008	建筑物环境设计·室内空气质量·人类居住建筑的室内空气质量的表示方法	2009-04-30
	6	ISO 21931-1-2010	房屋建筑的可持续性·建筑工程的环境性能的评价方法用结构·第1部分：建筑物	2010-06
	7	DIN EN ISO 14006-2011	环境管理体系·综合生态设计指南	2011-07
	8	ISO 16817-2012	建筑环境设计·室内环境·视觉环境的设计工艺	2012-01
	9～14	ISO 11855-1-2012 ISO 11855-2-2012 ISO 11855-3-2012 ISO 11855-4-2012 ISO 11855-5-2012 ISO 11855-6-2012	建筑环境设计·第1部分～第6部分	2012

（2）国际电工委员会相关标准：2005年5月，国际电工委员会第一次发布有关绿色设计的标准，主要针对电工产品的设计和开发。至今，国际电工委员会已发布4项绿色设计的相关标准，涉及行业主要包括电工产品、医疗电气设备、信息设备（表5-3）。

表5-3　国际电工委员会相关标准

主体	编号	标准编号	名称	发布日期
国际电工委员会	1	IEC Guide 114-2005	环境意识设计·将环境因素引入电工产品的设计和开发	2005-05-01
	2	IEC 60601-1-9-2007	医疗电气设备·第1部分～第9部分：基本安全和重要性能的一般要求·附属标准：环境意识设计的要求	2007-07
	3	IEC 62075-2012	音频/视频、通信和信息技术设备·环境意识设计	2012-09
	4	IEC/TR 62785-2013	光纤相关产品和子系统的环境意识设计指南	2013-02

2. 欧洲国家绿色设计相关标准

欧洲国家绿色设计相关标准：主要包含欧洲标准（代号 EN）、德国标准（代号 DIN）和英国标准（代号 BS）。

（1）欧洲标准相关标准：有 7 项有关绿色设计的标准，涉及行业包括医用电气设备、电气电子设备、信息设备（表 5-4）。

表 5-4 欧洲相关标准

主体	编号	标准编号	名称	发布日期
欧洲标准	1	EN 60601-1-9-2008	医用电气设备 · 第 1 部分 ~ 第 9 部分：基本安全和重要性能的一般要求 · 附属标准：环境意识设计要求	2008-04-01
	2	EN 62430-2009	电气电子产品和系统的环境意识设计	2009-06-01
	3	DIN EN ISO 14006-2011	环境管理体系 · 综合生态设计指南	2011-10
	4	BS EN 62075-2012	音频/视频，信息和通信技术设备 · 环境意识设计	2013-01-31
	5 ~ 7	EN 50598-1-2014 EN 50598-2-2014 EN 50598-3-2015	电力驱动系统，电机起动器，电力电子及其驱动应用的生态设计 · 第 1 部分 ~ 第 3 部分	2014 ~ 2015

（2）德国标准相关标准：德国有关绿色设计的标准与国际标准协会、欧洲标准保持一致，共计 4 项（表 5-5）。

表 5-5 德国相关标准

主体	编号	标准编号	名称	发布日期
德国标准	1	DIN EN ISO 14006-2011	环境管理体系 · 综合生态设计指南	2011
	2 ~ 4	DIN EN 50598-1-2015 DIN EN 50598-2-2015 DIN EN 50598-3-2015	电力驱动系统，电机起动器，电力电子及其驱动应用的生态设计 · 第 1 部分 ~ 第 3 部分	2015

（3）英国标准相关标准：有 11 项与绿色设计有关的标准，均与国际标准协会、欧洲标准保持一致（表 5-6）。

表 5-6　英国相关标准

主体	编号	标准编号	名称	发布日期
英国标准	1	BS ISO 16818-2008	建筑环境设计·能效·术语	2008-04-30
	2	BS EN 60601-1-9-2008 + A1-2013	医疗电气设备·基本安全和主要性能的一般要求·附属标准·环境意识设计要求	2008-06-30
	3	BS ISO 15392-2008	建筑施工的可持续性·一般原则	2008-07-31
	4	BS ISO 16814-2008	建筑物环境设计·室内空气质量·人类居住建筑的室内空气质量的表示方法	2009-04-30
	5	BS EN 62430-2009	电气和电子产品环境意识设计	2009-07-31
	6	BS EN ISO 14006-2011	环境管理系统·整合生态设计指南	2011-08-31
	7	BS ISO 16817-2012	建筑环境设计·室内环境·视觉环境的设计工艺	2012-01-31
	8	BS EN 62075-2012	音频/视频，信息和通信技术设备·环境意识设计	2013-01-31
	9～11	BS EN 50598-1-2014 BS EN 505982-2014 BS EN 50598-3-2015	电力驱动系统，电动机起动器，电力电子设备及其驱动应用程序的生态设计· 第 1 部分～第 3 部分	2014–2015

3. 其他国家绿色设计相关标准

（1）法国标准相关标准：与绿色设计有关的标准共计 12 项，主要涉及建筑设计、医疗设备、电气设备、通信设备和环境管理等方面（表 5-7）。

表 5-7　法国相关标准

主体	编号	标准编号	名称	发布日期
法国	1	NF P01-040-2007	建筑环境设计·室内环境·一般原则	2007-04-01
	2	NF C74-019-2008	医疗电气设备·第 1 部分～第 9 部分：基本安全和重要性能的通用要求·附属标准：环境意识设计的要求	2008-07-01
	3	NF P01-051-2008	建筑施工的可持续性·一般原则	2008-12-01
	4	NF P01-041-2009	建筑物环境设计·新建筑物的能效评估导则	2009-07-01
	5	NF C05-101-2009	电气和电子产品的环境意识设计	2009-09-01
	6	NF P01-042-2010	建筑环境设计·室内空气质量·人类居住的室内空气质量表示方法	2010-06-01
	7	NF P01-044-2012	建筑环境设计·室内环境·视觉环境的设计工艺	2012-03-01
	8	NF X30-264-2013	环境管理 - 生态设计方法的实施协助	2013-02-02
	9	NF C77-301-2013	音频/视频、通信和信息技术设备·环境意识设计	2013-07-05
	10～12	NF C53-598-1-2015 NF C53-598-2-2015 NF C53-598-3-2015	电力驱动系统，电机起动器，电力电子及其驱动应用的生态设计·第 1 部分～第 3 部分	2015

（2）美国标准相关标准：有5项有关的标准，基本由行业协会和公司制定，主要涉及行业有运输、石油、航天、电气和工程（表5-8）。

表5-8 美国相关标准

主体	编号	标准编号	名称	发布日期
美国	1	AASHTO HLED-1991	交通景观与环境设计指南·修改件2	1991-06-01
	2	API PUBL 31101-1993	石油炼制的原油加工单位在环境设计上考虑	1993-02-01
	3	ARINC 654-1994	综合模块航空电子包装和接口环境设计指南	1994
	4	NEMA IEC 62430-2010	电工电子产品环境意识设计	2010-01-01
	5	SAE AIR 818D-2001	飞机仪表和仪表系统标准：措辞术语，表达方式，环境设计标准	2001-07-01

（三）国际环境友好型产品评价制度

在绿色设计方面，各国除了有与之相关的标准，还并行存在一些环境友好型产品评价制度。环境友好型产品作为建设环境友好型社会的一项重要内容，主要是指在原材料获取、生产、使用、废弃物处置等全生命周期过程中，在技术可行和经济合理的前提下，确保产品的资源和能源利用高效性、可降解性、生物安全性、无毒无害或低毒低害性、低排放性，实现产品环境负荷的最小化。环境友好型产品评价制度，在市场机制的作用下，通过对产品全生命周期的环境影响进行评价，形成一种倒逼机制，带动产品全产业链达到环境影响最小的目标，形成一种保护环境的长效机制，对落实国家的战略要求及经济的可持续发展具有非常重要的意义。

在环境问题日益突显的大环境下，世界各国积极开展环境友好型产品评价制度建设。特别是西方发达国家建立了多种不同关注点的评价制度，如环境标志制度、碳标识评价制度、能效标识制度等（表5-9）。

表5-9 国际环境友好型产品评价制度

主体	认证名称	认证标志	产品类型	发布时间
德国	蓝天使		墙面漆、涂料等	1978年
加拿大	枫叶标志		竹地板及其他非原生林木质地板、回收物制成的纤维板、下水道管、房顶瓦板、保温材料等	1988年

续表

主体	认证名称	认证标志	产品类型	发布时间
美国	绿色徽章	GREEN SEAL	循环再生的乳胶漆等	1989 年
日本	生态标签计划	ちきゅうにやさしい エコマークです。	玻璃产品，油漆，砖瓦等	1989 年
韩国	生态标签计划	KOREA ECO-LABEL	木质办公家具、木质厨房桌板、楼宇嵌入式木质产品、床等	1992 年
欧盟	欧洲之花	€	木制家具	1992 年
欧盟	Erp 指令	—	能源相关产品	2009 年
欧盟	环境足迹	—	—	2013 年

三、中国绿色设计相关标准现状

（一）背景

改革开放以来，中国经济长期高速发展，但伴随产生的环境问题、能源问题和人口问题等日益突出。为了缓解各类社会问题，国家政府积极转变发展方向，重视国家的科学发展、绿色发展和可持续发展。国家“十二五”规划纲要即指出，要“加快构建资源节约、生态的生产方式和消费方式”，绿色设计作为构建组成部分，国家已经出台一系列相关政策予以支持。

2013 年 1 月 30 日，工业和信息化部、国家发展和改革委员会与环境保护部联合发布《工业和信息化部 发展改革委 环境保护部 关于开展工业产品生态设计的指导意见》，要求组织开展工业产品生态设计试点，选择典型产品，制定相应生态设计评价实施细则，开展生态设计试点工作。同时，编制重点产品生态设计标准，提出产品生态设计标准体系框架，组织编制产品生态设计通则。这是中国开展绿色设计标准工作的重要政策指南。

2015 年 3 月 29 日，国务院办公厅颁布《贯彻实施质量发展纲要 2015 年行动计划》，要求制定品牌评价国际标准，推动建立国际互认的品牌评价体系。

2015 年 4 月 14 日，国家发展和改革委员会实施《2015 年循环经济推进计划》，要求深化循环型工业体系建设，抓好重点行业循环经济发展，开展工业产品生态设计企业试点，制定重点产品生态设计评价标准，开展绿色流通试点，推行绿色供应链管理，引导企业绿色采购。

2015 年 5 月 8 日，国务院公布《中国制造 2025》，要求制定和实施与国际先进水平接轨的制造业质量、安全、卫生、环保及节能标准。强化绿色监管，健全节能环保法规、标准体系，加强节能环保监察，推行企业社会责任报告制度，开展绿色评价。

2015 年 9 月 11 日，中共中央、国务院实施《生态文明体制改革总体方案》，要求建立统一的绿色产品体系，将目前分头设立的环保、节能、节水、循环、低碳、再生、有机等产品统一整合为绿色产品，建立统一的绿色产品标准、认证、标识等体系。

与欧盟开展的产品环境足迹评价方法试点工作相对应，中国工业和信息化部办公厅已同意中国标准化研究院开展生态（绿色）设计产品评价试点工作，该工作旨在逐步健全生态（绿色）设计产品评价管理制度，完善生态（绿色）设计标准体系（图 5-4）。

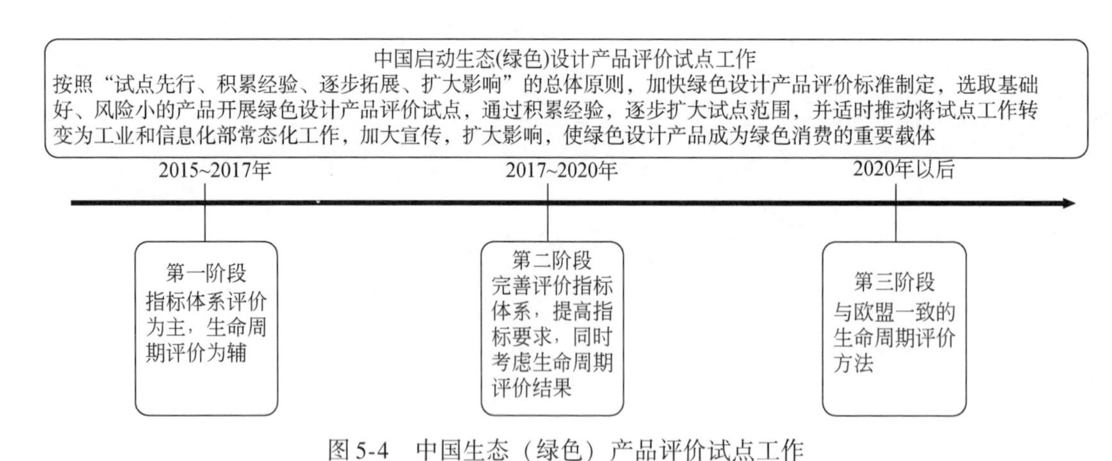

图 5-4　中国生态（绿色）产品评价试点工作

（二）中国绿色设计相关标准

中国现行最早的相关标准是 1994 年的《火炮系统人–机–环境设计准则》，至今，中国已发布46项相关标准，主要涉及制造、建筑、交通、通信、电气、有色几大行业（表5-10）。

表5-10　中国相关标准

主体	编号	标准编号	名称	发布日期
中国	1	WJ 2233-1994	火炮系统人-机-环境设计准则	1994
	2	CR 1752-1998	建筑物通风·室内环境设计标准	1998
	3	HJB 204-1999	舰艇电子装备抗恶劣环境设计要求	1999-07-26
	4	GJB 4894-2003	巨型计算机并行程序开发环境设计要求	2003-07-21
	5	GB/T 23109-2008	家用和类似用途电器生态设计·电冰箱的特殊要求	2008-12-30
	6	GB/T 23686-2009	电子电气产品的环境意识设计导则	2009-04-20
	7	GB/T 23688-2009	用能产品环境意识设计导则	2009-04-20
	8	GB/T 23687-2009	信息通信技术和消费电子产品的环境意识设计导则	2009-04-20
	9	GB/T 23689-2009	信息通信技术和消费电子产品环境意识设计声明导则	2009-04-20
	10	GB/T 24256-2009	产品生态设计通则	2009-07-10
	11～17	GB/T 24975·1-2010 GB/T 24975·2-2010 GB/T 24975·3-2010 GB/T 24975·4-2010 GB/T 24975·5-2010 GB/T 24975·6-2010 GB/T 24975·7-2010	低压电器环境设计导则 第1部分～第7部分	2010
	18～25	GB/T 24976·1-2010 GB/T 24976·2-2010 GB/T 24976·3-2010 GB/T 24976·4-2010 GB/T 24976·5-2010 GB/T 24976·6-2010 GB/T 24976·7-2010 GB/T 24976·8-2010	电器附件环境设计导则 第1部分～第8部分	2010-08-09
	26	JGJ/T 229-2010	民用建筑绿色设计规范	2010-11-17
	27	GB/T 26694-2011	家具绿色设计评价规范	2011-06-16
	28	GB/T 26669-2011	电工电子产品环境意识设计 术语	2011-06-16
	29	GB/T 26670-2011	中小型电机环境意识设计导则	2011-06-16
	30	GB/T 26671-2011	电工电子产品环境意识设计评价导则	2011-06-16
	31	GB/T 28179-2011	电工电子产品环境意识设计·环境因素的识别	2011-12-30

续表

主体	编号	标准编号	名称	发布日期
中国	32	GB/T 28180-2011	变压器环境意识设计导则	2011-12-30
	33	HB/Z 401-2013	民用飞机综合模块化航空电子系统封装与接口的环境设计指南	2013-04-25
	34	GB/T 29782-2013	电线电缆环境意识设计导则	2013-10-10
	35	JGJ 286-2013	城市居住区热环境设计标准	2014-03-01
	36	QB/T 4701-2014	毛发护理器具环境意识设计导则	2014-07-09
	37	GB/T 31206-2014	机械产品绿色设计导则	2014-09-03
	38	GB/T 31249-2014	电子电气产品环境意识设计 材料选择	2014-12-05
	39	JB/T 12287-2015	电动工具环境意识设计导则	2015-10-10
	40	JB/T 12288-2015	铅酸蓄电池环境意识设计导则	2015-10-10
	41	GB/T 32161-2015	生态设计产品评价通则	2015-10-13
	42	GB/T 32162-2015	生态设计产品标识	2015-10-13
	43 ~ 46	GB/T 32163 · 1-2015 GB/T 32163 · 2-2015 GB/T 32163 · 3-2015 GB/T 32163 · 4-2015	生态设计产品评价规范 第 1 部分 ~ 第 4 部分	2015-10-13

(三) 中国环境友好型产品认证标准

在国际认证环境的影响下，中国也建立了多种不同环境关注点的环境评价制度。虽然不同制度关注点不同，但总体目标都是减少产品生产、使用、回收对环境造成的影响。通过以上制度的建立，有效提升国家整体环境保护意识、能效水平。中国环境友好型产品相关制度分析总结如表 5-11 所示。

表 5-11　中国绿色设计标准

认证名称	认证标志	产品类型	发布时间
环境标志		水性涂料、黏合剂、轻质墙体板材、建筑砌块、壁纸、卫生陶瓷、微晶玻璃和玻璃制品、无石棉建筑制品、磷石膏建材产品、建筑用塑料管材、塑料门窗、人造板及其制品等	1993 年

续表

认证名称	认证标志	产品类型	发布时间
能效标识	中国能效标识 CHINA ENERGY LABEL	产品主要是终端用能产品，包括家用电器、工业用能产品。如家用电冰箱、房间空气调节器、电动洗衣机、单元式空气调节机、自镇流荧光灯、高压钠灯、中小型三相异步电动机、冷水机组、家用燃气、快速热水器和燃气采暖热水炉、快速热水器和燃气采暖热水炉、转速可控性房间空气调节器、多联式空调机组、储水式电热水器、家用电磁灶、自动电饭锅、交流电风扇、交流接触器、容积式空气压缩机、电力变压器、通风机、平板电视、家用和类似用途微波炉	2004 年
中国节能认证	中国节能认证 Energy Conservation Certification	办公设备：计算机、传真机、复印机、显示器等；电力设备：电缆桥架、交流电力系统阻波器，电力金具、不间断电源等；机电产品：容积式空气压缩机、通风机、清水离心泵、三相配电变压器等；家电产品：家用微波炉、家用贮水式电热水器、家用电磁灶等	1998 年
再制造产品认定	Rm	工程机械零部件；矿山机械零部件；石油机械零部件；电动机及其零件；办公设备及其零件；发动机及其零件；汽车零部件；轨道车辆零部件	2010 年

四、总　结

（一）国内外绿色设计相关标准现状分析

1. 数量分析

根据上述对相关标准的梳理和总结，目前主要标准组织和国家已发布的相关标准共计 103 项，其中，中国 46 项，国际标准化组织 14 项，法国标准 12 项，英国标准 11 项，欧洲标准 7 项，美国 5 项，国际电工委员会标准 4 项，德国标准 4 项（图 5-5）。

首先，从各国或组织的标准总数来看，中国的相关标准总数最多，有较为良好的绿色设计标准发展基础。其次，从全球相关标准的总数来看，全球绿色设计相关标准的数量偏小，绿色设计标准仍处于萌芽阶段，有待后期各国、各组织进行完善和补充。

2. 行业分析

本报告对上述相关标准的标准化对象进行了以下分类：

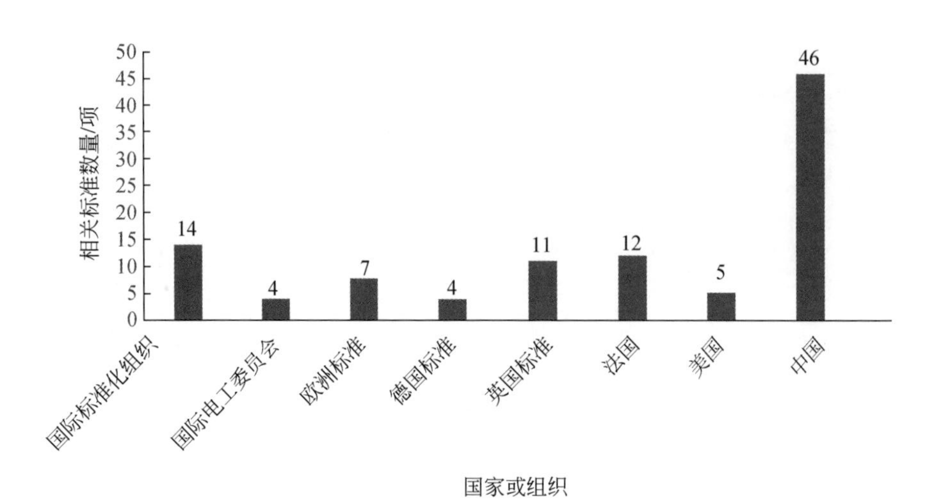

图 5-5　绿色设计相关标准数量

（1）电气：标准化对象包括电工产品，医疗电气设备，电力、电气、电子及电工产品；电力驱动系统、电机起动器、电力电子及其驱动应用；家用和类似用途电器，低压电器，电器附件，中小型电机，变压器，电线电缆。

（2）通信：标准化对象包括音频/视频、通信和信息技术设备、光纤相关产品和子系统、巨型计算机并行程序、信息通信技术和消费电子产品。

（3）交通：标准化对象包括交通景观与环境设计、航空电子包装和接口环境设计、飞机仪表和仪表系统、舰艇电子装备、飞机综合模块化。

（4）建筑：标准化对象包括建筑环境设计、建筑结构的可持续性、建筑施工的可持续性、城市居住区热环境设计。

（5）石油：标准化对象包括原油加工。

（6）有色：标准化对象包括铅酸蓄电池。

（7）制造：标准化对象包括火炮系统人–机–环境设计、家具、毛发护理器、机械产品、家用洗涤剂、可降解塑料、杀虫剂、无机轻质板材。

（8）环境：标准化对象包括环境管理、环境管理体系。

（9）通则：用能产品环境意识设计导则、产品生态设计通则、生态设计产品评价通则、生态设计产品标识。

分别统计每个行业下的标准数量并计算百分比，可得图 5-6。由图可知，目前绿色设计的相关标准主要集中在电气业（44%）和建筑业（24%），相关标准对有色业、石油业、交通业、通信业和制造业都相对欠缺。

（二）态势分析法分析

综合政治、经济、国际关系等大背景，并结合上述相关标准的调研结果，采用态势分

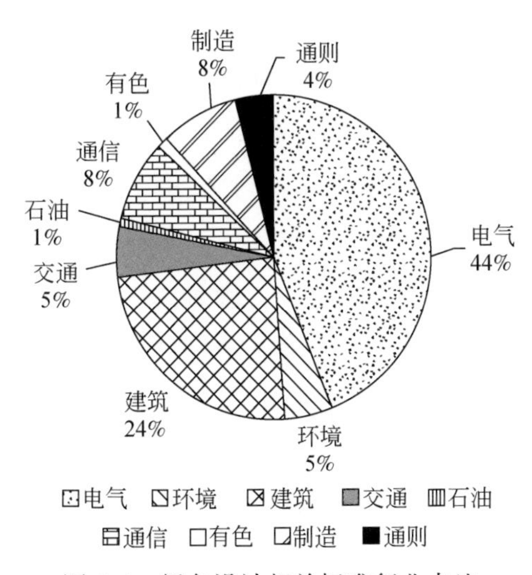

图 5-6　绿色设计相关标准行业占比

析法（strengths weaknesses opportunities threats，SWOT）系统分析绿色设计标准的现状（图 5-7）。

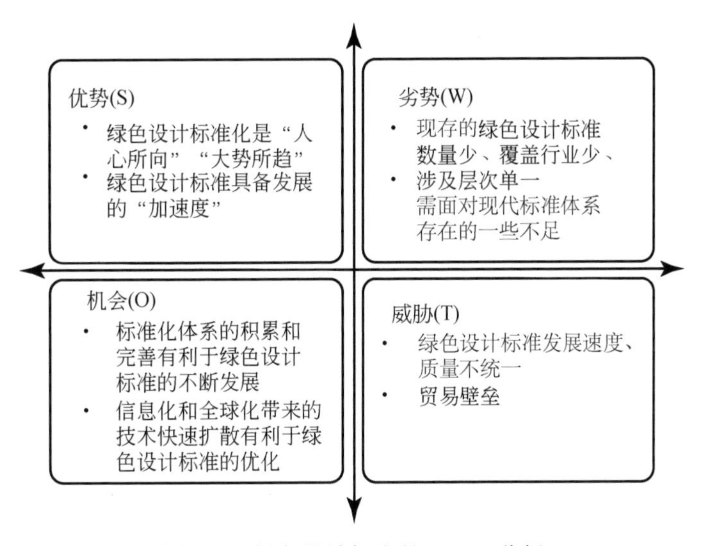

图 5-7　绿色设计标准的 SWOT 分析

1. 优势

（1）绿色设计标准化是“人心所向”“大势所趋”。1978～2012 年，改革开放 30 多年间，中国 GDP 年均增长 10%，民众的物质生活水平得到了大幅提高。然而在高增长的背后，中国的环境污染问题已至无法忽视的地步。世界银行的一份研究报告显示：全球污染最严重的 20 个城市中，中国占 16 个；中国是目前世界上最大的二氧化硫和二氧化碳排放国；中国 58% 的城市大气年均 PM_{10}（直径 10 微米以下的可吸入颗粒物）浓度超过 100 微克/立方米，只有 1% 的中国城市人口生活在年均 PM_{10} 浓度低于 40 微克/立方米的地区（相比之下，美国全国年均 PM_{10} 含量为 50 微克/立方米）；中国七大水系中 54% 的水不适合人类使用（王敏和黄滢，2015）。现实的环境问题使绿色发展成为“人心所向”，使可持续发展成为“大势所趋”，而绿色设计作为绿色发展的重要环节，从设计之初便考虑产品全生命周期对环境的影响，从而成为一种绿色、可持续的设计方式。绿色设计的标准化有利于设计的规范、环保、可操作性和可评价性，能够满足大众对环保、健康、可持续的追求。

（2）绿色设计标准具备发展的“加速度”。目前，全球主要标准化组织及国家均在开展绿色设计标准化工作。一方面，各国大力发展低碳经济、绿色经济，使绿色设计标准化具备良好的政策空间；另一方面，现存的一定数量的绿色设计相关标准，具有标准化的结构、方法、操作与实施方式，有助于推动绿色设计的后续标准化工作并为之提供参考。不仅如此，不断开展的长期绿色设计标准化项目（如欧盟产品环境足迹评价方法评价试点工作、中国生态（绿色）产品评价试点工作）有助于绿色设计标准的积累和实践，并树立典型发挥激励之作用。

2. 劣势

（1）现存的相关标准数量少、覆盖行业少、涉及层次单一。虽然绿色设计具备一定的政策优势并已有长期项目作为支持，但现存的绿色设计相关标准数量少、覆盖行业少、涉及层次单一却是不争的事实。目前主要标准化组织和国家的绿色设计相关标准仅 100 多条，且主要覆盖电气和建筑行业，其他行业均鲜有相关标准，除此之外，标准大多规定了产品的设计环节，对企业、园区、项目、城市、社会乃至国家的绿色设计几乎不涉猎，存在层次单一的问题。

（2）绿色设计标准作为标准体系中的一元，仍需面对现代标准体系存在的一些不足。近代标准化，如果从 1901 年英国工程标准委员会成立算起，至今已有 110 多年的历史。在这一百多年里世界上的标准化发生了很大变化，产生了一系列优秀的标准，标准化的地位和作用均非昔日可比。但是，标准化的理论建树不多，方法变化不大，并且已经出现了诸如标准制定周期过长、速度过慢、修订不及时、标准老化、跟不上科技发展的步伐、满足不了个性化需求等一系列问题（李春田，2011）。随着环境问题的日益严重，社会急需有效、快速的方法解决相关问题，对绿色设计标准有时效性、有效性的期望和要求，然而现存的标准体系并不能完全支持绿色设计标准的设计和实施，有待更多的时间来积累。

3. 机会

（1）标准化体系的积累和完善有利于绿色设计标准的不断发展。对于标准化工作，国家和企业已经有了半个多世纪的标准积累，国家标准和行业标准的总规模已经相当可观，虽然仍有填平补齐和应对急需的问题，但整个国家的标准化基础已经确立。由“积累主导型”向“应用主导型”过渡的条件基本具备，时机已经成熟。中国的一些大中型企业，尤其是国有老企业，它们的标准积累也超过了半个世纪，无论是标准规模还是标准化工作经验也都具备了向“应用主导型”转变的条件（李春田，2011）。在此基础上制定和实施绿色标准，其接受程度将较高。

（2）信息化和全球化带来的技术快速扩散有利于绿色设计标准的优化。信息化使世界变成了“平的”，信息的快速传播促进了各国产业的优化升级（武锋和郭莉军，2009）。首先，信息技术的发展直接催生了一批新兴产业，相对传统产业而言，这些新兴产业的发展本身就是一种绿色。如计算机制造产业、光电子制造产业、电子元器件制造业、电子信息产业、网络服务产业、软件服务业等，带动了微电子、半导体、激光、超导等关联产业的发展，加速了生物工程与生命科学、新材料与新能源、航空航天等高新技术产业的成长，推进了光学电子、航空电于等“边缘”产业的成长。其次，在新兴产业的巨大冲击下，技术和管理提升，成为绿色设计标准的积累之泉。一些技术落后的产业部门越来越无法与技术日新月异的时代相适应。传统产业要保持较高的可持续增长率，就必须积极吸纳高技术成果和先进的管理模式，将整个产业素质持续维持在较高的水平上，否则就会逐渐走上衰退甚至消亡之路。再次，信息技术的发展能够辐射、改造传统产业。用现代技术、设备和先进的工艺流程装备传统产业，提高传统产业产品的科技含量，增加其附加值，从而促进传统产业的升级。

4. 威胁

随着中国综合国力的增强、国际地位的提升，中国对外贸易呈现逐年攀升的趋势，但中国企业遭遇的国外技术性贸易壁垒也呈井喷式增长。中国企业遭遇国外技术性贸易壁垒的原因很多，除政治、经济、各国利益角逐等因素外，作为技术性贸易措施三要素的技术法规、标准和合格评定程序是诱发贸易壁垒的重要原因。而标准作为三要素中的基础性、潜在性要素，正成为中国出口企业遭遇贸易壁垒最常见、最难于防范的诱因之一（陶岚等，2011）。当前，世界各国经济技术发展水平差距日益增大，各国绿色设计标准的发展水平也不尽相同。发达国家通过申请专利权对其发明创新予以保护，并进一步将专利纳入其标准中，作用于国际贸易，这种将标准与专利相结合形成的贸易壁垒具有极强的隐蔽性和贸易阻碍性，是技术性贸易壁垒近些年来发展的新趋势，对中国际贸易影响涉及面广，迫害程度深（种栗，2012）。

就世界范围来说，中国的标准化起步较晚（李春田，2011），标准体系较发达国家也有一定差距。但就绿色设计标准现状而言，中国的标准数量处于领先位置，且工业和信息化部办公厅已批准中国标准化研究院开展生态（绿色）设计产品评价试点工作，可见中国的绿色设计标准具有良好的发展态势。但鉴于国外先进国家更加完善的标准化系统以及更加先进的生产技术，应当养成“人无远虑，必有近忧”的危机意识，扎实开展绿色设计标准相关工作，努力减少以绿色设计标准作为中国贸易出口壁垒的可能。

专栏 5-1　单位产品能源消耗限额

行业	产品	单位	限定值①	先进值②	能效标杆企业参考值③	国际先进值④
能源行业	火电	克标准煤/千瓦时	288	284	276.1	280
	石油	千克标准油/吨	11.5	7	6.76	—
	焦炭	千克标准煤/吨	150	115	80.25	—
钢铁行业	钢	千克标准煤/吨	36	15	18	18
	铁合金	千克标准煤/吨	1980	1850	—	—
有色行业	阴极铜	千克标准煤/吨	420	280	288	280
	氧化铝	千克标准煤/吨	520	400	391.18	350
	锌	千克标准煤/吨	2100	1809	1714	1700
	镍	千克标准煤/吨	5200	2580	3222	—
制造行业	纸制品	千克标准煤/吨	450	330	340	—
	纺织品⑤	千克标准煤/吨	900	298.8	—	298.8
	通讯机⑥	千克标准煤/部	23	—	—	—
	芯片	千瓦时/立方厘米	1.75	0.84	—	—
交通行业	夏利汽车⑦	千克标准煤/辆	460	—	—	—
	单位道路面积	千克标准煤	122.9	—	—	—
建筑行业	水泥	千克标准煤/吨	98	88	64.19	86
	平板玻璃⑧	千克标准煤/吨	270	250	220.8	240
化工行业	烧碱(NaOH)	千克标准煤/吨	1100	800	776	—
	合成氨	千克标准煤/吨	1650	1115	909.91	1000
	硫酸	千克标准煤/吨	-100	-135	-147	-150
	甲醇	千克标准煤/吨	1800	1500	1350	—
	聚氯乙烯	千克标准煤/吨	285	193	192	—

注：①限定值：评价现有生产企业单位产品能耗限额的指标；
②先进值：评价现在生产企业单位产品能耗达到先进水平的指标；
③能效标杆企业参考值：全国同类产品生产企业能效前三名指标平均值；
④国际先进值：来自行业协会和调研数据；
⑤纺织行业未出台国家标准，相关标准值来源于地方标准；
⑥⑦天津市标准；
⑧平板玻璃能耗的单位是千克标准煤/重箱，一个重箱等于 2 毫米厚的平板玻璃 10 平方米的重量，重约 50 千克，以此为准换算为千克标准煤/吨。

资料来源：中华人民共和国工业和信息化部，2014 年全国工业能效指南 .

专栏 5-2 单位产品取水量定额

行业	产品	单位	限定值[①]	先进值[②]
能源行业	火电	立方米/兆瓦时	2.4	1.94
	石油	立方米/吨	0.75	0.5
钢铁行业	钢	立方米/吨	4.9	3.6
	铁矿采选[③]	立方米/吨	0.5	—
有色行业	阴极铜	立方米/吨	25	16
	氧化铝	立方米/吨	3.5	1.5
	铅、锌选矿[④]	立方米/吨	4	—
制造行业	纸制品	立方米/吨	30	12
	纺织品	立方米/吨	150	100
	电脑[⑤]	立方米/台	0.0395	—
	芯片	升/平方厘米	27.5	16.9
交通行业	轿车[⑥]	立方米/辆	20	—
建筑行业	水泥	立方米/吨	0.75	0.3
	平板玻璃[⑦]	立方米/吨	8	4
化工行业	烧碱（NaOH）	立方米/吨	38	8
	合成氨	立方米/吨	13	12
	硫酸	立方米/吨	4.5	4.2
	乙烯	立方米/吨	15	8
	聚氯乙烯	立方米/吨	16.5	9

注：①限定值：参照取水定额国家标准；

②先进值：来自行业调研数据；

③④⑤⑥广东省标准；

⑦平板玻璃水耗的单位分别是立方米/重箱，一个重箱等于 2 毫米厚的平板玻璃 10 平方米的重量，重约 50 千克，以此为准换算为立方米/吨。

资料来源：中华人民共和国工业和信息化部等，2013 年重点工业行业用水效率指南 .

第二节 基于生命周期理论的绿色设计标准

生命周期理论是对于生物从源头到末端的全过程解析。最初是从生命过程认识开始的，以后将此类理论广延至更加宽泛的领域，如产业链全过程以及产业链对于生命环境影响的考量，它有利于提高资源环境的利用，增强企业的环保责任意识，加大产品设计的接受度和美感度。为资源环境社会可持续发展提供了有利的评价依据。

本节以生命周期评价理论为基础，针对绿色设计标准的特点制定基于生命周期的绿色内涵，旨在关注设计对象整个生命周期中的环境响应情况，为绿色设计标准化提供理论和方法基础。

一、生命周期评价

（一）生命周期评价的内涵

1. 生命周期评价定义

生命周期评价（life cycle assessment，LCA），是指对设计对象从原材料获取、设计、生产、运输、使用以及废弃物回收处理的全生命周期过程中关于资源能源、生态环境以及人的健康等的评价，从而促进整个社会的可持续发展。

2. 生命周期评价作用及组成部分

生命周期评价从评价对象的本质出发，是环境保护思想深入发展的结果。生命周期评价方法建立在生命周期理论的基础上，对评价对象整个生命过程进行考察，系统地阐述评价对象一生对资源、能源和环境的影响，进而寻找到节约资源、能源，保护生态环境的有效方法和途径。生命周期评价方法体现了当今世界经济社会环境的可持续发展理念，成为生态评价的重要工具。生命周期评价方法包括四个方面：目标和范围的确定、生命周期清单分析、生命周期影响评价以及评价结果与建议。

（二）生命周期评价的应用

生命周期评价在生态环境中的应用起源于 20 世纪 70 年代初期对于包装废弃物的处理问题，由于认识到了环境污染问题的严重性，人们的环境保护意识增加，生命周期评价获得了前所未有的发展机遇。1990 年国际环境毒理学与化学学会（SETAC）首次提出了“生命周期评价方法”的概念，即从产品最初的原材料采购、生产、运输、使用以及回收的全过程进行跟踪和质量分析与定量评价。该理念将产品“从摇篮到坟墓”的思想改变为“从摇篮到重生”的环境保护新理念（杨雪松等，2004）。

从 20 世纪 80 年代末 90 年代初开始，生命周期评价方法的应用在国际上掀起了空前的浪潮。欧洲制造领域（包括汽车、塑料、洗涤剂、个人用品）的公司均建立了内部的生命周期研究机构，其应用领域渗透到农业、矿业、石油天然气采掘业、建筑业、制造业和零售业。中国关于产品生命周期评价的研究从 20 世纪 90 年代开始，主要集中于生命周期评价方法的理论研究、局限性认识以及未来的发展展望。此后，随着中国可持续战略方针的深入，生命周期评价受到越来越多学者的关注，呈现出从生命周期评价方法的理论研究到应用过渡的现象。在中国工业化进程中，工业生产对环境的影响不容忽视，生命周期评价通过考察对象的整个生命周期，对环境因素做出评价，使其生产过程更加符合可持续发展的原则。针对国内外生命周期评价方法的发展情况，其主要应用包括：工业生产生命周期评价、新型农业系统生命周期评价、绿色建筑以及绿色交通生命周期评价等。

一些国家（如澳大利亚、加拿大、北欧国家、荷兰及美国）以及国际组织致力于研究工业产品生命周期评价方法，用于识别对环境影响大的工艺过程及产品系统（Allen and Rosselt，1997）。Yellishetty 等（2011）利用生命周期评价方法对各国钢铁产业制造工艺进行评估，有利于资源合理化利用。石化产业生命周期评价方法为其生产工艺带来了清洁理念，以伦敦石化产业为例（Al-Salem et al.，2012），利用生命周期评价方法建立有效的石化和能源节约措施。1997 年，国家环境保护局印发了《国家环境保护局关于推行清洁生产的若干意见》的通知，要求“对清洁产品逐步实施产品生命周期评价”（王寿兵，1999）。钢铁制造过程中需要消耗大量的资源能源，杨建新和刘炳江（2002）遵循中国标准 GB T/24040，采用生命周期评价方法分析中国钢铁生产的资源消耗以及环境排放，建立生命周期清单分析数据库。此外，生命周期评价方法广泛应用于乙烯（赵志仝等，2014）、有色金属冶炼（姜金龙等，2005）、石化产品（刘媛，2013）等的生产工艺中，对其环境负荷进行评估。

传统农业产业结构向可持续发展模式转型是新型农业的发展方向，一些学者在作物生产环境影响的评估中引入生命周期评价方法，量化了资源消耗以及污染排放对环境的影响，并且提出了改进方法（Brentrup et al.，2004）。在农业混合系统的评价中引入生命周期评价方法，提高各个系统之间的功能互通，根据环境影响因素完善其结构（Eady et al.，2011）。目前，中国农业发展正处于关键阶段，生命周期评价为中国选择可持续农业发展模式、提高农业管理水平，减少农业环境污染提供依据（罗燕等，2010）。中国农业氮肥施用量约占全球氮肥用量的30%，大力推广测土配方施肥势在必行，张卫红等（2015）依据《2006 IPCC 国家温室气体排放清单编制指南》估算了中国测土配方施肥技术的氮肥节约量，利用生命周期评价方法对施肥技术的适用性和经济性进行评价，进一步增强农业减排能力。针对农业系统产生大量引起环境酸化和富营养化的污染物问题，陕西关中地区对冬小麦—夏玉米轮作系统进行生命周期评估，根据评估结果推广低毒农药、科学施肥等方法（彭小瑜等，2015）。能源资源消耗也是农业系统面临的严重挑战，采用生命周期评价的方法可有效地认识作物的生产环境影响，以及对能源足迹进行确认追踪。目前，此方法应用于上海崇明岛水稻生产能耗与碳足迹评价（董珑丽等，2014）以及滇池流域农业产品水足迹环境影响测度（胡婷婷等，2015）。

生命周期评价方法在绿色建筑行业中有广泛的应用。其中，已有文献利用最先进生命周期评价方法对西班牙建筑进行了评估，同时以此为基础对该国建筑节能认证标准的完善提出了合理性建议（Bribián et al. , 2009）。Bribián 等（2011）对建筑原材料进行了生命周期评估，深化了建筑材料和能源的使用规范。为了更好地对绿色建筑节能减排成果进行评价，引入绿色建筑全生命周期碳排放总量评估，大力推广绿色建筑的发展是实现中国 2020 节能减排，低碳城市目标的必要手段（郑立红和冯春善，2014）。绿色建筑生命周期评价方法包括建材阶段、建筑施工阶段、建筑运营阶段以及建筑拆除及回收阶段（鞠颖和陈易，2014）。其中，建筑运营阶段是建筑生命周期中的主要阶段，根据研究表明（刘念雄等，2009），这一阶段的碳排放量占全生命周期的 60% ~80%，因此，建立完善的生命周期评价清单是有效减少建筑污染的重要途径。

生命周期评价被认为是交通领域最具潜力的可持续发展支持工具，一些跨国汽车公司被广泛作为生命周期评估对象。例如，Finkbeiner 和 Hoffmann（2006）利用生命周期评价方法对奔驰 S 级轿车的生产环节进行评估；Gerilla（2004）则以沃尔沃汽车为研究对象，利用生命周期评价方法对其制造到使用过程的有毒气体的排放量进行了度量。同时，奔驰汽车公司将生命周期评价和面向环境设计相结合，创建可提升汽车可回收性的回收设计。丰田汽车于 2005 年建立了基于生命周期评价方法的 ECO-VAS 系统，强化车辆开发的环境保护管理职能。中国是世界上最具潜力和规模最大的汽车消费市场之一（李晓娜等，2010）。汽车生产使用作为交通运输系统中能耗和资源消耗较严重的产业，需要进行有效的环境和资源的评估，为中国制定汽车相关的环境政策和中国交通产业调整的可持续发展战略提供参考。生命周期评价在中国汽车领域处于消化吸收的阶段，一些学者将生命周期评价应用于汽车燃料替代评估以及新能源汽车的材料、能源、污染评估等（胡志远等，2004；李书华，2014）。此外，亿科环境于 2010 年 9 月推出了 eBalance 全功能生命周期评价分析软件，可以有效地对产品进行评估。根据中国“十三五”规划中节能减排的政策目标，推进生命周期评价理论的生态建设，为中国交通运输业进行更加综合、量化的评估。

（三）生命周期理论与绿色设计标准

1. 绿色设计生命周期理论评价目的

生命周期评价的目的是在保证生产成本以及原有国家能耗标准的基础上建立的基于环保、节能、节水、循环、低碳、再生、有机的绿色设计标准。根据评价对象的特点和评价的目的，明确绿色设计生命周期评价的范围。

2. 生命周期清单分析与绿色设计标准

生命周期评价中数据形成的阶段是绿色设计的关键阶段，该阶段从评价对象的全生命周期出发，根据各个阶段的输入输出设置绿色指标，包括原材料选取、能源消耗、环境影响和产品健康安全等属性，兼顾节能、环保、节水、循环、低碳、再生等方面，选取对人们身体健康、生态环境安全影响大的典型指标，作为评价产品及工艺生态化特征的标尺，对比同类产品之间的环境友好程度，建立统一的、全面的绿色设计产品及工艺数据集。

3. 生命周期影响评价与绿色设计标准

依据清单分析的结果，从评价对象自身生态化改进的视角，利用基于生命周期评价的绿色设计方法，综合评估其全生命周期过程中对生态环境造成的影响大小，并根据评估结果提出产品及工艺绿色设计改进的方案，从而确保评价对象符合绿色设计的要求。

4. 绿色设计评价结果及建议

综合考虑清单分析和影响评价的过程，结合绿色设计理念，对重要的输入输出以及方法的选择进行评价和检查，并对结论建议以及局限性进行说明。

二、基于生命周期理论的绿色设计标准制定

（一）构建绿色设计标准的生命周期模型

基于生命周期理论的绿色设计标准从全生命周期角度出发，深入分析设计开发、原材料获取、生产、包装、运输、使用及废弃后回收处理等阶段中的资源消耗、生态环境、人体健康影响因素，选取不同阶段的典型绿色设计指标构成评价指标体系。评价模型的目的是判断产品是否符合绿色设计理念，即产品在原材料获取、产品生产、使用、废弃处置等全生命周期过程中，在技术可行和经济合理的前提下，确保产品的资源和能源利用高效性、可降解性、生物安全性、无毒无害或低毒低害、低排放性，具有环境影响最小化的特征。

绿色设计生命周期评价模型是在满足评价指标体系要求的基础上，采用生命周期评价方法，建立产品全生命周期环境影响规则，开展生命周期清单分析，进行生命周期影响评价，将环境影响评价结果作为判断产品是否符合绿色设计的重要参考依据。具体评价流程如图 5-8 所示。

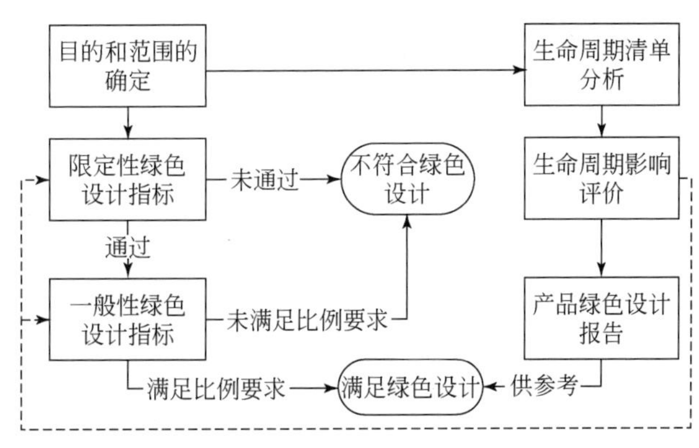

图 5-8　产品绿色设计生命周期评价流程

绿色设计指标分为限制性指标和一般性指标，对于限制性指标评价对象应该全部满足，一般性指标需要满足80%以上。

绿色设计指标分为资源属性、能源属性、环境属性以及产品属性进行构架（GB/T 32163.1）。

（二）分析绿色设计标准的生命周期模型

1. 目的和范围的确定

目的：从原材料的获取、生产制造、运输、出售使用以及最终废弃处理的过程中对环境造成的影响大小，提出生态设计或生态改进方案，从而大幅提升产品的环境友好性。

范围：根据评价目的及评价对象特点确定评价范围，确保两者相适应。评价范围应包括功能单位、系统边界、时间边界和地域界限。

2. 生命周期清单分析

生命周期清单分析是生命周期模型中环境影响评价的基础及定量技术过程，包括两个部分：数据的收集及数据计算程序，目的是对评价系统的有关输入和输出进行量化。

其中，数据收集所涉及的范围应覆盖系统边界内的所有单元过程，数据来源主要包括企业数据、实验数据、政府报告、杂志论文、参考报告、行业协会及相关产品和生产过程说明书等。同时，应客观分析所收集数据的可信程度及综合质量，并对缺失数据进行调整与替代，以保证评价结果的科学性。通过测量、计算或估算用于量化单元过程输入和输出的数据，并注明数据的来源和获取过程。

对所收集的数据按以上步骤进行核实后，利用生命周期评估软件进行数据的分析处理，用以建立生命周期评价科学完整的计算程序。通过将数据输入至已建立的各个过程单元模块，得到整个边界内的全部输入与输出物质和排放清单。

3. 绿色设计指标分析

根据中国已发布的针对不同产品的生命周期评价标准（GB/T 32163.1，GB/T 24044，GB/T 30052），本报告分别从资源属性、能源属性、环境属性和产品属性四个方面进行指标架设。

（1）资源属性指标是指产品生命周期中使用的材料资源、设备资源等，是产品生产所必需的条件，也是对环境影响最直接和最重要的方面。

（2）能源属性指标也是生产过程中必不可少的因素，在设计、生产和使用等生命周期过程中应尽量使用清洁能源和再生能源，采用合理的生产工艺提高能源利用效率。

（3）环境属性指标（末端处理前）主要是产品在整个生命周期过程中与环境有关的因素，是环境友好型产品不同于一般产品的主要特征之一。

（4）产品属性指标是指对于产品本身包括功能、质量、寿命及使用过程中的绿色环保程度。通用的限制性产品属性指标包括产品质量、添加剂剂量、产品包装标识及包装材质；一般性产品属性指标包括高效性、产品合格率、限制性添加剂剂量、标示规范、产品包装重复利用率以及包装降解度。

产品属性指标体系的计算根据产品的不同组成成分及不同功能进行相应的计算。

4. 生命周期影响评价

生命周期影响评价一般可分为影响类型和清单因子归类，影响类型包括资源能源消耗、生态环境影响和人体健康危害三个部分。

5. 产品绿色设计报告

用于外部沟通的产品生命周期评价报告，生命周期研究报告至少应包括摘要、主报告和附录三个部分。

三、基于生命周期评价的绿色设计标准应用——家用洗涤剂产品生命周期绿色设计标准

（一）家用洗涤剂评价目的及范围

目的：以洗涤原料为评价对象，采用绿色设计指标体系评价和生命周期评价相结合的方法，对其保存、生产、运输、出售到最终废弃处理的过程中对环境造成的影响进行深入研究。从而为政府部门制定政策和市场监督提供合理的依据，提出家用洗涤剂绿色设计的改进方案，提高产品综合质量。

范围：根据标准设立的目的及绿色设计基本原则确定评价范围，确保两者相适应。定义生命周期评价范围时，应考虑以下内容并清晰描述，如表 5-12 所示。

表 5-12 洗涤剂产品绿色设计生命周期评价范围

范围	内容
功能单位	洗衣洗涤剂功能单位为单次洗涤荷重为 2 ~ 3 千克的家用洗衣机洗涤过程，以中国市场上在售的洗涤剂的中间水准参考，包括： ①普通洗衣粉：单次用量为 50 克，表面活性剂含量占 16% 以上； ②浓缩洗衣粉：单次用量为 25 克，表面活性剂含量占 20% 以上； ③普通洗衣液：单次用量为 40 克，表面活性剂含量占 19% 以上； ④浓缩洗衣液：单次用量为 20 克，表面活性剂含量占 30% 以上
系统边界	原辅料与能源开采、生产阶段；洗涤剂产品生产、销售阶段；洗涤剂废弃阶段
时间边界	最近 3 年内有效值
地域界限	—

资料来源：唐玲 . 2014. 家用洗涤剂生命周期评价研究与实证分析 . 北京市科学技术研究院 .

（二）家用洗涤剂评价数据

家用洗涤剂评价数据采集应覆盖其全生命周期中的各个阶段，包含以下模块：洗涤剂的原材料采购和预加工；洗涤剂原材料由原材料供应商处运输至洗涤剂生产商处的运输数据；洗涤剂生产过程的能源与水资源消耗数据；洗涤剂原材料分配及用量数据；洗涤剂包装材料数据，包括原材料包装数据；洗涤剂由生产商处运输至超市的运输数据；洗涤废水经废水处理厂所消耗的数据。流程图如图 5-9 所示。

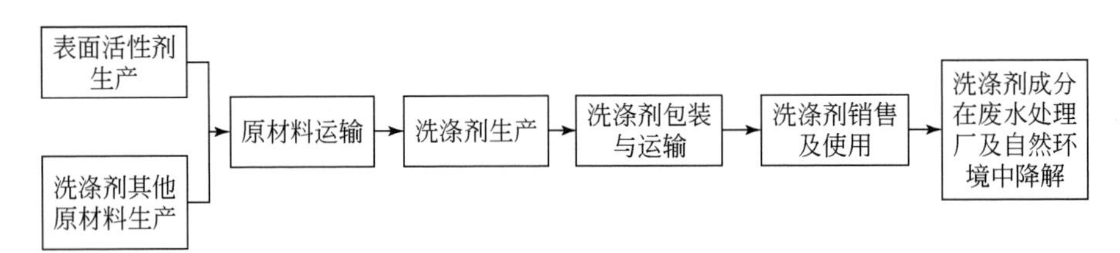

图 5-9　家用洗涤剂产品生命周期清单分析模块组成

（三）家用洗涤剂绿色设计指标

洗涤剂用品行业一般可分为合成洗涤剂制造和肥（香）皂产品制造两个子行业，由于两者所涉及的生产工序和工艺过程存在较多不同点，无法建立通用指标体系，故依据实际数据对其二级指标内容与基准值进行调整，具体信息见表 5-13 ~ 表 5-18（唐玲，2014）。

表 5-13　洗衣粉限定性指标

一级指标	二级指标	单位	指标方向	基准值
资源属性	单位产品取水量	立方米/吨	≤	0.5
能源属性	单位产品综合能耗	千克标准煤/吨	≤	60
环境属性（末端处理前）	单位产品废水产生量	吨/吨	≤	0.40
	单位产品阴离子表面活性剂产生量	克/吨	≤	80
产品属性	产品质量	—	—	符合 GB/T 13171
	磷酸盐含量	%	≤	0.5
	烷基酚聚氧乙烯醚含量	%	≤	0.05
	表面活性剂降解程度	%	≥	95
	产品包装标识	—	—	符合 GB/T 16288
	包装材质	—	—	产品包装材质不得含有 PVC 或其他含氯塑料。包装材质为纸盒（袋）者，须为使用回收纸混合比占 80% 以上所制成之纸盒（袋）

表 5-14　洗衣粉一般性指标

一级指标	二级指标	单位	指标方向	基准值
资源属性	水重复利用率	%	≥	90
环境属性（末端处理前）	单位产品 COD 产生量	千克/吨	≤	0.20
产品属性	是否是浓缩产品	—	—	是
	产品合格率	%	≥	99
	荧光增白剂含量	—	—	不得含荧光增白剂
	标示规范	—	—	产品或包装上应标示厂名、地址、品名、原辅料成分、规格标准禁用或限用物质含量、用途、用法、重量或容量、批号或出厂日期；用户的名称、住址、及联络电话须清楚记载于产品或包装上；包装容器进行标识符合 GB/T 16288 规定
	产品包装重复利用	—	—	包装可重复使用，并提供简易重填包装产品
	包装降解度	—	—	包装为可降解材料

表 5-15　液体洗涤剂限定性指标

一级指标	二级指标	单位	指标方向	基准值	
				衣物洗涤剂	餐具、果蔬洗涤剂
资源属性	单位产品取水量	立方米/吨	≤	1.0	
能源属性	单位产品综合能耗	千克标准煤/吨	≤	20	
环境属性（末端处理前）	单位产品废水排放量	吨/吨	≤	0.4	
	单位产品阴离子表面活性剂产生量	克/吨	≤	30	
产品属性	产品质量	—	—	符合 QB/T 1224 规定	符合 GB 9985、GB/T 21691 规定
	磷酸盐含量	%	≤	0.5	
	表面活性剂降解程度	%	≥	95	
	包装材质	—	—	产品包装材质不得含有 PVC 或其他含氯塑料；包装材质为纸盒（袋）者，须为使用回收纸混合比占 80% 以上所制成之纸盒（袋）	
	甲醇	毫克/克	≤	—	符合 GB9885 规定
	甲醛	毫克/克	≤	—	
	砷	毫克/千克	≤	0.02	
	重金属（铅）	毫克/千克	≤	1.0	

表 5-16　液体洗涤剂一般性指标

一级指标	二级指标	单位	指标方向	基准值
资源属性	废水重复利用率	%	≥	80
环境属性（末端处理前）	单位产品 COD 产生量	千克/吨	≤	0.35
产品属性	是否是浓缩产品	—	—	是
	产品合格率	%	≥	99
	荧光增白剂含量	—	—	不得含荧光增白剂
	标示规范	—	—	产品或包装上应标示厂名、地址、品名、原辅料成分、规格标准禁用或限用物质含量、用途、用法、重量或容量、批号或出厂日期；用户的名称、住址、及联络电话须清楚记载于产品或包装上；包装容器进行标识符合 GB/T 16288 规定
	产品包装重复利用	—	—	包装可重复使用，并提供简易重填包装产品
	包装降解度	—	—	包装为可降解材料

表 5-17　肥（香）皂限定性指标

一级指标	二级指标	单位	指标方向	基准值
资源属性	单位产品取水量	立方米/吨	≤	3.0
	单位产品液碱（折合 100% NaOH 计算）消耗量	千克/吨	≤	155
能源属性	单位产品综合能耗	千克标准煤/吨	≤	150
环境属性（末端处理前）	单位产品 COD 产生量	千克/吨	≤	3.5
	单位产品动植物油产生量	克/吨	≤	25
产品属性	产品质量	—	—	符合 QB/T 2485、QB/T 2486、QB/T 2487 规定
	磷酸盐含量	%	≤	0.5
	表面活性剂降解程度	%	≥	95
	包装材质	—	—	产品包装材质不得含有 PVC 或其他含氯塑料。包装材质为纸盒（袋）者，须为使用回收纸混合比占 80% 以上所制成之纸盒（袋）

表 5-18　肥(香)皂一般性指标

一级指标	二级指标	单位	指标方向	基准值
资源属性	废水重复利用率	%	≥	80
	脂肪酸利用率	%	≥	98
环境属性(末端处理前)	单位产品废水排放量	吨/吨	≤	2.2
	单位产品固体废弃物产生量	千克/吨	≤	20
产品属性消费属性	产品合格率	%	≥	99
	荧光增白剂含量	—	—	不得含荧光增白剂
	标示规范	—	—	产品或包装上应标示厂名、地址、品名、原辅料成分、规格标准禁用或限用物质含量、用途、用法、重量或容量、批号或出厂日期；用户的名称、住址、及联络电话须清楚记载于产品或包装上；包装容器进行标识符合 GB/T 16288 规定
	产品包装重复利用	—	—	包装可重复使用，并提供简易重填包装产品
	包装降解度	—	—	包装为可降解材料

(四) 家用洗涤剂生态环境响应

生命周期影响评价是对清单分析环节中已识别的环境影响进行定性与定量的表征评价，从而确定产品生产过程中对外部环境所产生的影响，主要可分为资源能源消耗、生态环境影响和人体健康危害三类。家用洗涤产品绿色设计标准评价的影响类型采用全球变暖指标和富营养化指标。同时，根据清单因子的物理化学性质，将对某影响类型有贡献的因子归到一起。归类结果如表 5-19 所示。

表 5-19　家用洗涤剂产品全生命周期清单因子归类

影响类型	清单因子归类
气候变化/碳足迹	二氧化碳（CO_2）、甲烷（CH_4）、一氧化碳（CO）
富营养化	氨氮（NO_3^-）、氮氧化物（NO_x）、总氮（TN）、总磷（TP）、磷酸根（PO_4^{3-}）

以表 5-19 中的清单因子为框架，建立不同影响类型的特征化模型，同时结合 IPCC 2006 和 EDIP 2003 中提出的评价方法进行计算。分类评价的结果采用表 5-20 中的当量物质表示。

表 5-20　家用洗涤剂产品生命周期评价

环境类别	单位	指标参数	特征化因子	评价方法
全球变暖	CO_2当量·千克$^{-1}$	CO_2	1	IPCC 2006
		CH_4	25	
		CO	1.57	
富营养化	NO_3^-当量·千克$^{-1}$	NO_3^-	1	EDIP 2003
		NO_x	1.35	
		TN	2.61	
		TP	28.20	
		PO_4^{3-}	9.20	

（五）家用洗涤剂绿色设计报告

根据中国家用洗涤产品的现有实际情况以及上述分析研究方法最终生成产品绿色设计报告。为相关政府部门判断和监督产品是否符合绿色设计标准提供合理依据，最终从整体上提高中国绿色设计水平。

综上所述，本节利用生命周期评价的原理为绿色设计标准通则方案的制定提供了理论依据和分析方法。生命周期绿色设计评价标准从可持续发展的理念出发，考虑评价对象在整个生命周期中对环境的影响，对各阶段的资源消耗、生态环境、经济成本等进行分析核算。

第三节　基于“3R”原理的绿色设计标准

“3R”原理充分地诠释了循环绿色经济的内涵，即用少量的自然资源来满足经济社会的发展需求，实现资源能源高效利用，生态环境与经济发展持续平衡。通过减量化、资源化、再循环原则，最大程度上实现资源的合理化开发，能源的再生循环以及经济的稳步增长。

本节提出基于“3R”原理的绿色设计标准，从自然界中物质流、能量流出发，结合“3R”原理的基本理论，为绿色设计标准提供了环境经济双向评价准则。

一、“3R”原理

（一）“3R”原理的内涵

1. “3R”原理的定义

以减量化、资源化、再循环为特征的物料循环过程，是绿色设计理念的基本组成，其

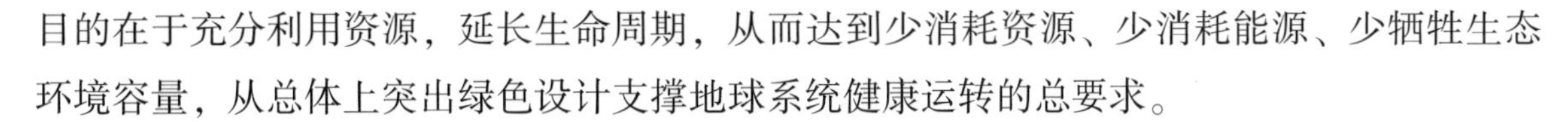

目的在于充分利用资源，延长生命周期，从而达到少消耗资源、少消耗能源、少牺牲生态环境容量，从总体上突出绿色设计支撑地球系统健康运转的总要求。

2. “3R”原理作用及组成部分

传统经济是“资源—产品—废弃物”的单向直线过程，创造的财富越多，消耗的资源和产生的废弃物就越多，对环境资源的负面影响也就越大。循环经济则以尽可能小的资源消耗和环境成本，获得尽可能大的经济和社会效益，从而使经济系统与自然生态系统的物质循环过程相互和谐，促进资源永续利用。因此，循环经济是对“大量生产、大量消费、大量废弃”的传统经济模式的根本变革。

（二）“3R”原理的应用

“3R”原理，即循环经济理论是美国经济学家肯尼思·埃瓦特·博尔丁（Kenneth Ewart Boulding）于20世纪60年代提出生态经济时谈到的。他认为，地球经济系统如同一艘飞船一样，是一个孤立无援、与世隔绝的独立系统，依靠连续的消耗自身资源得以存活，而资源的耗尽即意味着本体的毁灭。唯一可以延长寿命的方式就是实现资源循环利用的循环经济，尽可能减少废弃物的排放。20世纪70年代，循环经济仅停留在一种虚拟理念的状态，人们更为关注的是如何对污染物进行无害化处理。直到20世纪80年代，采用资源化处理废弃物的思想才被人们所熟知。随着可持续发展战略逐渐成为世界主流，通过对环境保护、清洁生产、绿色消费及废弃物再利用等方面进行整合，一套较为完整的，以资源循环利用、避免废弃物产生为特征的循环经济体系于20世纪90年代形成。一般来说，循环经济倡导人们从根本上改变片面追求GDP增幅的传统经济发展模式，取而代之的应是依靠生态型资源循环来发展的绿色经济模式，实施经济发展、资源节约与环境保护的一体化战略。循环经济理论认为，只有处于地球资源承载力之内的良性循环才能使生态系统平衡地发展，而实现该循环主要依靠先进生产技术的开发与废旧技术的淘汰。同时，应更重视人与自然和谐相处的能力，促进人类的全面发展。

自世界范围内的循环经济生产方式变革开始以来，面向该理论内部相关内容及外部实施效用的研究层出不穷。Andersen（2006）对循环经济中的主要组成部分——环境经济学的基本原则和方法进行了详细介绍；Bernd（2012）对循环经济及其风险进行了研究；Li（2010）从基本概念、发展模式、循环体系等方面分析了循环经济理论；Li（2013）、赵萌等（2013）将熵模型应用于循环经济理论中；而Andrews（2015）则认为循环经济模式的开展有利于可持续性的相关教育以及就业能力的提高。

2015年10月，在以研究制定“十三五”规划的建议为主要议程的党的十八届五中全会中，生态文明建设首次被写进五年规划的任务目标。李克强总理指出，要把循环经济发展作为生态文明建设的重要内容。其中，企业是整个经济发展的主体，为完成该目标，必须认识到它在整个发展历程中的主导作用。在经济全球化的大背景下，如何进一步推动中国企业未来发展战略的科学制定与全面实施逐渐成为中国现阶段的关键问题。近些年，国内外循环经济理论在企业层面上的应用主要包含三个部分：企业循环经济评价标准、企业循环经济供应链管理及企业循环经济解决途径。

针对第一部分，Miao（2015）针对循环经济下的企业投资决策方法进行了深入研究，建立了循环经济投资决策的多目标评价指标；肖萍（2013）以石化工业园区为研究对象，结合循环经济中的“3R”原理，利用层次分析法得出石化工业园循环经济的科学评价体系，从而引导该行业的加大废弃物减排力度，提升资源循环利用率；郑季良等（2014）利用协同学的序参量，针对高耗能产业群，建立了包含经济和环境两个目标的循环经济协同发展评价模型和指标体系。同时，以中国六大高能耗产业及产业群为调查对象的实证分析证明了中国“十一五”期间出台的节能减排政策，在一定程度上提升了企业经济和环境两方面的效益，同时揭示了各行业存在产业间的协同滞后于产业内部的协同水平的现象；而刘鹤等（2014）则基于层次分析法-反向传播神经网络组合模型，提出了用于综合评价水泥制造企业循环经济水平的评价指标体系，结果显示影响该行业循环经济发展水平的主要因素包括能源产出率、单位熟料可比综合能耗、单位水泥可比综合能耗以及余热利用率等。

同时，确保企业之间绿色供应链管理有效的实施也是实现中国循环经济发展目标中不可缺少的环节，该理念所追求的是经济利益和绿色利益即环境利益双丰收。一般来说，循环经济下的绿色供应链管理可被视为一个系统工程，只有利用循环经济与可持续发展思想对其内部各环节进行构建和规划，才可实现社会、生态和经济的综合优化，从而推进中国资源、环境和社会的可持续发展。针对循环经济下的供应链管理问题，国内外学者进行了较为深入的探讨。Batista（2012）以及 Schrödl 和 Holger（2014）对供应链管理与生态学之间的关系进行了阐述，并提出了建立可持续的供应链管理模式过程中面临的压力及有效解决途径；Pan 等（2015）对垃圾的能源转换（waste-to-energy，WTE）供应链进行了介绍，并认为其可作为提高区域工业循环经济水平的一种可行方法。同时，文中还对几个国家的最先进的垃圾焚烧技术进行了综合评价。最后提出了包含八个关键任务的执行策略；而 Genovese 等（2015）则通过对不同加工产业（化学和食品）的案例进行了研究，比较了传统和循环生产系统在整个生产周期中废弃物排放量、回收利用率、原材料使用量以及碳足迹方面的区别，得出通过对供应链管理和循环经济原则进行整合可以获得明显优势的结论。

另外，一些研究从宏观层面上，通过对中国各行业循环经济发展现状的深入剖析以及未来发展趋势的合理预测，结合中国现有生产和消费模式以及法律制度上的缺失，提出了可以从根本上推进企业有效完成循环经济转型的政策建议及解决方法。例如，Guo 等（2014）、Zhang 等（2014）、张寿荣（2007）以及朱玉林等（2007）分别分析了中国煤炭企业、静脉产业体系、钢铁企业和林业企业在发展循环经济过程中存在的问题，并提出了相应的对策；Zheng 和 Zhang（2010）阐述了循环经济与绿色物流的关系，基于对发达国家绿色物流发展历程的分析，从政府和企业两个角度提出了适合中国绿色物流发展的具体实施策略；余小琳（2015）阐述了中国观光农业在快速发展时期减小对环境产生负面影响的目标中所面临的资源和生态环境的压力，倡导以循环经济理论为基础，促进各个相关产业有机结合和协调发展，提高企业意识和消费者素质，从而共同维护和改善生态环境。

综上所述，有关循环经济的探索在国内外都处于初级阶段，但相对于发达国家，中国保障循环经济发展的法律法规体系还不健全，各行业企业循环经济发展水平还处于较低水平；同时，高耗能高污染的产业结构也成为推进循环经济发展进度的主要阻碍之一。因此，中国应加强对循环经济及其相关理论的研究，提出更适应中国国情的指导思想及解决前进道路中困难的有效方法，同时实现全国范围内的产业结构转型以及各行业企业间绿色供应链的建立，并加紧对相关法律制度体系进行完善。

（三）“3R”原理与绿色设计标准

基于“3R”原理的绿色设计标准，遵循“原料—产品—废弃物—原料”的绿色循环模式，从单纯的追求经济利润最大化向可持续发展能力永续建设进行转变，从产业链的物质流以及价值流出发，为绿色标准的制定提供了理论依据。

1. 产业链的物质流与绿色设计标准

借鉴自然界长期进化模式，区域经济系统同自然生态系统类似，具有生产者、消费者和分解者的三大功能。生产者指区域利用生产力要素的组合，产出满足社会需求的各类产品，其中必然产生相应的废弃物和污染物。消费者指利用中间产品和最终产品的广大用户，他们在消费过程中也会产生不同的废弃物和污染物。分解者指对于上述各类废弃物和污染物的消解、自净和吸纳。根据物质流分析的核心是对社会经济活动中物质流动进行定量分析，了解和掌握整个社会经济体系中物质的流向、流量。建立在物质流分析基础上的物质流管理则是通过对物质流动方向和流量的调控，提高资源的利用效率，达到设定的相关目标。绿色设计“3R”原理强调从源头上减少资源消耗，有效利用资源，减少污染物排放。“3R”原理谋求以最小的环境资源成本获取最大的社会经济和环境效益，并以此来解决长期以来环境保护与经济发展之间的尖锐矛盾。可见，物质流分析循环经济的重要技术支撑，物质流分析和管理是循环经济的核心调控手段。循环经济绿色设计标准是在生态系统的物质流和能量流的基础上保持输入流与输出流的绿色平衡，称之为绿色物质流平衡。

2. 产业链的价值流与绿色设计标准

绿色设计要求企业的生产活动按照自然生态系统的循环模式，将经济活动高效有序地组织成一个“资源利用—清洁生产—资源再生”接近封闭型物质能量循环的反馈式流程，保持经济生产的低消耗、高质量、低废弃，从而将经济活动对自然环境的影响破坏减小到最低程度。循环经济的正常运行，不仅要有价值链的支持，还要有合理的经济性，因此，循环型产业的价值形成机制是循环经济持续发展的关键。绿色设计标准的原则是企业以利润大于零为循环经济价值链形成的前提条件，也是循环经济持续发展的经济动力和运转的关键。在工业生产过程中，会生产大量剩余物，这些剩余物中部分仍可回收再利用。将其加以回收，一方面可节约资源；另一方面可减少环境剩余物质，减轻生态压力，从而实现价值增加。从理论上说，在一定技术水平下，投入一定的初始资源需要经过多次循环再利用，一直到可回收资源得到充分利用，使排放到自然界的剩余物质最小化。

二、基于“3R”原理的绿色设计标准制定

（一）构建绿色设计标准的“3R”原理模型

绿色设计标准的制定源于传统的“3R”原理，在减量化、资源化、再循环基础上提炼出物质流循环以及价值流循环的双循环模式。利用物质流和价值流双向标准对企业及区域进行评价，只有当循环经济产业链的双循环模式的运行处于增值状态时，也就是处于既循环又经济的最佳组合状态时，循环经济才能持续发展。在这种状态下的物质流、能量流、信息流和价值流处于两性循环状态，从而在经济价值的基础上实现生态价值、经济价值和社会价值的统一。下面根据企业绿色设计标准的理念给出产业链物质流及价值流模型。

1. 产业链物质流模型

将经济学中投入产出方法建立经济系统各个部门的经济货币流的相互作用模型应用于产业链的物质流循环的计算中。模型中的“经济”被理解为一组物质材料从原始状态经过一系列的生产、消费到最终作为废弃物，再把废弃物作为进行资源化利用的过程。因此，利用该方法可以通过物质流系统和相应的物质流矩阵，分析物质流的路径，建立产业链物质流模型（孙殿义，2008）。

为便于分析循环经济系统的物质流，从生态角度建立了投入产出模型。为演示其结构，绘制了简易过程图（图5-10）。

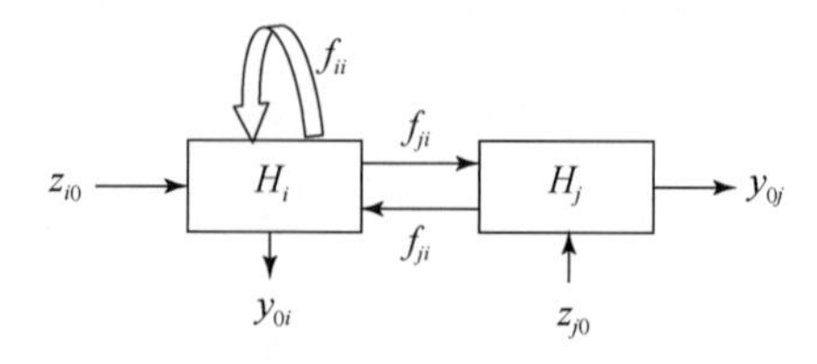

图5-10　投入产出流

图 5-10 中，假设投入产出流模型共有 n 个过程，其中第 i 个过程可表示为 H_i；z_{i0} 为从系统外输入第 i 个过程的输入流；y_{0j} 为从第 j 个过程输出到系统外的输出流；f_{ij} 为第 j 个过程流向第 i 个过程的流。

由此得出循环经济系统的投入产出矩阵 $\boldsymbol{P}$ 。该矩阵是系统在一个特定时间内稳定的物质流的定量表示（黄贤金，2004）。$\boldsymbol{P}$ 是一个 $2n \times 2n$ 矩阵，n 是循环经济系统的过程数。

$$\boldsymbol{P} = \left| \begin{array}{ccccccccc} & H_1 & H_2 & \cdots & H_n & z_{10} & z_{20} & \cdots & z_{n0} \\ H_1 & f_{11} & f_{12} & \cdots & z_{10} & z_{10} & 0 & \cdots & 0 \\ H_2 & f_{21} & f_{22} & \ddots & 0 & 0 & z_{20} & \cdots & 0 \\ \vdots & \vdots & \vdots & \cdots & \vdots & \vdots & \vdots & \ddots & \vdots \\ H_n & f_{n1} & f_{n2} & \cdots & 0 & 0 & 0 & \cdots & z_{n0} \\ y_{01} & y_{01} & 0 & \cdots & & & & & \\ y_{02} & 0 & y_{02} & \cdots & & & \ddots & & \\ \vdots & \vdots & \vdots & \ddots & & & & & \\ y_{0n} & 0 & 0 & \cdots & & & & & \end{array} \right|$$

根据质量守恒定律，用矩阵 $\boldsymbol{P}$ 建立系统的物质流模型，即输入流=输出流。通过 H_k 的总流量定义为 x_k ，则有

$$x_k = \sum_{j=1}^{n} f_{kj} + z_{k0} \qquad k = 1，2，\cdots，n \tag{5-1}$$

$$x_k = \sum_{i=1}^{n} f_{ik} + y_{0k} \qquad k = 1，2，\cdots，n \tag{5-2}$$

在公式（5-1）中，把流入一个过程的所有输入流相加；而在公式（5-2）中，是把所有从这个过程输出的流相加，在质量守恒定律条件下，这两个表达式是相等的。由投入产出矩阵 $\boldsymbol{P}$ 来表述就是 $\boldsymbol{P}$ 的每行元素之和等于 $\boldsymbol{P}$ 的每列元素之和。通过投入产出矩阵 $\boldsymbol{P}$ 可以得到每个过程中的流量比例。

2. 产业链价值流模型

从微观企业的角度看，绿色设计标准中的经济价值链运行的过程等同于剩余物质最小化的过程。即在资源使用量一定的情况下，通过技术进步发展循环经济，延长产业链条，增加副产品或制成品，减少剩余物质，形成价值链。其价值函数可表示为（黄贤金，2004）

$$W = W_{\text{有用物质}+\text{有用能量}} + W_{\text{可再生物质}+\text{可再生能量}} - W_{\text{废弃物}} \tag{5-3}$$

在企业产品一定的情况下，经济价值链的形成只有通过减少使用剩余物来实现。而剩余物使用可以通过两个途径来实现：可再生物质和能量以及使用后的剩余物质。在实际生产过程中，当可回收资源经再生产后的价值已经小于回收再利用过程中添加资源的价值时，则没有再利用的必要，剩余物质便停止循环（葛杨和潘薇薇，2005）。

对于单个企业的单一剩余物质最小化过程而言，可回收物质的价值随着循环的增加而递减，可以通过下面的模型来表示（马传栋，2002）。当 $\gamma W_i \leqslant \alpha C_0 + \beta W_i$ 时，循环便停止。

$$R_{i+1} = \alpha R_i + \beta W_i \tag{5-4}$$

式中，R_i 是指第 i 次循环再生产的资源价值；W_i 是指第 i 次循环再生产后的可回收资源价值；α 是指一次生产前后，可回收资源与原始资源价值比；C_0 是指添加资源中不变资本投入部分在各次循环中的折旧；β 是指添加资源中可变资本投入部分与可回收资源价值比；γ 是指可回收资源投放到环境中的机会成本与可回收资源价值比（肖忠东和孙林岩，2003）。

降低成本是经济价值链持续运行的基础。对剩余物质的控制需要经营成本，也就是说需要资本的投入。根据生产经济模型，结合传统生产性服务理论中有关物质加工过程中的能量消耗和剩余物质生成等理论，一个厂商的成本函数可表示如下：

$$TC = C_1 R + C_2 E + C_3 I + C_4 W_A + C_5 W_B \tag{5-5}$$

式中，TC 为总成本；C_1 是投入物质的价格；C_2 是能源价格；C_3 是信息价格；C_4 和 C_5 是剩余物质处置成本；R，E，I，W_A 和 W_B 分别是各生产要素的投入量。

总成本最小化的最好途径是减少处理成本和剩余物质的数量。根据经济学边际分析方法，剩余物质的边际处置成本与边际收益相等的这一点是处置成本的最优值，即 $MC = MR$。剩余物质最小化模式有两种：一种是企业内部的循环经济模式；另一种是企业之间的循环经济模式，可以看成是第一种模式的拓展。边际处置成本包括处置单位剩余物质的各种支出；而边际收益主要包括剩余物质再利用对于原材料支出的节约和由此减少治理剩余物质的费用。由于成本和收益能够核算，因此，可以用成本–收益分析方法研究剩余物质最小化或实施清洁生产而产生的收益。

(二) 分析绿色设计标准的“3R”原理模型

1. 循环效率

根据输入流等于输出流，建立投入产出模型。可以用 a_{ik} 表示从第 k 个过程流向第 i 个过程流占第 i 个过程的总流量 x_k 的比例，则有

$$f_{ik} = a_{ik} \times x_i \qquad i, k = 1, 2, \cdots, n \tag{5-6}$$

把公式（5-6）代入公式（5-2），则有

$$x_k = \sum_{i=1}^{n} a_{ik} \times x_i + y_{0k} \qquad i, k = 1, 2, \cdots, n \tag{5-7}$$

把公式（5-7）转换为矩阵形式，则有

$$x = \boldsymbol{A}' x + y \tag{5-8}$$

式中，$A = \begin{vmatrix} a_{11} & \cdots & a_{1n} \\ \vdots & \ddots & \vdots \\ a_{n1} & \cdots & a_{nn} \end{vmatrix}, 0 \leqslant a_{ij} < 1, 0 < \sum_{i=1}^{n} a_{ij} < 1$

矩阵 $\boldsymbol{A}$ 为循环经济系统的过程流系数矩阵。

由公式（5-8）可得

$$x = (1 - \boldsymbol{A}')^{-1} y = (1 - \boldsymbol{A})'^{-1} y = N' y \tag{5-9}$$

由于 $\boldsymbol{N}$ 代表组成系统的过程间的所有直接或间接关系，所以被称为循环经济系统的结构矩阵。

$$\lim_{l \to \infty} \sum_{k=0}^{l} (\boldsymbol{A})^{k} = I + \boldsymbol{A} + \boldsymbol{A}^{2} + \cdots + \boldsymbol{A}^{k} + \cdots = (I - \boldsymbol{A})^{-1} = N \tag{5-10}$$

式中，$\boldsymbol{A}^{k}$ 代表系统内路径长度为 k 的所有流的集合。

若矩阵 $\boldsymbol{N}$ 的对角线元素 n_{kk} 等于 1，则表示所有通过 H_k 的物质流输出后没有返回；若矩阵 $\boldsymbol{N}$ 的对角线元素 n_{kk} 大于 1，则存在物质流反馈到 H_k，由此定义给定过程 H_k 的循环物质流百分比为 RE_k，称为返回循环效率：

$$RE_k = \frac{n_{kk} - 1}{n_{kk}} \tag{5-11}$$

在该生产过程中的生产循环率为 $\overline{RE_k}$，即

$$\overline{RE_k} = \frac{\sum_{k=1}^{n} RE_k x_k}{\sum_{k=1}^{n} x_k} \tag{5-12}$$

2. 经济效率

经济率是衡量循环经济能否持续循环的重要标志。发展循环经济必须考虑价值的有效性，即考虑在清洁生产过程中的投入是否能够带来收益。

图 5-11 中绘制了企业实施清洁生产的投入与产出示意图，便可计算产业链中每一个环节的经济率。

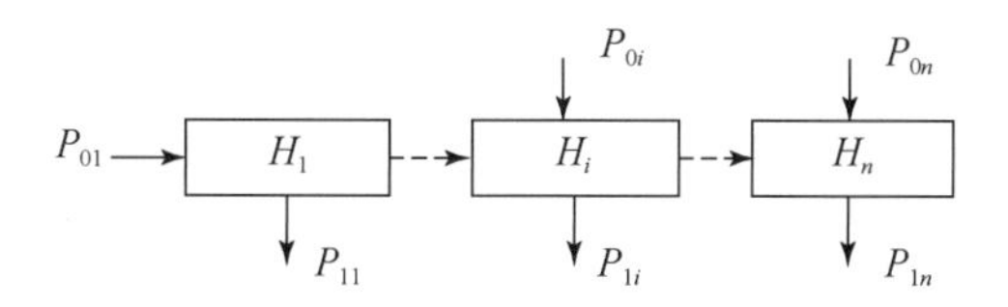

图 5-11 企业产业链清洁生产投入与产出示意图

图 5-11 中，产业链共包含 n 个环节，H_i 为产业链中的第 i 个环节；P_{0i} 为第 i 个环节的投入；P_{1i} 为第 i 个环节的产出。

产业链中每一个环节的经济率，用 R_i 来表示，则有

$$R_i = \frac{p_{1i} - p_{0i}}{p_{0i}} \tag{5-13}$$

为了便于客观的分析企业产业链价值流中的循环经济率，构建了产业链经济率的计算公式：

$$CE = \frac{\sum_{i=1}^{n} R_i P_{0i}}{\sum_{i=1}^{n} P_{0i}} \tag{5-14}$$

式中，CE 为产业链经济率；R_i 为各个环节的经济率；P_{0i} 为各个环节的经济投入。

对产业链物质流以及价值流中的循环率和经济率进行分析，如果随着循环率的不断提高，即随着资源利用程度的不断提高，经济率也随之增加，说明企业符合绿色设计的标准；反之，应该对相关环节进行资源及技术的调整。

只有满足循环率和经济率双向增值的条件时，企业的发展才符合绿色设计的理念，符合可持续资源利用的规定。

三、基于“3R”原理的绿色设计标准应用——安徽铜陵金隆铜业有限公司铜冶炼工艺

安徽铜陵金隆铜业有限公司是由铜陵有色金属集团股份有限公司、住友金属矿山株式会社、住友商事株式会社、平果铝业公司共同出资建设的铜冶炼企业（孙殿义，2008）。

（一）铜产业循环链物质流分析

通过梳理企业的产业链，可以发现铜冶炼是该企业的生产主线。对此，构建了金隆铜业循环经济系统（2007 年值）（图 5-12）。

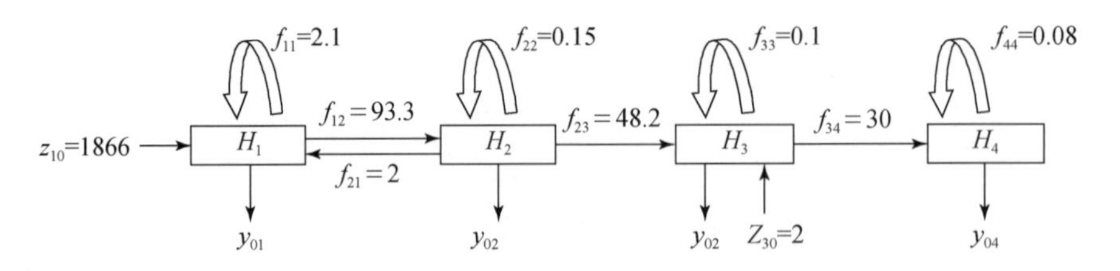

图 5-12　金隆铜业循环经济系统

该循环经济系统主要有四个环节（图 5-12）。其中，H_1 代表铜精矿的生产，H_2 代表冰铜的生产，H_3 代表粗铜的生产，H_4 代表电铜的生产，电铜是该生产环节中的最终产品。在铜产业循环链中，有输入流、中间流和输出流。

（1）输入流。z_{10}表示1866万吨/年的矿石进入生产系统，Z_{30}表示该年度有2万吨/年废铜进入再生产环节。

（2）中间流。中间流主要是在清洁生产过程中部分原料和半成品重新进入生产环节。f_{11}表示在清洁生产过程中有2.1万吨/年的铜精矿重新进入生产过程，f_{22}表示在冰铜生产过程中回收0.15万吨/年的冰铜进入冰铜生产，f_{33}表示在粗铜生产过程中有0.1万吨/年的粗铜进入该环节的生产，f_{44}表示在电铜的生产过程中有0.08万吨/年的电铜进入该环节的生产。

（3）输出流主要是矿渣。由于这部分物质不参与循环经济物质流的计算，故不再赘述。

按照投入产出方法，计算该循环经济系统的过程流矩阵**A**（表5-21）。从这个矩阵可以看出，进入H_1的物质流有0.1%来自f_{11}，0.11%来自H_2；进入H_2的物质流99.8%来自H_1，0.16%来自f_{22}；进入H_3的物质流有95.8%来自H_2，0.2%来自f_{33}，容易知道有4%来自z_{30}；进入H_4的物质流有99.7%来自H_3，有0.3%来自f_{44}。

表5-21　过程流系数矩阵　（单位：万吨/年）

A	H_1	H_2	H_3	H_4
H_1	0.001	0.0011	0	0
H_2	0.998	0.0016	0	0
H_3	0	0.958	0.002	0
H_4	0	0	0.997	0.003

通过公式（5-9），便可计算该系统的过程流矩阵**N**（表5-22）。

表5-22　结构系数矩阵　（单位：万吨/年）

N	H_1	H_2	H_3	H_4
H_1	1.0021	0.0011	0	0
H_2	1.0017	1.0027	0	0
H_3	0.9616	0.9625	1.002	0
H_4	0.9616	0.9625	1.002	1.003

在矩阵中（表5-22），H_1输出1万吨/年的物质流需要$x_1=1.0021$万吨/年，所以，有0.0021万吨/年的物质流返回到H_1。如果要终止H_1中1万吨/年的物质流，仅要求$x_1=1$万吨/年，则没有反馈到中H_1的流。

根据公式（5-11），便可计算铜冶炼产业链四个环节的循环率分别为0.21%、0.27%，0.2%和0.3%；根据公式（5-12）便可以计算整个产业链的物质流循环率为0.25%。

（二）铜产业经济链价值流分析

根据安徽铜陵金隆铜业有限公司2007年度实施清洁生产的投入与产出数据，便可计算精矿、冰铜、粗铜和精铜四个环节的经济率（表 5-23）。

表 5-23 铜产业链的投入与效益对比

效益环节	精矿（H_1）	冰铜（H_2）	粗铜（H_3）	电铜（H_4）
投入（亿元）	0.154	0.062	0.052	0.135
净利润（亿元）	0.025	0.012	0.009	0.032
经济率（%）	17.23	19.35	17.31	23.7

为便于客观评价该公司铜产业链的循环经济率，构建了产业链经济率的计算公式：

$$CE_q = \frac{\sum_{q=1}^{4} R_q y_q}{\sum_{q=1}^{4} y_q} \tag{5-15}$$

式中，R_q 为各个环节的经济率；y_q 为各个环节的经济投入。根据公式（5-15）便可计算该产业链经济流的经济率为 19.4%。

从铜产业链的循环率和经济率的分析来看，随着循环率的不断提高，即随着资源利用程度的不断提高，经济率也在不断增加，这与实际情况吻合。在铜产业的循环过程中，随着循环程度的不断提高，由矿石所产生的电铜的数量也在不断增加，显而易见，电铜的价格远远高于矿石的价格，甚至是粗铜的价格，增值程度是在不断增加。

综上所述，本节利用“3R”原理为绿色设计标准通则方案的制定提供了理论依据和分析方法。绿色设计标准应遵循减量化、资源化、再循环的原则，按照循环率及经济率双向增值的设计理念，保证物质流、能量流、价值流以及信息流良性循环。

第四节 基于社会网络分析理论的绿色设计标准

近年来，创新和设计逐步转变为中国经济发展的新动力，崭新的发展机遇和广阔的发展空间极大地带动了设计产业的快速发展。2015 年，国务院发布的《中国制造 2025》中提出全面推行绿色制造，党的十八届五中全会也强调要正确处理发展和生态环境保护的关系。因此，实现“中国制造”向“中国创造”“中国设计”的成功转变，促进设计绿色化，制定统一、健全的绿色设计标准体系，成为新发展阶段的重中之重。社会网络分析理论可以揭示隐藏在社会现象下的深层社会结构及其演变特性，能够研究不同层次的结构关系，能够解决跨学科的众多问题，本节运用社会网络分析理论旨在为绿色设计标准的制定提供理论和方法基础。

一、社会网络分析理论

（一）社会网络分析理论的内涵

1. 社会网络分析历史渊源

社会网络理论发端于20世纪30年代，成熟于70年代，到90年代才开始广泛应用于多种研究领域，是一种新的社会学研究范式。社会网络的概念最早是在英国著名人类学家布朗（Alfred Radcliffe-Brown）对社会结构的关注中提出，较成熟的社会网络的概念是巴里·韦尔曼（Barry Wellman）于1988年提出的“社会网络是由某些特定群体间的社会关系构成的相对稳定的关系网”。当代社会网络分析的发展得益于多种多样的学科和学派，这些学派在社会网络分析的发展过程中相互影响，并在近几十年来有了迅速的发展。在社会网络分析的发展中主要有三条主线：①社会测量学学派，主要在运用图论方法方面对网络分析有所贡献。②30年代的哈佛学派，主要在研究人际关系的模式和“派系”概念方面有所成就。③曼彻斯特的人类学派，在前两种研究的基础上，主要考察了部落和乡村的“社区”关系结构。以上研究主线于60年代和70年代在哈佛大学又一次汇聚在一起，当代社会网络分析正是在那个时代出炉于哈佛（图5-13）。

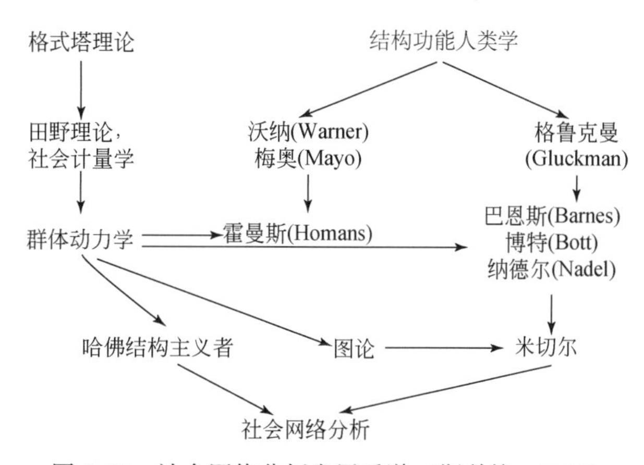

图5-13　社会网络分析发展系谱（斯科特，2007）

2. 社会网络分析概念解析

社会网络分析是对社会关系结构及其属性加以分析的一套理论和方法。自20世纪60年代由社会学大师怀特（Harison White）等发展以来，结合了计量社会学、数学、社会心理学、图形理论等各领域的成果，可以有效地对网络结构进行测量，具体的描述变量包括度、平均路径长度、网络介数、聚集系数（吴结兵，2006）等。在社会网络分析过程中，任何社会组织的结构都可以被视为一个网络，网络成员的行为受到他们在网络中的位置和网络嵌入性的影响（沃瑟曼，2012），通过社会网络分析，可以揭示隐藏在复杂的社会系统表面之下的深层社会结构及其演变关系。社会网络分析是一种研究社会结构关系的新视角，能够解答跨学科的众多问题；能够研究各个不同层次上的结构关系，既可以研究微观的个体互动，还可以分析宏观的社会现象，有助于把个体间关系和大规模社会系统的“结构”结合起来。

3. 社会网络分析基本特征

社会网络分析作为社会结构研究的一种独特方法，具有其独特的方法论特征（林聚任，2009）：

（1）根据结构对行动的制约来解释人们的行为，而不是通过其内在因素进行解释，后者把行为者看做是以自愿的、有时是目的论的形式去追求所期望的目标。

（2）关注对不同单位之间的关系分析，而不是根据这些单位的内在属性。

（3）集中考虑的问题是由多维因素构成的关系形式如何共同影响网络成员。

（4）把结构看做是网络间的网络，不假定严格界限的群体可阻碍结构的形成。

（5）分析方法直接涉及一定社会结构的关系性质，要求具有独立的分析单位。

依据社会网络分析的上述特点，网络节点，即行动者的任何行动都不是孤立的，而是相互关联的。他们之间所形成的关系纽带是信息和资源传递的渠道，网络关系结构也决定着他们的行动机会及其结果。

（二）社会网络分析理论的应用

经过多学科研究人员的不懈努力，社会网络分析得到迅速发展，近一二十年成为一套成熟的理论和方法，被广泛运用到社会学、政治学、人类学、心理学、组织管理、大众传播、政策研究和工程技术科学等领域。可以说，社会网络分析方法扩展到了几乎所有的人类活动领域。以下主要对社会网络分析理论在工程和区域领域中的应用进行论述。

1. 社会网络分析在工程中的应用

工程项目中各主体会根据合作、竞争关系自发形成各种利益相关网络，形成关联的实质都是个体之间的相互需求联系，这些关系在一定时期具有长期性和动态性，工程项目的这些特点与社会网络具有极大相似性。此外，鉴于工程项目主要关注项目网络的稳定性和实施效率，这可进一步利用社会网络的结构变量对其进行评价和分析。因此，社会网络分析方法在工程项目，小至行业工程，如交通工程、建筑工程，大至环境治理工程、生态移民工程、跨区域重大工程等研究中，得到了广泛运用，这些应用主要体现在工程项目组织管理、项目采购管理、项目风险管理、项目绩效分析等方面。

在项目采购管理方面，社会网络分析可为其提供一种新的量化分析方法，使得传统的项目联合管理方法能够与创新的管理方法进行比较，定量分析建设项目监管中涉及的财务奖励与合同条件。在项目风险管理方面，社会网络分析为项目风险评价和分析提供了一种系统的分析思想（向鹏成和董东，2014）。相关研究可利用社会网络对一个工程项目设计的风险源及其风险源间的空间和时间关系进行结构化描述，并进一步利用网络结构间的联动关系，结合最短路径长度、网络聚集系数等社会网络描述和测度变量，对工程项目风险间的关联关系和相关性进行评价和分析，并由此提出更具针对性的管理策略。

2. 社会网络分析在区域中的应用

区域发展和研究的主要理论为中心地理论，是具体研究城市空间组织和布局、探索最优化城镇体系的一种城市区位理论。中心地理论是由德国地理学家克里斯泰勒（Walter Christaller）提出，通过对德国南部城市和中心聚落的大量调查研究后，发现一定区域内的中心地在职能、规模和空间形态上具有规律性。其中，中心地空间探讨了一定区域内城镇等级、规模、数量、职能间关系及其空间结构的规律性，一般采用六边形结构对城镇等级与规模关系加以概括（图5-14）。

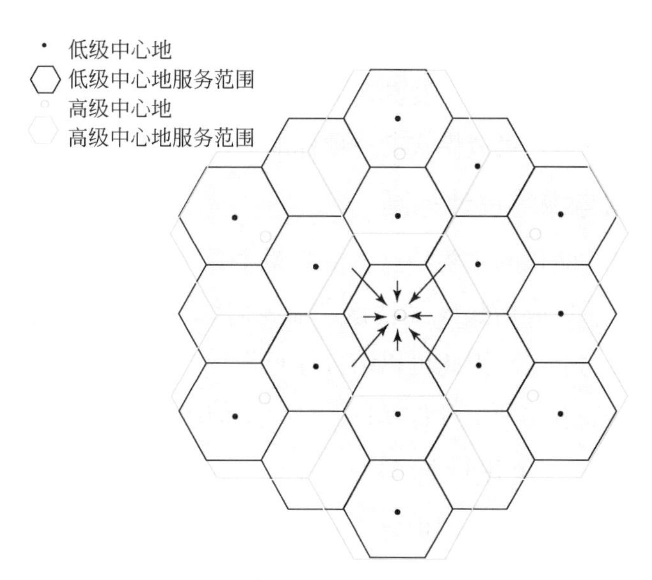

图5-14　中心地理论的六边形结构

中心地理论的六边形结构是区域网络分析的抽象表达形式。研究复杂的区域问题可以进一步利用社会网络分析方法，对区域间的界限、区域内部的相似性和连续性、区域的结构性和整体性、区域的等级差异性和可变性等进行描述和分析。鉴于此，以社会网络分析为主要研究手段的城市关联实证研究正成为学术热点，相关学者以城市群为研究对象，利用社会网络分析变量，提出依托城市群为主体形态实现区域经济一体化的新型城镇化战略构想（徐康宁等，2005）。此外，还有学者在区域联动、产业聚集、协同创新、区域知识交流、技术合作、区域交通优化、产业结构升级与重组等多个方面分别应用社会网络分析方法开展研究。总之，网络发展是区域经济发展走向成熟阶段的标志，社会网络分析理论可以很好地体现区域的特征与发展。

（三）社会网络分析理论与绿色设计标准

国家重点区域的经济发展水平往往体现了该国的经济发展水平。制定绿色设计标准，不仅需要在产品、企业、园区层面进行，还需要扩展到工程、区域层面。区域绿色设计标准，即在区域层面上开展绿色发展和绿色行动的规范，标准强调绿色设计的无污染、可持续、经济、安全等特性。依据社会网络分析理论，进行区域绿色设计规划，应宏观把握区域整体经济、创新、交通关联结构，重点分析区域内各级城市的地位和作用，科学合理定位各城市功能和角色，通过系统考虑区域整体结构、主体间关系、个体差异性，力求在不破坏生态环境的前提下，发挥最大的交通带动、城市带动、市场带动，从而实现区域绿色发展的活动。

1. 网络整体结构与绿色设计标准

构建区域协调发展的社会网络分析模型需将区域内各种生产和生活要素及其相互关联关系定义为系统进行分析。例如，可通过构建涉及区域交通路线、产业分布园区的社会网络图，并分析各节点间交通最短路径及其产业关联性的耦合关系，挖掘、定义区域最优网络结构，并由此作为区域绿色发展模式的一项标准。

2. 网络派系结构与绿色设计标准

区域聚集性是城市群演化的主要特点，主要关注寻找各级中心城市、明确城市地位和作用、挖掘推动型产业、形成增长极（使该产业朝向绿色发展）。这其中的中心城市，即区域社会网络中度较大的节点，因此可以结合绿色设计的相关理念，设定相关层级区域社会网络度节点的度值，并由此确定符合绿色设计要求的区域聚集性标准。

3. 网络节点指标与绿色设计标准

产业的绿色化是区域绿色设计的主要方面，现存的利用社会网络分析方法进行绿色设计标准的研究主要侧重对区域宏观层面的分析。然而，区域的产业发展同样可以利用社会网络模型进行描述，并结合中心性、平均最短路径、介数、聚集系数等社会网络测度指标，通过设定合理的标准值，对区域产业密度、连通性、联动性等绿色设计标准进行构建。

二、基于社会网络分析理论的绿色设计标准制定

（一）构建绿色设计标准的网络模型

本节主要针对经济区域进行分析，重点分析区域间联动性，其中交通是区域发展的基础、经济一体化是区域发展的载体、创新是区域发展的动力。建立交通互动网络模型、区域关联网络模型、创新驱动网络模型，以分析网络的整体结构，并识别网络中的关键节点，进而分析区域发展现状，为区域绿色设计标准的制定提供方法指导。

1. 交通互动网络模型——区域发展的基础

交通是城市发展的重要条件，影响着城市的区位。城际交通能够带动区域发展，提升区域发展能力。城市间便利的交通可降低其生产要素的流通成本，促进生产要素共享，加速城市间人流、物流、信息流的流通，形成点面结合，互相依托、相互支援的大发展格局。

区域交通互动网络模型，分析的关系要素主要为“城市—交通关联”。选择某一种交通类型，如铁路、公路、航空等，以城市为节点，城际交通线路为连边，连边的粗细可以表示连边的权重，在实际操作中，可以把两城市间车次作为连边的权重，建立区域有向含权交通网路模型。如图 5-15 所示，城市 a 指向城市 b 表明由城市 a 到城市 b 存在交通线路。

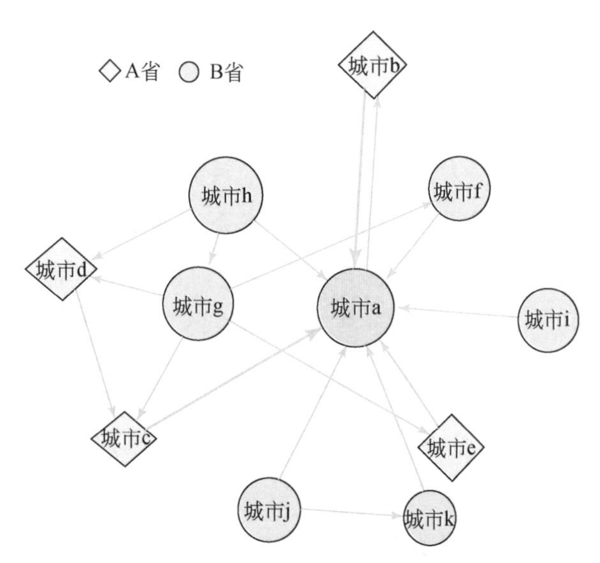

图 5-15　区域交通互动网络模型示意图

通过分析该网络模型，可以得出区域间交通网络的密集程度、城市间的可达性、城市

交通发展模式、重要交通枢纽、直观反映区域基础设施互联互通和运输服务一体化程度，从而为制定区域交通绿色设计标准提供基础与依据。

2. 经济关联网络模型——区域发展的载体

区域经济一体化是城市群形成的重要经济条件。城市的空间相互作用加强了城市内部之间、城市之间、区域之间的产业合作，实现区域间产业分工和产业合作的集约化，提高区域城市间联通度、降低物流成本、提高交通效率、形成产业集聚，最终实现整个区域的高效、健康发展。对城市间经济关系的准确判断和度量能了解区域经济结构，对区域经济结构的深度分析能了解区域的一体化状况。

经济引力论认为城市间经济联系存在着类似万有引力的规律，在一定区域范围内的城市间存在相互影响、相互作用的关系。空间相互作用模型是城市内部之间、城市之间、区域之间研究的经典模型。城市间经济联系的典型计算公式是

$$P_{ij} = \frac{\sqrt{P_i \times V_i} \times \sqrt{P_j \times V_j}}{D_{ij}^2} \tag{5-16}$$

式中，P_i、P_j 为两城市的人口指标；V_i、V_j 为两城市的经济指标，通常为城市或市区的 GDP 或工业总产值；D_{ij} 为两城市间距离。

修正后的引力模型为

$$R_{ij} = k_{ij}\frac{\sqrt{P_i \times G_i} \times \sqrt{P_j \times G_j}}{D_{ij}^2} \left(k_{ij} = \frac{G_i}{G_i + G_j}\right) \tag{5-17}$$

式中，R_{ij} 为城市 i 对城市 j 的经济联系；P_i、P_j 为两城市间的人口数；G_i、G_j 为两城市 GDP；D_{ij} 为两城市间的距离；k_{ij} 表示城市 i 对城市 j 的贡献率（侯赟慧等，2009）。

本报告节选中国 31 个省（自治区、直辖市）（暂不包含香港、澳门、台湾省，下同），研究全国省域范围内经济关联性。经济关联网络模型中，以 31 个省（自治区、直辖市）作为节点，连边关系通过修正引力模型计算得出。计算过程中假定两省距离为省会城市间的铁路里程数，两省之间经济联系越紧密，经济联系值就越大；两省之间的经济联系值如果小于1，说明两者间的经济联系很弱，本文将其记为0，即两者之间不存在连边。如图 5-16 所示，a 省和 c 省之间，表明 c 省对 a 省有经济关联，而 a 省对 c 省没有经济关联。

3. 创新驱动网络模型——区域发展的动力

互联网的发展，极大地带动经济和社会的发展，并不断改变经济发展方式和人们行为方式。随着新一代信息技术的广泛应用，网民数量不断增加，互联网正在向越来越多的产业加速渗透，利用互联网技术的创新层出不穷。2015 年兴起的以“用户为核心、互联网为渠道”为特征的互联网思维，成为新的创新发展驱动方式。创新扩散网络模型同样遵循社会网络分析距离、最短路径长度等测度指标的评价准则。在上述空间引力中，将城市或省的人口数改为网民数量，以此体现互联网对经济的带动作用，也在一定程度上体现了创新

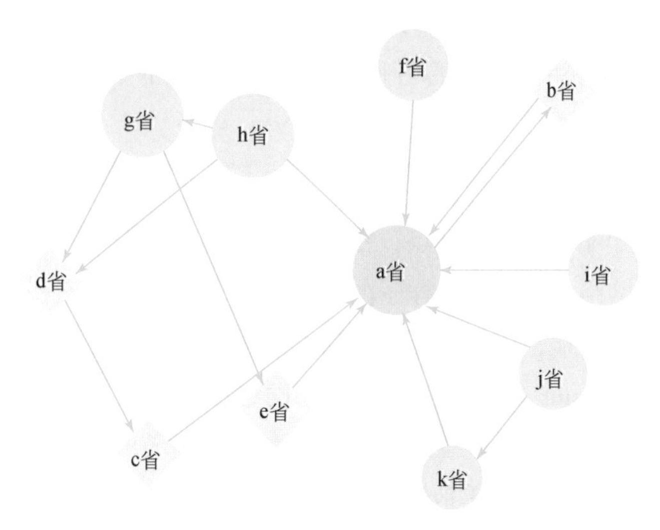

图 5-16　区域经济关联网络模型示意图

驱动的作用。模型中 R_{ij} 转化为城市 i 对城市 j 的创新驱动作用。同样选择 31 个省（自治区、直辖市），研究全国省域范围的创新驱动结构。

（二）分析绿色设计标准的网络模型

1. 网络整体结构分析

（1）网络密度（density）。网络密度是刻画整体网络结构特征的一个重要指标，指的是网络中各个成员之间联系的紧密程度，具体数值是通过网络中实际存在的关系数量与理论上可能存在的关系数量相比而得。成员之间的联系越多，该网络的密度也就越大。网络密度大意味着网络内节点之间的合作多、信息流动比较通畅，反之则往往存在着网络节点间的合作比较少、信息流动不通畅等问题。

（2）凝聚子群（cohesive subgroup）。凝聚子群大体就是指成员之间具有相对较强的、直接的、紧密的、经常的或者积极的关系所构成的一个成员的子集合。如果网络中存在较多的凝聚子群，并且这些凝聚子群间缺少交往，这样的关系结构不利于整体网络的发展。

（3）特征路径长度（average path length）。特征路径长度是指遍历所有节点对之间距离的平均值，反映网络的全局特性，与网络上要素传递的便捷水平负相关。特征路径长度越小，网络上要素传递的越快捷（Amaral et al.，2004）。

（4）网络直径（diameter）。网络直径指网络中任意两个节点之间最短距离的最大值，与网络上要素传播效率负相关。网络直径越大，表明网络的传播效率越低，反之，则越高。

2. 网络局部结构分析

聚类系数表征网络的局部聚集水平。设节点 i 有 k_i 个邻接节点，这些邻接节点之间实

际存在的关系数为 E_i，节点聚类系数为 E_i 与由邻接节点组成的完全图的边数之比（Watts，1999）。聚类系数主要反映网络的局部性质，与节点 i 的局部聚集水平正相关，表征网络内局部聚集水平的高低。

3. 节点中心性分析

“中心性”是社会网络研究的重点，指的是一个节点在网络中处于核心地位的程度，个人或者组织在社会网络中具有什么样子的权力，或者说居于什么样子的中心地位，对于信息在整个网络中如何传播，以及传播效果都有十分重要的意义。

（1）点度中心性（point centrality）。在社会网络中，一个行动者与其他很多行动者有直接联系，该行动者就处在中心地位。即朋友越多，越显示出来节点的重要性。以节点的入度（度）表示点度中心度。简单地说，如果一个点与其他许多点直接相连，我们就说该点具有较高的点度中心度。

一个节点 i 的度 k 定义为与它相连的节点的数目，一个节点的度越大就意味着这个节点越重要。对于有向图，节点的度可分为入度和出度两类。节点 i 的入度定义为指向节点 i 的节点的数目，出度为被节点 i 指向的节点的数目。出度和入度之和即位该节点的总的度。

（2）中间中心性（betweeness centrality）。如果一个行动者处在许多交往网络的路径上，可以认为此人处于重要地位，因为该人具有控制他人交往的能力，其他人的交往需要通过该人才能进行。因而中心度测量的是行动者对资源信息的控制程度。如果一个点处在其他点的交通路径上，则该点的中间中心度就越高。

（3）接近中心性（closeness centrality）。考察一个点传播信息时不靠其他节点的程度。当行动者越是离其他人接近，则在传播信息的过程中越是不依赖其他人。因为一个非核心成员必须通过其他人才能传播信息，容易受制于其他节点。因而，如果一个节点与网络中其他各点的距离都很短，则该点是整体重心点。

（4）特征向量中心性（eigenvector centrality）。把与特定行动者相连接的其他行动者（节点）的中心性考虑进来进而度量一个行动者（节点）的中心性指标。例如一个节点 A 及其三个朋友都有很多连接对象，另一个节点 B 及其三个朋友没有什么连接的对象，两者相比，A 的特征向量中心性较高。

（三）基于社会网络分析理论的区域绿色设计标准

基于社会网络分析理论，可以从总体上把握区域发展模式，如单中心、双中心、多中心或平等型模式，根据绿色发展目标，选择合适的发展模式；通过节点指标分析，找到重要节点；通过增删网络节点或连边，进行网络模型结构改进。区域绿色设计的目的是提高城市间联通度，降低物流成本，减少交通污染，避免交通拥堵、提高交通效率，促进产业集聚，以达到区域高效、稳定、健康发展。

1. 整体结构绿色设计标准

创新驱动网络各项指标均低于经济关联网络模型，说明区域创新驱动发展水平不如经济一体化水平。经济互动网络，凝聚子群1连入度小于连出度，说明其对其他地区的经济影响程度高于其他地区对自身的作用，凝聚子群2、3均是连入度大于连出度，说明受其他地区经济影响程度高于自身对周边地区的作用。创新驱动网络，凝聚子群1连入度小于连出度，说明其对其他地区创新驱动影响程度高于其他地区对自身的影响，凝聚子群2、3、4均是连入度大于连出度，说明受其他地区创新驱动影响程度高于自身对周边地区的作用（表5-24）。

表5-24　区域经济关联和创新驱动网路模型指标分析

网络类型	经济关联网络模型	创新驱动网络模型
节点	31	31
边	775	688
网络密度	0.833	0.740
凝聚子群1	北京、天津、河北、山西、内蒙古、辽宁、吉林、黑龙江、上海、江苏、浙江、安徽、福建、江西、山东、河南、湖北、湖南、广东、广西、重庆、四川、贵州、云南、陕西、甘肃	北京、天津、河北、山西、内蒙古、辽宁、吉林、黑龙江、上海、江苏、浙江、安徽、福建、江西、山东、河南、湖北、湖南、广东、广西、重庆、四川、陕西
凝聚子群2	海南、青海、宁夏、新疆	贵州、云南、甘肃
凝聚子群3	西藏	海南、青海、宁夏、新疆
凝聚子群4	—	西藏
平均聚类系数	0.904	0.834
平均路径长度	1.169	1.269
网络直径	3	4
平均度	25	22

2. 重点地区绿色设计标准

点的入度（in degree）指关系“进入”的程度，在经济关联网络模型中表示受其他地区经济影响的程度，在创新驱动网络模型中表示受其他地区创新驱动影响的程度；点的出度（out degree）指关系“出去”的程度，在经济关联网络模型中表示影响其他地区经济的程度，在创新驱动网络模型中表示影响其他地区创新驱动的程度。

在经济关联网络模型中（图5-17），广东和四川点的出度最高，表明其在全国经济发展中的核心地位，陕西和甘肃点的入度最高，表明其在全国经济发展中，受其他地区经济影响程度高于自身对周边地区的作用；中间中心性最高的是广东，表明广东对其他地区的经济交流合作具有较大的控制能力；接近中心性最高的是西藏，说明西藏比较独立，对其他节点的依赖性小，也在一定程度上反映了西藏与其他地区经济联系少；特征向量中心性最高的是甘肃和陕西，说明与甘肃或陕西直接进行经济互动的地区，它们的中心性较高。

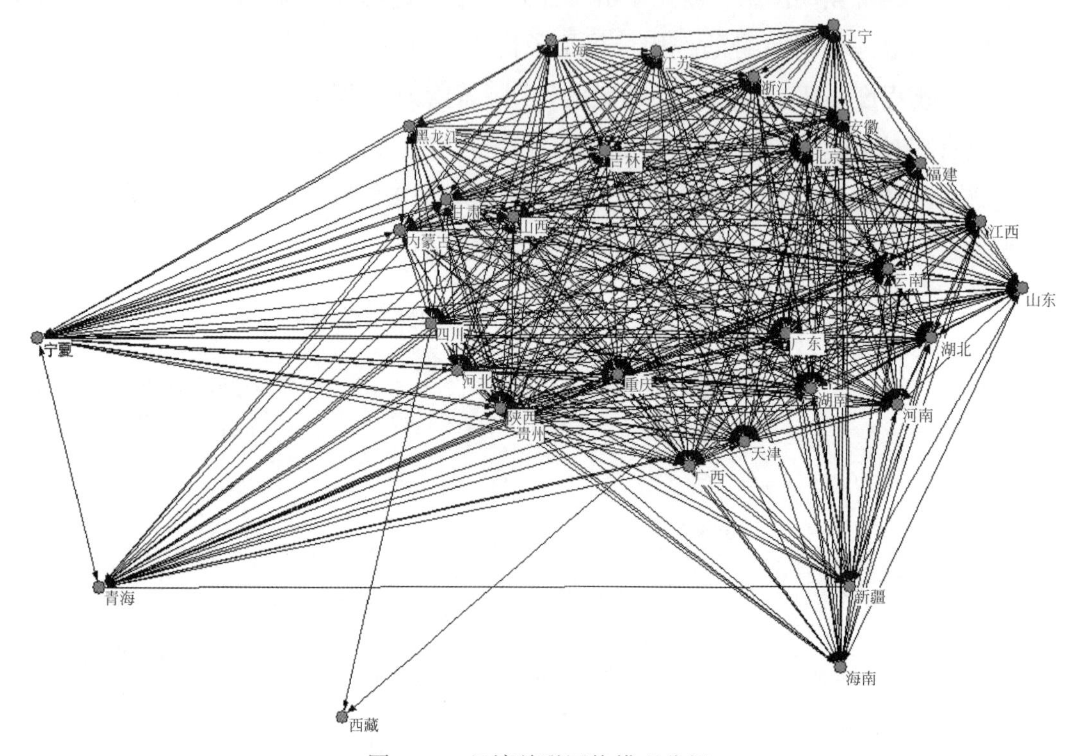

图 5-17　经济关联网络模型分析

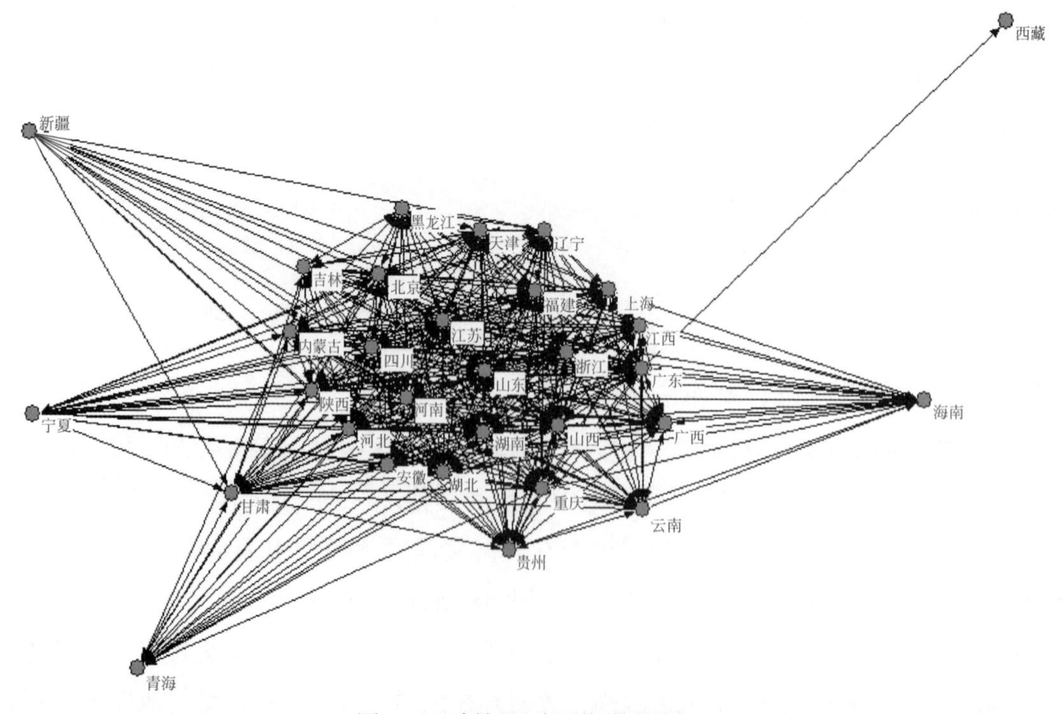

图 5-18　创新驱动网络模型分析

创新驱动网络模型中（图5-18），广东点的出度最高，表明了其在全国空间创新发展中的核心地位，甘肃点的入度最高，表明受其他地区的创新驱动影响程度大，同时也表明在全国范围内创新发展的活跃性；中间中心性最高的是甘肃，说明甘肃是连接西部地区与中东部地区的中间桥梁；接近中心性最高的是青海，说明青海进行经济互动时，对其他节点的依赖性小；特征向量中心性最高的是甘肃省，说明与甘肃直接进行创新驱动关联的地区，它们的中心性较高（表5-25）。

表5-25　区域经济关联和创新驱动网路模型节点中心性分析

地区	经济关联网络模型					创新驱动网络模型				
	连入度	连出度	中间中心性	接近中心性	特征向量中心性	连入度	连出度	中间中心性	接近中心性	特征向量中心性
北京	25	29	0.50	1.03	0.90	23	27	3.73	1.10	0.88
天津	25	27	0.08	1.10	0.90	22	25	0.77	1.17	0.84
河北	27	29	5.76	1.03	0.97	25	29	6.75	1.03	0.95
山西	27	29	5.76	1.03	0.97	25	27	4.72	1.10	0.95
内蒙古	27	28	5.17	1.07	0.97	24	27	14.29	1.10	0.92
辽宁	25	29	0.50	1.03	0.90	22	27	1.70	1.10	0.84
吉林	25	26	0.00	1.13	0.90	21	21	1.91	1.30	0.81
黑龙江	25	26	0.00	1.13	0.90	20	20	0.00	1.33	0.77
上海	25	29	0.50	1.03	0.90	24	27	2.33	1.10	0.91
江苏	25	29	0.50	1.03	0.90	25	29	6.75	1.03	0.95
浙江	25	29	0.50	1.03	0.90	24	29	3.92	1.03	0.91
安徽	26	29	1.84	1.03	0.93	25	29	6.75	1.03	0.95
福建	25	29	0.50	1.03	0.90	24	28	3.27	1.07	0.91
江西	26	29	4.37	1.03	0.93	24	26	2.00	1.13	0.91
山东	26	29	1.84	1.03	0.93	25	29	6.75	1.03	0.95
河南	27	29	5.76	1.03	0.97	25	29	6.75	1.03	0.95
湖北	26	29	1.84	1.03	0.93	25	29	6.75	1.03	0.95
湖南	27	29	5.71	1.03	0.96	25	29	6.75	1.03	0.95
广东	27	30	47.37	1.00	0.93	25	30	48.92	1.00	0.94
广西	26	29	4.37	1.03	0.93	23	24	11.91	1.20	0.88
重庆	21	6	0.00	1.80	0.75	23	26	4.03	1.13	0.89
四川	26	29	1.84	1.03	0.93	25	29	6.75	1.03	0.95

续表

地区	经济关联网络模型					创新驱动网络模型				
	连入度	连出度	中间中心性	接近中心性	特征向量中心性	连入度	连出度	中间中心性	接近中心性	特征向量中心性
贵州	26	30	15.84	1.00	0.93	23	20	2.40	1.33	0.89
云南	26	28	3.98	1.07	0.93	21	20	0.34	1.33	0.82
陕西	26	29	4.37	1.03	0.93	26	28	17.43	1.07	0.98
甘肃	28	29	19.09	1.03	1.00	27	17	64.30	1.47	1.00
青海	28	28	17.51	1.07	1.00	16	1	0.00	2.43	0.63
宁夏	26	3	0.08	1.93	0.93	20	3	0.00	1.97	0.78
海南	27	7	1.41	1.80	0.97	17	2	0.00	1.93	0.66
新疆	22	13	0.00	1.57	0.79	13	1	0.00	2.40	0.51
西藏	2	1	0.00	1.97	0.07	1	0	0.00	0.00	0.04

综上可得：

(1) 经济互动网络中，甘肃和陕西点的入度高，特征向量中心性高，表明两省受其他地区经济影响程度大，与其他省经济联系紧密，两省份的中心性高，可以认为这两省在西部地区发展中处于重要地位。发展西部经济，进行西部大开发战略，应该大力扶持甘肃、陕西的发展，将其培植为西部经济发展的中心带动城市，促进其对西部地区带动作用以及加强西部地区与中东部地区经济合作的拉动作用。

(2) 无论是在经济互动还是创新驱动网络中，广东都具有重要的地位与作用，因此在进行区域绿色设计时，一定要充分利用和发挥广东的辐射效应。

(3) 无论是在经济互动还是创新驱动网络中，西藏的点度中心性都最低，表明与其他地区联系极少，对其他地区几乎没有影响作用，并且受其他地区影响程度极低。只有四川和广东对西藏具有经济带动，可以通过加强这两省以及与这两省直接相连的省份同西藏的经济交流与合作，以提高全国范围内的经济一体化水平。同时，只有广东对西藏有创新驱动作用，可以通过提高广东及与广东直接相连的省份与西藏的联系，提高西藏在创新驱动网络中的作用，进而提高整体区域创新驱动水平。

(4) 创新驱动网络中，甘肃的中间中心性和特征向量中心性最高，表明甘肃在区域创新发展中处于重要位置，发挥着重要作用。在进行区域创新发展过程中，要着重关注甘肃的发展，以加大东、中部地区与西部地区创新联动水平。

因此，进行区域设计时，要充分参考借鉴上述指标，力求在区域规划设计时，能够大幅度地优化网络结构指标。通过搜集准确数据、建立合理精准网络模型，反复增删节点和连边进行仿真实验，寻求到最佳网络模型，求得最优指标指导区域绿色设计。

三、基于社会网络分析理论的绿色设计标准应用——京津冀协同发展生态圈

（一）京津冀协同发展规划

2015年4月30日，中共中央政治局召开会议，审议通过《京津冀协同发展规划纲要》。纲要指出，推动京津冀协同发展是一个重大国家战略，战略的核心是有序疏解北京非首都功能，调整经济结构和空间结构，走出一条内涵集约发展的新路子，探索出一种人口经济密集地区优化开发的模式，促进区域协调发展，形成新增长极。首要目标要在京津冀交通一体化、生态环境保护、产业升级转移等重点领域率先取得突破①。

纲要明确指出，北京市定位为“全国政治中心、文化中心、国际交往中心、科技创新中心”；天津市定位为“全国先进制造研发基地、北方国际航运核心区、金融创新运营示范区、改革开放先行区”；河北省定位为“全国现代商贸物流重要基地、产业转型升级试验区、新型城镇化与城乡统筹示范区、京津冀生态环境支撑区”（邓琦等，2015）。

非首都功能主要有两大类。首先，从经济角度考虑，一些相对低端、低效益、低附加值、低辐射的经济部门；其次，区位由非市场因素决定的公共部门。而疏解去向，除了河北、天津等周边区域，还包括从市区疏解至郊区。除了公共部门，经济功能疏解的重点包括，区域流通网络枢纽功能，培育天津、石家庄、唐山区域性枢纽机场，疏解首都航空运输压力；将大红门、动物园服装批发市场等区域性商品批发交易市场迁往市中心50公里以外地区。

京津冀与珠三角、长三角不一样，它是一个双核的结构。过去京津冀一体化比较滞后，是因为没处理好北京与天津的关系，未来要推进京津冀的协同发展，核心问题也是京津的关系怎么处理好。“把合作发展的工夫主要下在联动上，努力实现优势互补、良性互动、共赢发展。”

同时，《纲要》明确提出“支持山东德州建设京津冀产业承接、科技成果转化、优质农产品供应、劳动力输送基地和京津冀南部重要生态功能区”。德州作为山东全省唯一纳入规划的城市，“一区四基地”战略地位正式确立②。

---

① 京津冀协同发展规划纲要 . http：//baike. baidu. com/link? url = c8uWnGG6rFLDjqsrnhrbVFEq6vIF - lJ1LyKzj9VN6A9EQ5Osp91Wgv1cD32d9IbpybI2Rtet2EXnzI _ OBNFdXkcgtkHS57mAtEm9Xbu3LqH8CM9qCdkCJhN _ pExnelIz4mvzwLkDYTn_ 1XSzc4t5rbxyedxmPMyvkacj6TxcVzL8u6mjXidY6hsayTgz6NOzWAGYKm5oZwcjzpo7L1R3_ 。

② 德州纳入京津冀规划详解“一区四基地”战略地位 . http：//society. people. com. cn/n/2015/0715/c136657-27309003. html。

（二）京津冀城市群与长三角经济区交通网络对比分析

中国三大经济区，长三角和京津冀分别处于南北两个东部沿海经济圈，且都是直辖市带省的发展状态，区位和城市规模相似，具有可比性。依照上述方法，建立区域交通互动网络模型，计算网络模型指标，进行对比分析（表5-26）。

表5-26　区域交通网络指标对比

区域	长三角经济区	京津冀城市群	京津冀城市群（含德州）
节点/个	24	13	14
边/条	356	145	169
网络密度	0. 645	0. 929	0. 929
凝聚子群1	上海、南京、无锡、徐州、常州、苏州、镇江、杭州、宁波、温州、绍兴、嘉兴、金华、衢州	北京、天津、张家口、秦皇岛、唐山、廊坊、石家庄、沧州、衡水、邢台、邯郸	北京、天津、张家口、秦皇岛、唐山、廊坊、石家庄、沧州、衡水、邢台、邯郸、德州
凝聚子群2	湖州、台州、丽水、南通、泰州、扬州	保定、承德	保定、承德
凝聚子群3	连云港、淮安、盐城	—	—
凝聚子群4	宿迁	—	—
平均聚类系数	0. 832	0. 933	0. 933
平均路径长度	1. 355	1. 071	1. 071
网络直径	2	2	2
平均度	15	11	12
平均加权度	506	301	316
连入度较高者	徐州、南京、上海	北京、天津、廊坊、石家庄、邢台、邯郸	北京、天津、廊坊、石家庄、邢台、邯郸
连出度较高者	徐州、南京、上海、无锡	北京、天津、廊坊、石家庄、邢台、邯郸	北京、天津、廊坊、石家庄、邢台、邯郸
介数中心性较高者	徐州、南京、无锡、上海、镇江	北京、天津、廊坊、石家庄、邢台、邯郸	北京、天津、廊坊、石家庄、邢台、邯郸
紧密度中心性较高者	宿迁、连云港、盐城、淮安、湖州	承德、保定、沧州	保定、承德、沧州
特征向量中心性较高者	徐州、南京、上海、嘉兴、杭州	北京、天津、廊坊、石家庄、邢台、邯郸	北京、天津、廊坊、石家庄、邢台、邯郸

注：计算过程所需数据来源于中国铁路网。

京津冀城市群：北京、天津，保定、张家口、秦皇岛、唐山、石家庄、廊坊、邢台、邯郸、衡水、沧州、承德，德州。共14个城市。

长三角城市群：上海、南京、无锡、徐州、常州、苏州、南通、连云港、淮安、盐城、扬州、镇江、泰州、宿迁、杭州、宁波、温州、绍兴、湖州、嘉兴、金华、衢州、舟山、台州、丽水。共25个城市。

综上可得：

（1）京津冀城市群的铁路交通网络密度大、平均聚类系数高，平均路径长度较短，说明各城市间交通联系紧密，城市间可达性高、交通极度便捷，整体发展水平优于长三角经济区，但加权平均度小于长三角经济区，说明京津冀铁路车次不如长三角经济区频繁。

（2）长三角经济区存在较多凝聚子群，交通发展已有去中心化趋势，交通类型属于多城市驱动型，但同时需要加大凝聚子群间的联系，以避免过多的凝聚子群降低传播效率。京津冀中心化程度较高，交通规划的核心是要培植新的交通发展增长极，疏解北京、天津等中心城市的交通压力，促进区域交通一体化发展。

（3）长三角经济区中连云港、淮安、盐城、宿迁交通发展落后；京津冀城市群中承德、保定交通发展落后，以后进行区域交通规划时，应重点提高这些落后城市的交通发展水平。

（4）京津冀发展规划纲要将德州纳入规划之中，在不影响其他指标的前提下，提高了网络平均度和加权度，此举措有利于京津冀城市群的交通发展，该举措符合绿色设计原则。

（5）社会网络分析方法为区域绿色设计提供了研究新思路和切实可行的新方法，将某城市纳入规划时，一定要考虑纳入后对整个区域交通、经济互动、创新驱动网络的影响，要以加强区域间联系、提高区域沟通效率，降低交流成本、优化区域结构为设计标准。

综上所述，本节利用社会网络分析理论对中国绿色设计标准通则的拟定和案例研究提供了方法和理论基础。该理论从发展与环境保护协同理念出发，构建了区域交通网络、经济关联网络、创新互动网络模型，为制定区域交通、经济一体化、创新互动绿色设计标准提供依据。

第五节　基于人因分析理论的绿色设计标准

人作为产品或系统生命起源的开发设计者，生命过程中的操作使用者以及生命结束时的处置者，其重要地位不言而喻。随着工业化的迅猛发展，对人类生活产生重要影响的大型工程系统不断出现，随之而来，由于人因失误引发的安全事故层出不穷，使得人因成为工业设计与管理过程中必须考虑的重要因素。随着社会文明的进步，以人为本的设计理念不断发展并逐渐深入人心，绿色设计的最终目标不仅是实现产品绿色、环境绿色，还要提高人的幸福感，实现心灵绿色，因此本节运用人因分析理论旨在为绿色设计标准的制定提供理论和方法基础。

一、人因分析理论

（一）人因分析理论的内涵

1. 人因分析历史渊源

人因分析来源于人类工效学，随着人类工效学的逐渐发展与完善以及社会的不断发展与进步，人因分析理论也逐步发展与成熟，既源于人类工效学，又不同于人类工效学。

“ergonomics”一词于1857年被提出，它源自于希腊文，由词根“ergon”（即工作、劳动）和“nomos”（即规律、规则）复合而成，意为人的劳动规律。1949年英国成立了英国人类工效学研究协会，1959年，国际人类工效学学会（IEA）宣告成立，1989年，中国正式成立了中国人类工效学学会。人类工效学有多个别称，欧洲通常使用人类工效学，美国通常使用人体工程学（human engineering）和人因素工程学（human factors engineering），现在更多地使用后者。

人类工效学发展初期，是以机械为中心的设计时代，着重于“人适机”，即以科学社会学的标准来衡量，充分利用人体机能，通过训练员工、改善劳动环境和改进机器来提高效率，重点强调个体的行为失误。

人类工效学逐渐形成期，即人机界面设计时代，强调多学科综合研究，逐渐从“人适机”转向“机宜人”。尤其是第二次世界大战期间的一系列意外事故的发生，使人们重新审视人与机器的关系，发现在人与机器的关系中主要的制约因素是人而不是设备，并由此引起对“人的因素”的重视，直接导致了现代人类工效学的产生（冯阳，2004），逐步确定了以“人的因素”为核心的研究方向。

人类工效学不断完善期，即人与机器相互适应时代，强调“人机匹配”。发展至该阶段，人类工效学的学科建设逐步健全，学科发展逐渐深入。

20世纪80年代前后，三里岛核电站事故、印度Bhopal化工厂毒气泄漏、切尔诺贝利核电站事故、挑战者航天飞机失事，这些由人因失误引发的震惊世界的大灾难，使得人们逐渐意识到人因失误是复杂人机系统中最重要的事故诱因。同时，发现了组织管理对个体的重要作用，人的因素应从个体扩展到“系统中、组织中的人”，突出人的社会属性和精神属性（张力和王以群，2004），强调组织管理对系统效率和人员可靠性的影响作用。

人类工效学研究范畴的不断扩大，首先是为对人体尺度与设计对象关系问题的关注；其次，从生理层面进一步发展到心理层面的研究；然后，从对工具的尺寸、形状等方面的研究发展到对环境的研究（曾山和关惠元，2012）。同样，人因分析的研究范畴和研究层次也得到了不断地扩大与深入，其概念已经延伸到所有关于人的行为策略的因素，其研究已经逐步扩展到了社会问题。中国学者沙基昌等于2010年提出了基于人因的社会设计工程（沙基昌和王继红，2010），使得现代人类工效学的研究变得十分复杂，研究模型也变得多样化和复杂化。

2. 人因分析概念解析

国际人类工效学学会对工效学概念的权威界定是：研究各种工作环境中人的因素、研究人和机械与环境的相互作用，研究工作中、生活中甚至休闲时怎样考虑工作效率、人的健康、安全、舒适等问题的学科（刘志坚，2002）。工效学研究内容主要涉及人的特性、人和机器的关系、环境条件、劳动方面。

人因分析，广义是指分析人在系统中的功能、作用和影响。狭义是特指人对系统可靠性的影响，包括传统的人因可靠性分析、人因失误分析、人机界面分析、人的特性分析等（张力和王以群，2004）。

人因可靠性分析的研究开始于20世纪50年代（谢红卫等，2007），其含义是正确评估由于人为差错导致的风险和寻求降低人为差错影响的方式（Kirwan，1994）。人因可靠性分析也可作为一种方法，用来对人机系统中人的可能性失误对系统正常功能的影响作出评价。因此，它也可视为一种预测性工具，具有定性和定量的两个部分；人因可靠性分析还可以作为一种设计、改进或再改进系统的工具，以便将重要的人的失误概率减少到系统可接受的最小限度（高佳和黄祥瑞，1999）。

人因失误是指人未发挥自己本身所具备的功能而产生的失误，它有可能降低人机系统的功能；从可靠性工程的角度，可定义为：在规定时间和条件下，人没有完成所分配的功能及任务；从心理学的角度，可定义为：失误是指所有这样的现象，即人们虽然进行了一系列有计划的心理操作或身体活动，但没有达到预期的结果，而这种失败不能归结为某些外界因素的介入。从复杂人机系统角度，可定义为：人因失误是指在没有超越人机系统设计功能的条件下，人为了完成其任务而进行的有计划行动的失败（张力和王以群，1996）。

3. 人因分析理论方法

人因可靠性分析方法有很多种，根据出现的时间顺序和侧重点，分为第一代和第二代人因可靠性分析方法。第一代人因可靠性分析方法主要是利用结构化建模和数学计算等方式，常用方法包括专家打分、维修个人效绩模拟模型、人误率预测技术、人的认知可靠性模型和操纵员动作树系统等方法。

第二代人因可靠性分析方法在分析过程中建立了人的认知过程模型，试图从认知方面着手，通过分析环境条件、操作员本身和设备自身状态等人为差错诱因，来描述人为差错产生机理（谢红卫等，2007），包括人的失误分析技术、认知可靠性与失误分析方法。

（二）人因分析理论的应用

人因分析涉及生理学、心理学、解剖学、医学、工程技术学、管理学及其他学科的许多有关方面，其研究的领域十分广泛；可以说，在过去的几十年，人因分析对高科技系统的合理设计和安全评价作出了极其重要的贡献（Cacciabue，1997）。人因分析的最终目的在于合理利用资源、维护人类健康、注重发展质量、提高生活质量。

总体来说，人因分析主要用于事故安全管理和工业设计中，目的都是提高安全性、健康性、高效性和舒适度。具体来看，在个体层面，人因分析已经被用来提升工作的满足感、缩短学习周期、减少旷工现象、减少错误；在机器层面，人因分析已经被用来提高可靠性、提高系统和机具的使用效率、提高生产能力、便于维护；在组织层面，人因分析已经被用来减少劳动周转；在人机适应层面，人因分析已经被用来降低事故和伤害的比率；在产品设计层面，人因分析被用来促使产品更加简单易行、促使产品更加美观、提高使用者的舒适性、增加产品和服务的竞争力。总而言之，人因分析在设计中将会发挥越来越重要的作用。

（三）人因分析理论与绿色设计标准

社会设计要抓住问题的本质，才能促进社会协调和有序；社会设计要具有美感和共鸣，才能撞击人们的心灵，掀起社会幸福生活运动。

社会本身决定了社会问题具有普遍性、可塑性、变异性、复合性和周期性；人的因素决定了社会问题具有复杂性和不可重复性。社会问题是以人为中心的，而人的复杂性导致必须运用人因分析理论来研究社会绿色设计。

社会绿色设计，即在社会问题中开展绿色发展和绿色行为的规范，绿色设计标准强调设计的无污染、可持续、经济、安全等特性，是将人因分析理论运用到绿色设计中，就是在设计时纳入人的因素，充分利用人的主观能动性，正确把握人的心理状态，不仅考虑人的身体条件和需要，还要考虑人的社会和精神需要，使设计具有人性化，满足人的舒适性；同时，人还有总体和个体之分，既要考虑整体普适需求，又要考虑个体特殊需要，绿色设计还要满足安全性和经济性要求。

通过人因分析，可以为绿色设计安全性标准、绿色设计满意度标准、绿色设计低成本标准、绿色设计高效率标准提供一定的理论和方法指导。

二、基于人因分析理论的绿色设计标准制定

（一）构建绿色设计标准的人因分析模型

构建人因社会模型是绿色设计标准研究的基础。人因社会问题涉及四个基本概念，即

人，这里称之为局中人；社会状态；目标函数，即局中人追求的个人目标以及所有局中人目标的集合；行为策略集，即局中人的个人行为策略以及所有局中人行为策略集合。其中，局中人可以是自然人，也可以是法人、团体甚至国家，它是人因社会模型中最基本的概念；社会状态，更强调对环境的定量描述，局中人的所有策略、行为都会引发社会状态的演变，同时，社会状态也对局中人价值的实现程度进行反馈，要对社会状态进行充分、合理的简化；目标函数应该根据实际情况而定，既要满足物质或经济的利益还要考虑社会和精神的需要，这决定了目标函数的多维性；策略是局中人的能动作用，局中人通过所选择的策略来影响社会状态的变化，甚至影响其他局中人的策略，并进而影响社会状态。

考虑到局中人在社会问题中具有不同的作用，利用人因社会问题的五元组模型公式(5-18)：主局中人$M(M \in P)$、局中人P、社会环境状态S、局中人的目标函数G、所有可行的策略a全体构成$A=\{a\}$（沙基昌，2012）。

$$D=(M, P, S, G, A) \tag{5-18}$$

$$S(0)=S(S_0, a), a \in A \tag{5-19}$$

$$G(0)=G(S, a), a \in A \tag{5-20}$$

$$S(0)=S_0 \tag{5-21}$$

该模型首先要确立社会状态S的初值$S(0)=S_0$，需要反复认识、多重循环迭代来使上述基本概念表述清晰，还需要使行为策略和社会状态相匹配，在此过程中要考虑到观念创新和策略创新。

（二）分析绿色设计标准的人因分析模型

分析绿色设计标准的人因分析模型，关键是寻找社会状态与最优行为策略的匹配解。根据上述模型（公式5-18），正确量化表示社会状态变化对其初值及众人行为策略的依赖关系（公式5-19），局中人目标函数实现值对社会状态及其自身行为策略的依赖关系（公式5-20），使之同时满足社会状态演变规律（公式5-19）以及最优化条件（公式5-22）。

$$G_p(S(S_0, a), a_p)=\max G_p(S(S_0, a(p: \bar{a}_p)), \bar{a}_p), \bar{a}_p \in A_p, a(p: \bar{a}_p) \in A \tag{5-22}$$

式中，p指局中人；a_p指局中人选择的策略；$\bar{a}_p$指局中人p的另外一种可选的行为策略；a（p：$\bar{a}_p$）表示全体局中人的一种策略函数。

采用定性与定量有机结合的方法，考虑环境和局中人之间的相互影响，对社会状态演变的作用以及社会状态对局中人的反馈，不断进行调整与改进，视实际情况，规定局中人行为策略的选择原则，包括最低成本原则、最有效果原则、成本和效果可接受原则，不断反复迭代，直到求得社会设计的满意解，即主局中人的行为策略，可期待的众人行为策略和可期待的社会状态演化规律。

三、基于人因分析理论的绿色设计标准应用——日本神户：社会设计解决社会问题

日本神户市是日本美丽而又最具异国风情的国际贸易港口城市。2007 年，该市入选福布斯“世界最美 25 城市”，2008 年成为亚洲首个由联合国教科文组织命名的“设计之都”。神户注重“大设计”理念，即“设计”不仅是对外观的设计，更是对解决城市经济社会问题的规划、政策制度、体系及机制、思维方式方法的设计。

设计之都——神户市的创意主体是每一个市民。“解决社会问题的设计”项目的推动机制由“发声—点子—行动”三步骤构成。首先，用一年时间广泛征集市民的意见建议，从而发现亟须解决的社会问题（发声）；其次，通过举办研讨会和设计竞赛等，发动市民想办法、出点子，并充分讨论提炼，形成设计方案（点子）；接下来，市民、政府、企业三方共同努力，使最终方案变成可操作的项目，并落地实施（行动）。

（一）超老龄化社会对策设计

2010 年，日本的人口老龄化率就已达 23%，列世界第一位。2011 年，神户市举办了“超老龄社会对策设计竞赛”，以生活习惯病的预防、人际交往和社会参与、心理健康等三个主题和自选主题，面向社会征集对策设计方案。

获“无缘社会”对策设计奖的“友爱病历卡”作品，提出由学校组织小学生每周一次到老人集中的医院、诊所等为老人问诊，详细询问老人身体健康状况，填写病历反馈记录，然后将记录交给医生，医生阅读后做出专业点评，送学校老师，老师按照医生点评批改后，发还给学生，学生再对记录和修改意见分组讨论。

获“心理健康”对策设计奖的“烦恼储蓄存折”，提出由政府机构建立和营运一个专门“储蓄”烦恼的网站。使用者可登录网站，将自己的烦恼事或高兴事以文字形式输入，系统自动换算成 U 币金额作为“存款”或“取款”以银行存折的形式显现，余额是扣除高兴事后余下的烦恼换算成 U 币后的值。使用者之间可共享烦恼信息，对烦恼储蓄余额较大的人，网站营运方将会同专门的心理咨询人员采取干预措施，为之疏导排解。

（二）食品安全流通对策设计

神户的食品安全社会设计项目中，“本地蔬菜采购券”方案设计获得金奖。消费者购

买采购券后，通过专门网站或在便利店等处查询本地蔬菜及其他农产品和生产农家的详细信息，输入品名、生产农家编号、联系方式等进行预订，在指定日期内凭券前往便利店等代理店铺取货，或在采购券注明的期限内，根据网站、便利店等发布的信息前往蔬菜种植地采摘。采购券注明每种蔬菜的采摘日期和期限，一般为双休日和节假日，采摘地选在距离消费者最多半天可开车来回的郊区农村，采摘还可与农业观光体验活动结合。

该设计方案：一是农产品能保证“来路”明确；二是消费者在农产品品种、购买时间和方式上的选择余地都很大；三是按需采摘和运送，没有库存，运输也不需花费很长时间，保证新鲜；四是采取消费者到24小时营业且遍布市区的便利店等代理店铺自提方式，极大方便了上班族消费者、行动不便的老年人等购买本地农产品；五是有利于本地农产品开拓新销售渠道，发展农业体验观光旅游，农家还可借此掌握市场信息；六是采购券的制作、专门的网站经营、农产品和采购券的销售结算、农产品的采摘和运输等，与生产农家和便利店等代理店铺的联系全部由一家专门的企业负责经办，责任明确，容易监管，能更好地保证服务质量（刘平，2014）。

套用社会设计五元组模型分析神户的社会设计项目，其局中人是普通市民，主局中人是该设计的针对人群，社会环境状态是日常生活环境，目标函数是在各种因素作用下解决实际社会问题，行为策略集是市民在此设计下的各种行为，最终求得社会设计的“解”。

综上所述，本节利用人因分析理论对中国绿色设计标准通则草案的拟定和案例研究提供了方法和理论基础。该理论从人的因素对设计的重要作用出发，通过构建了人因社会模型，并基于原有国家安全和质量标准，目的是建立更加环境友好、资源节约、公平高效、安全满意、质量提高的绿色设计标准。

专栏5-3 绿色设计标准制定框架

（一）确定目标函数

作为绿色设计指导性标准技术文件，必须从评价对象的一般原则、特殊属性及完整过程考虑针对不同层次上的标准，并通过运用相关知识、技能和工具来设立未来有限时间内可达到的合理优化目标。

（二）绿色设计时间表

针对不同评价对象本质上的独特性，结合绿色设计一般流程，设定明确的始末时间点，同时严格规定各阶段实现目标函数的允许时间区间，并在整个时间表内加入进度控制与监控机制，从而实时进行合理干预，以保证目标顺利达成。

（三）绿色设计路线图

为了增加绿色设计标准制定的客观性与适用范围，必须从整体上考虑不同评价对象在整个周期内可能涉及的各种因素，按照已设定的各阶段目标函数及绿色设计时间表，最终确立符合缜密逻辑性的生产路线设计流程图。

（四）技术经济分析

以“绿水青山也是金山银山”为指导准则，总结被研究个体产生流程的一般规律和实践经验，建立一系列可能的技术方案，并对各种方案从技术、经济、社会、环境等方面进行计算、比较与论证，从而确立最优可实施方案。

（五）生态环境响应

绿色设计标准制定过程必须时刻把握可持续发展理念的指导思想，通过深入调查评价对象的特有本质和一般发展规律，充分研讨其在各个阶段可能造成的不良生态环境响应，从而拟定有效防范措施，从根本上降低负面影响。

（六）寻优修订

初始绿色设计标准制定后，通过咨询相关领域专家、分析实际统计数据，不断进行检测与修订，以保证标准的严谨性与合理性。同时，随着时间的推演与技术的革新，实时对标准中各指标规定区间进行合理调整，从而符合适应当前生产需要。

（七）综合评价

绿色设计标准应建立综合评价指标体系，并对指标体系中各指标结合侧重点进行加权处理，以保证评价的科学性。根据评价体系从多个方面综合评估对象的整体状况，同时设立鼓励与惩罚机制，保证标准的有效实施。

第六节　拟定中国绿色设计标准通则（草案）

一、范　　围

本标准规定了进行绿色设计相关内容时的通用原则和要求。

本标准适用于直接参与绿色设计和开发过程的人员、负责制定组织政策的决策者和制定具体标准的人员。

二、规范性引用文件

下列文件对本文件的应用是必不可少的。凡是注日期的文件，仅注日期的版本适用于本文件。

GB/T 32161 生态设计产品评价通则；

GB/T 22336 企业节能标准体系编制通则；

GB/T 7119　节水型企业评价导则；

GB/T 50326 建设工程项目管理规范；

GB/T 50649 水利水电工程节能设计规范；

GB/T 20014 良好农业规范；

GB/T 3723　工业用化学产品采样安全通则；

GB/T 26720 服务业清洁生产审核指南编制通则；

GB/T 50442 城市公共设施规划规范；

GB/T 50420 城市绿地设计规范；

GB/T 27768 社会保险服务总则；

GB/T 28284 节水型社会评价指标体系和评价方法；

GB/T 30258 钢铁行业能源管理体系实施指南；

GB/T 50648 化学工业循环冷却水系统设计规范；

GB/T 50378 绿色建筑评价标准；

GB/T 28569 电动汽车交流充电桩电能计量；

GB/T 23331 能源管理体系要求；

GB/T 25466 铅、锌工业污染物排放标准；

GB/T 26119 绿色制造机械产品生命周期评价总则；

GB/T 24040 环境管理生命周期评价原则与框架；

GB/T 19000 质量管理体系；

GB/T 24001 环境管理体系要求及使用指南。

三、术语和定义

上述引用标准中给出的以及下列术语和定义适合于本标准。

绿色设计

绿色设计全面表达了微观、中观与宏观三个层次。对于微观层次，主要考虑产品、工艺等具象化设计；对于中观层次，主要考虑行业、工程、产业链等综合化设计；对于宏观层次，主要考虑国家、区域、城市等长远性规划的战略性设计。

四、绿色设计的目标框架

绿色设计是在深刻认识人与自然关系基础上，对规定绿色目标函数进行的预先策划和具有可操作创意的智慧活动；是可持续发展在经济社会领域的集中投射，是实现自然资源持续利用、绿色财富持续增长、生态环境持续改善、生活质量持续提高的现代设计潮流。包含了对传统设计实施观念创新、理论创新、方法创新、工具创新的全过程。也是为实现绿色发展目标所制定的时间表、路线图、工具箱、对策库的整体集合。其实质是通过设计来寻求“自然绿色、经济绿色、社会绿色、心灵绿色”的交集最大化。

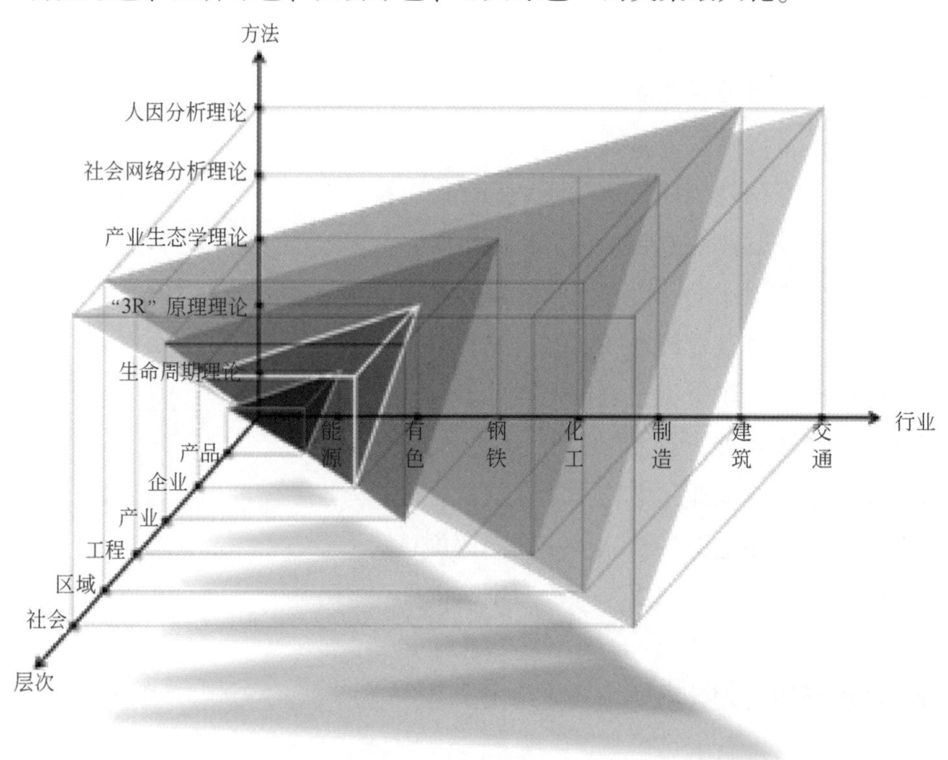

图 5-19　绿色设计的目标框架

五、绿色设计的基本原则

（一）依据生命周期理论

生命周期理论，是指对产品的整个生命周期——从原材料获取到设计、制造、使用、循环利用和最终处理等，定量计算、评价产品实际、潜在消耗的资源和能源以及排出的环境负荷。

生命周期与绿色设计

基于产品生命周期理论以及原有国家能耗标准的基础上建立更加环保、节能、节水、循环、低碳、再生、有机的绿色设计标准。

生命周期评价中数据形成的阶段是绿色设计的关键阶段，该阶段从产品全生命周期出发，根据各个阶段的输入输出设置绿色标准点，计算绿色设计阈值，包括原材料选取、能源消耗、环境影响和产品健康安全等属性，兼顾节能、环保、节水、循环、低碳、再生等方面，选取对人们身体健康、生态环境安全影响大的典型指标，作为评价产品及工艺生态化特征的标尺，选取环境及经济双因素分析，横向对比同类产品之间的环境友好程度，建立统一的、全面的绿色设计产品及工艺数据集。

（二）依据“3R”原理理论

“3R”原理理论，是在物质的循环、再生、利用的基础上发展经济，是一种建立在资源回收和循环再利用基础上的经济发展模式。其原则是资源使用的减量化、资源化、再循环。其生产的基本特征是低消耗、低排放、高效率。

“3R”原理与绿色设计

基于企业等的“3R”原理理论以及经济系统中环境—经济平衡关系建立“原料—产品—废弃物—原料”的绿色循环模式，从单纯地追求产品利润最大化向可持续发展能力永续建设进行转变。

“3R”原理绿色设计是在生态系统的物质流和价值流的基础上保持输入与输出的绿色平衡。产业链物质流分析的核心是对社会经济活动中物质流动进行定量设计与分析，通过对其方向和流量的调控，提高资源的循环效率，达到设定的相关目标。产业链的价值流分析是保证循环经济持续发展的经济动力和运转的关键。绿色设计要求循环经济产业链的双循环模式的运行处于增值状态时，也就是处于既循环又经济的最佳组合状态，循环经济才能持续发展。

（三）依据产业生态学理论

产业生态学，是模拟生物和自然生态系统代谢功能的一种系统分析方法。与自然生态系统相似，产业生态系统同样包括“生产者”、“消费者”、“再生者”和“外部环境”。通过分析系统结构变化来研究产业生态系统的代谢机理和控制方法。

产业生态与绿色设计

基于产业生态学理论以及产业生态系统构建的基础原则，建立自然资源从源、流到泄的全代谢过程的可拆卸性、可回收性、可维护性、可重复利用性等一系列的绿色设计决策方向。

绿色设计要求产业生态系统的建立符合系统观、整体观、未来观以及全球观。产业生态系统同自然系统之间的流动可以通过"物质平衡"和"物质循环"的理论进行测度。其中，工业代谢分析为绿色设计提供了系统的分析方法，构建"供给链网"模拟自然系统中的"食物链网"，通过系统的代谢机理和控制论方法进行物质绿色平衡核算，建立物流的"闭路再循环"绿色通道。绿色设计产业生态系统旨在建立理想的生态系统，系统内部资源得到最大化利用，抛弃传统的粗放式生产模式，快速实现工业化的可持续发展新模式。

(四) 依据社会网络分析理论

社会网络分析，是通过对研究主体及主体间各种类型的关系进行形式化定义来构建关系网，旨在分析网络整体结构特性及其对主体的影响和单个节点在网络的位置与作用。

社会网络与绿色设计

基于区域的社会网络分析理论是在原有国家安全和质量标准的基础上建立更加环保、经济、安全、高效、公平的绿色设计标准。

社会网络分析评价中，选择合理的区域构成单位和单位间的关系建立恰当的网络模型是关键，通过对多个典型区域进行网络分析，并采取增删节点和连边的方法，对现有模型进行模拟仿真实验，基于生态文明、命运共同体、区域治理、包容发展的理念，选取显著影响区域发展、区域环境、区域效率、区域安全、区域公平等的指标作为评价标准，建立统一、全面的绿色设计工程及区域数据集。

(五) 依据人因分析理论

人因分析理论，抓住人因导致社会问题不可重复的本质，将社会中的人因看做人采取行为策略追求某种目标，从而干预社会发展进程，在生态文明理念下，构建较为普适的人因社会模型，通过求解行为策略集，在一定程度上预见行为后的结果，并不断左右人的行为，实现社会绿色设计。

人因分析与绿色设计

基于社会人因分析理论以及原有国家质量和人类工效学标准的基础上建立更加环境友好、资源节约、公平高效、安全满意、质量提高的绿色设计标准。

人因分析评价中构建人因社会模型是绿色设计的基础，寻找社会状态与最优行为策略的匹配解是绿色设计的关键。目标函数的设立与行为策略的求解，不仅要考虑环境和局中人之间的影响，还要兼顾公平、安全、高效、创新、低成本、满意度等方面，采用定性与定量有机结合的方法，找出设计中不合理的地方，进行调整与改进，不断反复迭代，直到求得满意解。通过对不同类型实际人因社会问题的进行研究，选取对生活质量和心灵绿色影响大的指标作为评价标准，构建统一的、全面的绿色设计城市及社会数据库。

六、绿色设计的通用要求

绿色设计应运用多准则概念，综合考虑环境、经济、社会、法规和技术等影响和需求。在设计中灵活确定取舍，将下述通用要求融入绿色设计中。

（一）环境性要求

绿色设计的环境性要求有助于识别和制约产品、企业、工程、产业、城市和社会等六大层次，以及能源、有色、钢铁、制造、化工、交通和建筑等七大行业，对环境的影响和对人类健康和安全的风险，主要包括：资源消耗、能源消耗、废弃物产生、生态破坏以及健康和安全等降到最低。

（二）经济性要求

绿色设计的经济性要求在于成本控制，成本不仅取决于材料选择和使用，制造过程的工艺技术和设备以及人力资源的投入，还受到循环经济中再回收、再利用的影响；绿色设计时，在考虑满足环境要求和功能要求的同时，还要考虑其经济性和市场的可接受性。

（三）社会性要求

绿色设计的社会性要求一方面考虑设计需求，一方面考虑末端消费。设计内容在基本满足环境和成本需求同时，绿色设计还应考虑用户的需求和期望。在生产、分配、交换、消费的各个环节，都应把绿色设计贯穿其中，最终达到绿色消费的目的。绿色设计有利于在全社会范围内培养公民的道德情操并使之养成良好的消费习惯。

（四）法规性要求

绿色设计应在政策法规和利益相关方要求的框架内实施，组织在实施绿色设计时应定期检查和了解这些要求的相关变化。政策法规和利益相关方的要求包括：国家和国际法规的限制性要求和责任；技术标准和自愿协议；市场或者消费者的需求、发展趋势和期望；社会和投资者的期望等。

（五）技术性要求

绿色设计的技术要求取决于设计体系的整体功能性，主要考虑可耐用性、可升级性、可维修性、可再造性、可重复性、可拆解性等要求。提供用户使用手册，建立系统的、规范的售后服务和回收体系，满足再利用、再循环的要求。构建绿色设计方法和应用案例知识库，以及设计内容的数据库，为绿色设计全过程的顺利实施提供数据支撑和技术保障。

七、绿色设计的评价指标体系

（一）可清洁能力

（1）生活垃圾综合处理率；
（2）工业废水综合处理率；
（3）绿色设计覆盖度指数。

（二）可循环能力

（1）可再生能源分布结构；
（2）工业固废重复利用率；
（3）水资源重复利用效率。

（三）可创新能力

（1）新产品设计研发投入；
（2）外观设计专利授权数；
（3）绿色设计本底度指数。

（四）可接受能力

（1）绿色交通的运营水平；
（2）绿色建筑的认证水平；
（3）绿色设计关注度指数。

（五）可持续能力

（1）绿色设计碳足迹指数；
（2）节能减排目标达成率；
（3）绿色设计推进度指数。

第四篇

绿色设计指标篇

第六章 中国绿色设计指标体系

中国各地区绿色设计能力的指标体系构成了一个庞大的和严密的定量式大纲，该指标体系既可以分析、比较、判别和评价中国各地区绿色设计发展水平的状态、进程和总体能力的态势，又可以还原、复制、模拟、预测中国各地区绿色设计能力发展的未来演化、方案预选和监测预警。本报告依据“绿色设计”的理论内涵、结构内涵、功能内涵和统计内涵，建立了由“可创新能力、可循环能力、可清洁能力、可接受能力和可持续能力”五大体系组成的衡量中国各地区绿色设计能力和水平的指标体系。

（1）可创新能力主要对区域绿色设计水平的核心能力进行统计、分析，因为创新能力是提升区域绿色设计核心竞争力的必由之路，主要包括三种状态：新产品设计研发投入、外观设计专利授权率、绿色设计本底度指数。

（2）可循环能力反映的是区域资源使用减量化、再利用、资源化再循环的水平，这里的可循环能力主要包括如下三种绿色设计状态：可再生能源分布结构、工业固废重复利用率、水资源重复利用效率。

（3）可清洁能力是绿色设计评价指标体系的重要组成部分，反映了绿色设计无毒害、无污染、无放射性、无噪声的特点，主要包括如下三种状态：生活垃圾综合处理率、工业废水综合处理率和绿色设计覆盖度指数。

（4）可接受能力反映区域绿色设计理念、产品和技术的推广和应用现状，已广泛拓展至绿色能源、绿色制造、绿色交通、绿色建筑、绿色化工等领域。本报告主要考量绿色交通的运营水平、绿色建筑的认证水平、绿色设计关注度指数。

（5）可持续能力反映的是区域绿色设计可持续水平的发展现状，绿色设计的灵魂是可持续发展在工程技术、人体工学、生态文明的全面体现，主要包括如下三种状态：绿色设计碳足迹指数、节能减排目标达成率、绿色设计推进度指数。

第一节 绿色设计指标体系的统计原则

中国各地区绿色设计能力的指标体系构成了一个庞大的和严密的定量式大纲，依据各个指标的表现和位置，既可以分析、比较、判别和评价中国各地区绿色设计发展水平的状态、进程和总体能力的态势，又可以还原、复制、模拟、预测中国各地区绿色设计能力发展的未来演化、方案预选和监测预警。这一指标体系可以为决策者、管理者和社会公众提供认识和把握中国绿色设计能力发展水平的基本工具。考虑到指标体系构建的上述意义，从具体操作层面来说，本报告所构建的“绿色设计能力”评价指标体系应符合以下标准。

1. 指标体系的完备性

指标体系就评价目的和目标来说应该能够全面反映评价对象的各方面特征。在构建指标体系之前，应用物理—事理—人理的方法论（顾基发，2006），深入分析和挖掘评价对象的潜在特征，并广泛征求与评价对象相关人员的意见，尽可能列出所有影响评价结果的指标，并由此建立一个比较完备的指标库。理论上来讲，为了达到指标体系的完备性标准，初期选取的指标数量应尽可能多一些。在构建指标体系环节，我们往往都会选择尽可能多的指标供专家筛选。因此，指标体系完备性的这一标准比较容易满足。

2. 指标体系的精简性

为保证指标体系的完备性，将指标库所有的指标都加入到指标体系是不科学和不经济的。因为指标数量的增多意味着数据获取成本的增加，另外指标之间可能存在一定的共线性或相关性，致使一些指标成为冗余指标。因此，本报告在确定绿色设计能力评价指标体系时，在指标体系反映信息的全面性和指标数量尽可能少之间寻找最优均衡点。

3. 指标体系的普适性

同类评价对象之间存在空间上的差异性，用同一指标体系进行测评难免存在一定的系统误差。因此，构建指标体系时应该尽量控制指标体系的灵敏度，使其具有普适性，即本报告选取的绿色设计能力评价指标应在全国各地区均有稳定的数据来源和相同的统计口径。

依据“绿色设计”的理论内涵、结构内涵、功能内涵和统计内涵，我们建立了由“可创新能力、可清洁能力、可循环能力、可接受能力和可持续能力”五大体系组成的衡量中国各地区绿色设计能力和水平的指标体系。这些指标以及由这些指标形成的体系，力求具备：①内部逻辑清晰、合理、自洽；②简捷、易取，所代表的信息量大；③权威、通用，可以在统一基础上进行宏观对比；④层次分明，具有严密的等级系统并在不同层次上进行时间和空间排序；⑤具有理论依据或统计规律的权重分配、评分度量和排序规则。

第二节　中国绿色设计能力评价指标体系

依据上述统计原则，本节以绿色设计的基本内涵及其“3R”原理，减少环境污染、减小能源消耗、产品和零部件的回收再生循环或者重新利用，为基本原则，并结合本报告主题篇对绿色设计发展脉络和绿色设计标准的论述，构建了用于评价中国各地区绿色设计能力的指标体系。如表 6-1 所示，该指标体系包括总体层、能力层、状态层和要素层，即分别代表一级指标、二级指标、三级指标和四级指标。总体层是绿色设计能力评价指标体系；能力层由 5 大子系统组成，分别为地区绿色设计可创新能力、可循环能力、可清洁能力、可接受能力和可持续能力；状态层则涉及地区绿色设计发展水平的 15 种状态，如绿色设计本底度指数、绿色设计覆盖度指数、可再生能源分布结构、绿色设计关注度指数、绿色设计碳足迹指数、绿色设计推进度指数等；要素层则列举了用于测算上述 15 种设计状态的具体评价变量，这些评价变量主要取自《中国统计年鉴（2014）》《中国高技术产业统计年鉴（2014）》《中国区域经济统计年鉴（2014）》《中国城市统计年鉴（2014）》《中国环境统计年鉴（2014）》和《电力工业统计资料汇编（2014）》的数据。

表 6-1　中国绿色设计能力评价指标体系

总体层	能力层	状态层	要素层
绿色设计能力评价指标体系	绿色设计可创新能力	新产品设计研发投入	各地区新产品新技术研发经费
		外观设计专利授权率	各地区外观设计专利授权比例
		绿色设计本底度指数	工程人员数量、R&D 经费投入
	绿色设计可循环能力	可再生能源分布结构	光电、水电、风电等新能源占比
		工业固废重复利用率	工业企业固废再利用率
		水资源重复利用效率	人均水资源重复利用量
	绿色设计可清洁能力	生活垃圾综合处理率	生活垃圾无害化综合处理率
		工业废水综合处理率	工业污水集中处理率
		绿色设计覆盖度指数	各类清洁生产审核企业分布
	绿色设计可接受能力	绿色交通的运营水平	万人公共交通运营车辆数
		绿色建筑的认证水平	绿建评价标示项目数量
		绿色设计关注度指数	各地区绿色设计产业百度检索量
	绿色设计可持续能力	绿色设计碳足迹指数	各地区碳源、碳汇的标准化值
		节能减排目标达成率	各地区节能减排目标完成情况
		绿色设计推进度指数	“三废”与能耗的时间和空间弹性系数

（一）绿色设计可创新能力

可创新能力是指企业、学校、科研机构或自然人等在某一科学技术领域具备发明创新的综合势力，包括科研人员的专业知识水平、知识结构、研发经验、研发经历、科研设备、经济实力、创新精神等七个主要因素。创新是绿色设计的灵魂和最高追求，没有创新性的设计产品一定不是绿色的。因此，本报告将可创新能力作为评价区域绿色设计水平的核心能力进行统计、分析，因为创新能力是提升区域绿色设计核心竞争力的必由之路。基于本报告主题篇的相关论述，这里的可创新能力主要包括如下三种绿色设计状态：新产品设计研发投入、外观设计专利授权率、绿色设计本底度指数。

1. 新产品设计研发投入

新产品设计研发投入是指为用于进行绿色设计相关研究、新产品开发、新技术推广应用、企业技术改造、转型升级而支付的专项费用。研发经费投入是区域创新能力提升的重要保障，而随着生态文明的推进，新产品、新技术研发经费应更多投向绿色产业，用于支持绿色产品的设计、开发及其工艺制造流程的升级换代等。因此，本报告选取“各地区新产品新技术研发经费”作为“新产品设计研发投入”状态的评价要素。

2. 外观设计专利授权率

专利授权是区域可创新能力的重要体现，是国家依法在一定时期内授予发明创造者或者其权利继受者独占使用其发明创造的权利。外观设计是绿色设计的重要组成部分，因此本报告采用外观设计专利的授权比例评价各地区在专利授权方面的绿色设计能力。这里的外观设计不仅关注绿色产品的新颖性和美感，更强调产品的环保性和实用性，即外观设计必须适于生产、生活的实际应用以及外观设计必须符合绿色设计“3R”原理等。

3. 绿色设计本底度指数

绿色设计本底度指数是区域绿色设计可创新能力的综合状态指标，主要借鉴经济学中“柯布-道格拉斯生产函数”的思想，设计适用于绿色设计领域的“柯布-道格拉斯变体函数”，对各地区绿色设计水平的本底情况进行评价和分析。根据本报告对“绿色设计本底度指数”的定义，其主要影响因素包括地区 GDP 质量指数、工程师人数占比、R&D 投入占比等。若某地区上述三个因素的发展程度越高，则其绿色设计本底度指数越大；若某地区上述三个因素的发展程度越低，则其绿色设计本底度指数则越小。

（二）绿色设计可循环能力

可循环能力反映的是中国各地区资源使用减量化、再利用、资源化再循环的水平。绿色设计的主要原理是“3R”，这同样也是循环经济的主要运行准则。按照可循环能力的要求，绿色设计在资源、能源的可再生方面，应按照自然生态系统物质循环和能量流动规律重构经济系统，使区域经济系统和谐地纳入到自然生态系统的物质循环的过程中，即通过绿色设计的方式，建立起一种新形态的经济。基于本报告主题篇的相关论述，这里的可循环能力主要包括如下三种绿色设计状态：可再生能源分布结构、工业固废重复利用率、水资源重复利用效率。

1. 可再生能源分布结构

可再生能源是绿色设计可循环能力的重要组成部分，是绿色设计理念在能源循环、再生方面的集中体现。当前行业内普遍公认的可再生能源主要包括太阳能、水力、风力、生物质能、波浪能、潮汐能、海洋温差能等。鉴于部分可再生能源数据的获取较为困难，本报告主要以区域的太阳能、水力和风力的绿色设计为分析对象，对光电、水电、风电等新能源占比进行分析，并以此评价各地区可再生能源的分布结构。

2. 工业固废重复利用率

工业废弃物重复利用是区域可循环能力在生产环节的集中体现，若工业生产环节应用了绿色设计的生产工艺，则其工业废弃物的重复利用水平则会较高。当前，工业废弃物主要包括废气、废水和废渣，对其进行重复利用即应采用绿色设计的处理方法。例如，可在无氧或缺氧条件下进行高温分解，使可燃性固体废弃物在高温下分解成为可燃气体、油、固形碳等；或利用微生物自身的新陈代谢对固体废弃物进行分解使其无害化。

3. 水资源重复利用效率

水资源重复利用不仅关注区域生产环节的可循环能力，更关注生活环节的可循环能力。根据《中国渴求水资源》报告的数据，2013 年中国工业水资源的重复利用率不足 30%，相比之下，发达国家平均达到 85%。本报告将水资源重复利用效率作为区域绿色设计可循环能力的重要评价状态，以期通过状态评价引领相关区域采用超滤、反渗透膜、树脂技术和电除盐等绿色设计方案，实现水资源的重复利用，降低水处理系统的能耗等。

（三）绿色设计可清洁能力

可清洁能力反映的是中国各地区清洁生产和生活的发展现状。对于清洁生产，主要是将综合预防的环境保护策略持续应用于产品设计、生产和消费的过程中，以期减少对人类和环境的风险。清洁生活则是一种新的创造性的思想，其主要观点也是采取整体预防的环境策略，减少或者消除人类生活消费对环境可能造成的各种危害。可清洁能力是绿色设计评价指标体系的重要组成部分，反映了绿色设计无毒害、无污染、无放射性、无噪声的特点。基于本报告主题篇的相关论述，这里的可清洁能力主要包括如下三种绿色设计状态：生活垃圾综合处理率、工业废水综合处理率和绿色设计覆盖度指数。

1. 生活垃圾综合处理率

生活垃圾综合处理率是反映区域清洁生活能力的重要指标。垃圾是人类日常生活和生产中产生的固体废弃物，由于其排出量大，成分复杂多样，且具有污染性、资源性和社会性，亟需绿色设计的理念、方法或技术对其进行无害化、资源化、减量化和社会化处理，如果不能妥善处理，则会污染环境，影响环境卫生，浪费资源，破坏生产生活安全，严重影响地区的绿色设计水平。

2. 工业废水综合处理率

工业废水综合处理是指工业生产过程用过的水经过适当处理回用于生产或妥善地排放出

厂。这里的“适当处理”即是绿色设计理念在工业废水集中处理过程中的体现。对于具体的工业废水，其杂质主要有原料及其杂质、中间产物、产品与副产品、辅助剂等。对某些造成严重废水问题的产品或行业，可借助对原料、生产工艺或产品的绿色设计来解除其污染问题，如可用绿色设备降低单耗提高得率或充分回收废水中的副产品以降低废水浓度。

3. 绿色设计覆盖度指数

绿色设计覆盖度指数是清洁生产的综合状态指标，主要利用生态学中“生态位”的思想，对各地区清洁生产审核企业的行业分布情况进行描述和度量。根据本报告对“绿色设计覆盖度指数”的定义：若某地区清洁生产审核企业分布行业广且企业数量多，则其绿色设计覆盖度指数越大；若某地区清洁生产审核企业分布行业窄且企业数量少，则其绿色设计覆盖度指数越小。

（四）绿色设计可接受能力

可接受能力反映的是中国各地区绿色设计理念、产品和技术的推广和应用现状。自1979 年“绿色设计”概念提出以来，其在全世界得到普遍认可，绿色设计的实践和推广问题也逐渐为学者、政府官员、国际组织和社会实践者关注，相应的绿色设计理论和应用领域应运而生。对于绿色设计理念的推广，2010 年，国际标准组织（ISO）发布的 ISO 26000 社会责任指南，将可持续发展、保护环境作为该系列的总目标；2013 年世界绿色设计组织注册成立，并在全球范围推广绿色设计理念；2013 年以来，习近平提出“两山论”的认知历程，推动了中国的绿色设计之路。对于绿色设计应用领域的推广，当前绿色设计的实践已广泛拓展至绿色能源、绿色制造、绿色交通、绿色建筑、绿色化工、绿色冶炼等领域。基于绿色设计理念和应用的上述论述，本报告结合相关领域数据的可获取性，将绿色设计可接受能力的状态总结为如下三个方面：绿色交通的运营水平、绿色建筑的认证水平、绿色设计关注度指数。

1. 绿色交通的运营水平

绿色交通是指采用低污染、适合都市环境的运输工具，来完成社会经济活动的一种交通概念。从交通方式来看，绿色交通体系包括步行交通、自行车交通、常规公共交通和轨道交通。从交通工具上看，绿色交通工具包括各种低污染车辆，如双能源汽车、天然气汽车、电动汽车、氢气动力车、太阳能汽车等。由于轨道交通和新能源汽车在全国各地区的发展程度差异较大，且步行交通和自行车交通的数据获取难度较大，本报告将主要以“万人公共交通运营车辆数”作为要素，对地区绿色交通的运营水平进行评价。

2. 绿色建筑的认证水平

绿色建筑是指在建筑全寿命期内，最大限度地节约资源、保护环境、减少污染，为人们提供健康、适用和高效的使用空间，与自然和谐共生的建筑。绿色建筑应以人、建筑和

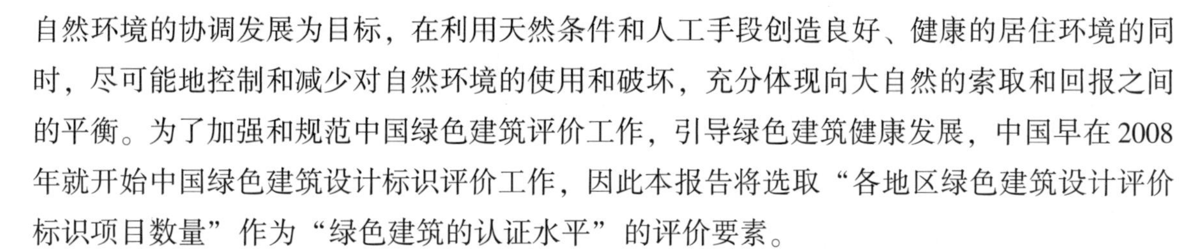

自然环境的协调发展为目标，在利用天然条件和人工手段创造良好、健康的居住环境的同时，尽可能地控制和减少对自然环境的使用和破坏，充分体现向大自然的索取和回报之间的平衡。为了加强和规范中国绿色建筑评价工作，引导绿色建筑健康发展，中国早在2008年就开始中国绿色建筑设计标识评价工作，因此本报告将选取“各地区绿色建筑设计评价标识项目数量”作为“绿色建筑的认证水平”的评价要素。

3. 绿色设计关注度指数

绿色设计关注度指数主要从理念层面评价各地区绿色设计的可接受能力。自绿色设计概念提出到现在，社会实践领域的绿色设计发展已经迈出了坚实的步伐，并逐渐凝练出相应的理论内涵，这些理论内涵在互联网、大数据、云计算的推动作用下，在互联网呈现快速扩展的倾向。因此，本报告将借鉴互联网的相关数据，对各地区绿色设计理念的推广程度进行分析，具体将以“各地区绿色设计产业百度检索量”为评价要素，对“绿色设计关注度指数”的状态值进行描述。

（五）绿色设计可持续能力

可持续能力反映的是中国各地区绿色设计可持续水平的发展现状。绿色设计是深刻认识人与自然关系本质的具象化蓝图，是可持续发展在“自然、经济、社会”复杂系统中的集中投射，也是实现自然资源持续利用、绿色财富持续增长、生态环境持续改善、生活质量持续提高的现代设计潮流。此外，绿色设计的灵魂是可持续发展与环境友好在工程技术、区域发展、人体工学、审美情趣与生态文明的全面体现，具有空间占据、视觉冲击和智能载体的科学特性、艺术特性与虚拟现实特性。因此，对地区绿色设计能力进行评价，还应重点关注地区的可持续能力。基于本报告主题篇的相关论述，这里的可持续能力主要包括如下三种绿色设计状态：绿色设计碳足迹指数、节能减排目标达成率、绿色设计推进度指数。

1. 绿色设计碳足迹指数

碳足迹是指企业机构、活动、产品或个人通过交通运输、食品生产和消费以及各类生产过程等引起的温室气体排放的集合，它描述了一个人的能源意识和行为对自然界产生的影响。碳足迹的核算和管理是区域可持续能力评价的主要内容。区域碳足迹越高，说明其可持续能力越低；区域碳足迹越低，则说明其可持续能力越高。鉴于此，本报告将从交通运输、食品生产和消费、能源使用以及各类生产过程出发，对中国各地区的绿色设计碳足迹指数进行核算。

2. 节能减排目标达成率

节能减排是指节约物质和能量资源，减少废弃物和环境有害物（包括三废和噪声等）排放。我国从“十一五”规划就开始制定区域层面的节能减排目标，并以此作为区域可持续能力评价的主要指标。国家“十二五”规划明确提出了节能减排的目标，即到 2015 年，单位 GDP 二氧化碳排放降低 17%；单位 GDP 能耗下降 16% 等。基于节能减排的上述目标体系，本报告将对各地区年度节能减排目标的达成情况进行分析，并以此作为地区节能减排目标达成率的评价要素。

3. 绿色设计推进度指数

绿色设计推进度指数是区域绿色设计可持续能力的综合状态指标，主要利用经济学中“弹性系数”的计算方式，对各地区工业三废的产生情况和能源的消费情况进行分析。绿色设计的推进度指数包括空间和时间两个维度：对于空间维度的推进度指数，本报告将以全国平均水平为基准，对各地区三废的产生情况和能源的消费情况的弹性系数进行统计分析；对于时间维度的推进度指数，本报告将以各地区 5 年的增长率和降低率为基准，对各地区三废的产生情况和能源的消费情况的弹性系数进行统计分析。

绿色设计统计篇

第七章 中国各地区绿色设计水平

第一节 中国各地区绿色设计水平数据统计

依照所设计的指标体系，主要应用《中国统计年鉴 2015》《中国环境统计年鉴 2014》和《中国节能减排发展报告 2015》提供的基础数据，在统计规则的统一比较下，完成 2014 年中国各地区绿色设计水平以及五大分项的计算（图 7-1，表 7-1 ~表 7-6）。由于数据标准的原因，排序中暂未列出香港特别行政区、澳门特别行政区和台湾省。同时，由于统计数据的缺失，西藏自治区虽然列入，但未进行统计。

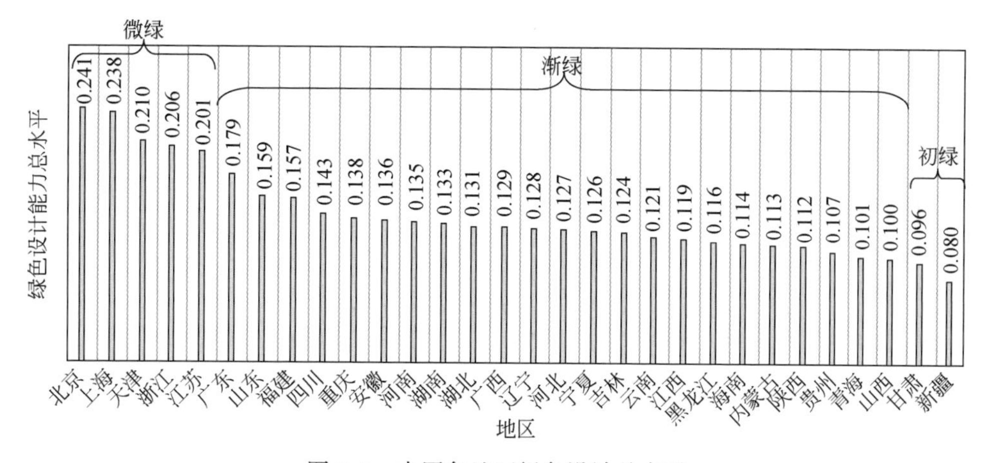

图 7-1　中国各地区绿色设计总水平

中国绿色设计能力总水平由可创新能力、可清洁能力、可循环能力、可接受能力、可持续能力共五个分项能力共同决定，根据领域内专家对中国目前绿色设计水平宏观把控，将各项分能力映射到区间［0，0.35］，最终由五项分能力综合判定绿色设计能力总水平。

表 7-1 中国各地区绿色设计总水平

地区	可创新能力	可清洁能力	可循环能力	可接受能力	可持续能力	绿色设计水平	绿色设计水平排名		
							地区	绿色设计水平	排名
北京	0. 219	0. 294	0. 168	0. 246	0. 279	0. 241	北京	0. 241	1
天津	0. 126	0. 239	0. 327	0. 092	0. 265	0. 210	上海	0. 238	2
河北	0. 105	0. 221	0. 064	0. 046	0. 199	0. 127	天津	0. 210	3
山西	0. 032	0. 211	0. 084	0. 014	0. 161	0. 100	浙江	0. 206	4
内蒙古	0. 132	0. 217	0. 067	0. 017	0. 130	0. 113	江苏	0. 201	5
辽宁	0. 098	0. 204	0. 067	0. 053	0. 220	0. 128	广东	0. 179	6
吉林	0. 126	0. 160	0. 087	0. 043	0. 205	0. 124	山东	0. 159	7
黑龙江	0. 120	0. 165	0. 077	0. 031	0. 187	0. 116	福建	0. 157	8
上海	0. 184	0. 263	0. 260	0. 152	0. 332	0. 238	四川	0. 143	9
江苏	0. 126	0. 273	0. 155	0. 202	0. 247	0. 201	重庆	0. 138	10
浙江	0. 156	0. 289	0. 125	0. 165	0. 293	0. 206	安徽	0. 136	11
安徽	0. 102	0. 241	0. 114	0. 032	0. 190	0. 136	河南	0. 135	12
福建	0. 136	0. 255	0. 114	0. 049	0. 228	0. 157	湖南	0. 133	13
江西	0. 099	0. 208	0. 070	0. 020	0. 197	0. 119	湖北	0. 131	14
山东	0. 081	0. 289	0. 137	0. 105	0. 181	0. 159	广西	0. 129	15
河南	0. 077	0. 229	0. 104	0. 079	0. 185	0. 135	辽宁	0. 128	16
湖北	0. 060	0. 201	0. 099	0. 084	0. 208	0. 131	河北	0. 127	17
湖南	0. 104	0. 221	0. 077	0. 041	0. 219	0. 133	宁夏	0. 126	18
广东	0. 135	0. 265	0. 109	0. 109	0. 277	0. 179	吉林	0. 124	19
广西	0. 105	0. 220	0. 080	0. 054	0. 188	0. 129	云南	0. 121	20
海南	0. 132	0. 212	0. 081	0. 026	0. 119	0. 114	江西	0. 119	21
重庆	0. 101	0. 230	0. 111	0. 029	0. 218	0. 138	黑龙江	0. 116	22
四川	0. 123	0. 259	0. 052	0. 073	0. 206	0. 143	海南	0. 114	23
贵州	0. 063	0. 222	0. 072	0. 005	0. 171	0. 107	内蒙古	0. 113	24
云南	0. 099	0. 236	0. 060	0. 029	0. 181	0. 121	陕西	0. 112	25
西藏	—	—	—	—	—	—	贵州	0. 107	26
陕西	0. 029	0. 213	0. 079	0. 049	0. 189	0. 112	青海	0. 101	27
甘肃	0. 062	0. 161	0. 061	0. 013	0. 185	0. 096	山西	0. 100	28
青海	0. 104	0. 188	0. 066	0. 028	0. 121	0. 101	甘肃	0. 096	29
宁夏	0. 083	0. 216	0. 117	0. 038	0. 177	0. 126	新疆	0. 080	30
新疆	0. 024	0. 187	0. 064	0. 026	0. 097	0. 080	—	—	—

表 7-2 中国各地区绿色设计之可创新能力水平

地区	新产品设计研发投入	外观设计专利授权率	绿色设计本底指数	可创新能力	可创新能力	
					地区	排名
北京	0. 028	0. 847	1. 000	0. 219	北京	1
天津	0. 050	0. 457	0. 576	0. 126	上海	2
河北	0. 009	0. 745	0. 149	0. 105	浙江	3
山西	0. 010	0. 119	0. 146	0. 032	福建	4
内蒙古	0. 027	0. 984	0. 125	0. 132	广东	5
辽宁	0. 007	0. 586	0. 243	0. 098	内蒙古	6
吉林	0. 014	0. 873	0. 192	0. 126	海南	7
黑龙江	0. 000	0. 826	0. 202	0. 120	天津	8
上海	0. 013	0. 897	0. 668	0. 184	吉林	9
江苏	0. 020	0. 678	0. 379	0. 126	江苏	10
浙江	0. 021	0. 898	0. 417	0. 156	四川	11
安徽	0. 018	0. 684	0. 172	0. 102	黑龙江	12
福建	0. 038	0. 830	0. 299	0. 136	河北	13
江西	0. 013	0. 712	0. 122	0. 099	广西	14
山东	0. 023	0. 392	0. 282	0. 081	青海	15
河南	0. 012	0. 499	0. 146	0. 077	湖南	16
湖北	0. 007	0. 250	0. 259	0. 060	安徽	17
湖南	0. 025	0. 682	0. 182	0. 104	重庆	18
广东	0. 022	0. 726	0. 408	0. 135	云南	19
广西	0. 008	0. 768	0. 120	0. 105	江西	20
海南	0. 001	1. 000	0. 129	0. 132	辽宁	21
重庆	0. 099	0. 535	0. 234	0. 101	宁夏	22
四川	0. 018	0. 798	0. 236	0. 123	山东	23
贵州	0. 002	0. 505	0. 037	0. 063	河南	24
云南	0. 017	0. 764	0. 066	0. 099	贵州	25
西藏	—	—	—	—	甘肃	26
陕西	0. 003	0. 000	0. 242	0. 029	湖北	27
甘肃	0. 014	0. 437	0. 082	0. 062	山西	28
青海	0. 004	0. 813	0. 078	0. 104	陕西	29
宁夏	0. 038	0. 675	0. 001	0. 083	新疆	30
新疆	0. 005	0. 173	0. 030	0. 024	西藏	—

表 7-3　中国各地区绿色设计之可清洁能力水平

地区	生活垃圾综合处理率	工业废水综合处理率	绿色设计覆盖度指数	可清洁能力	可清洁能力	
					地区	排名
北京	0.996	0.525	1.000	0.294	北京	1
天津	0.967	0.609	0.471	0.239	山东	2
河北	0.866	0.875	0.156	0.221	浙江	3
山西	0.921	0.725	0.159	0.211	江苏	4
内蒙古	0.961	0.744	0.159	0.217	广东	5
辽宁	0.916	0.732	0.099	0.204	上海	6
吉林	0.619	0.592	0.159	0.160	四川	7
黑龙江	0.589	0.665	0.159	0.165	福建	8
上海	1.000	0.589	0.665	0.263	安徽	9
江苏	0.981	0.642	0.718	0.273	天津	10
浙江	1.000	0.611	0.864	0.289	云南	11
安徽	0.995	0.741	0.327	0.241	重庆	12
福建	0.979	0.616	0.591	0.255	河南	13
江西	0.931	0.710	0.141	0.208	贵州	14
山东	1.000	0.656	0.823	0.289	湖南	15
河南	0.928	0.570	0.464	0.229	河北	16
湖北	0.902	0.681	0.141	0.201	广西	17
湖南	0.997	0.740	0.159	0.221	内蒙古	18
广东	0.864	0.632	0.772	0.265	宁夏	19
广西	0.954	0.773	0.159	0.220	陕西	20
海南	0.998	0.492	0.327	0.212	海南	21
重庆	0.992	0.507	0.471	0.230	山西	22
四川	0.954	0.726	0.542	0.259	江西	23
贵州	0.933	0.829	0.141	0.222	辽宁	24
云南	0.925	0.806	0.292	0.236	湖北	25
西藏	—	—	—	—	青海	26
陕西	0.958	0.632	0.238	0.213	新疆	27
甘肃	0.626	0.604	0.152	0.161	黑龙江	28
青海	0.863	0.749	0.001	0.188	甘肃	29
宁夏	0.933	0.603	0.318	0.216	吉林	30
新疆	0.819	0.625	0.159	0.187	西藏	—

表 7-4　中国各地区绿色设计之可循环能力水平

地区	可再生能源分布结构	工业固废循环利用率	水资源重复利用效率	可循环能力	可循环能力	
					地区	排名
北京	0.431	0.880	0.131	0.168	天津	1
天津	0.805	1.000	1.000	0.327	上海	2
河北	0.037	0.426	0.088	0.064	北京	3
山西	0.046	0.649	0.026	0.084	江苏	4
内蒙古	0.003	0.566	0.004	0.067	山东	5
辽宁	0.043	0.363	0.169	0.067	浙江	6
吉林	0.028	0.702	0.016	0.087	宁夏	7
黑龙江	0.012	0.641	0.008	0.077	福建	8
上海	1.000	0.981	0.244	0.260	安徽	9
江苏	0.075	0.974	0.279	0.155	重庆	10
浙江	0.081	0.953	0.041	0.125	广东	11
安徽	0.044	0.875	0.058	0.114	河南	12
福建	0.079	0.888	0.013	0.114	湖北	13
江西	0.042	0.560	0.002	0.070	吉林	14
山东	0.042	0.963	0.172	0.137	山西	15
河南	0.046	0.774	0.067	0.104	海南	16
湖北	0.040	0.767	0.041	0.099	广西	17
湖南	0.029	0.633	0.002	0.077	陕西	18
广东	0.047	0.867	0.020	0.109	湖南	19
广西	0.027	0.626	0.038	0.080	黑龙江	20
海南	0.167	0.524	0.000	0.081	贵州	21
重庆	0.089	0.866	0.000	0.111	江西	22
四川	0.016	0.425	0.003	0.052	辽宁	23
贵州	0.033	0.578	0.003	0.072	内蒙古	24
云南	0.021	0.491	0.000	0.060	青海	25
西藏	—	—	—	—	新疆	26
陕西	0.035	0.626	0.020	0.079	河北	27
甘肃	0.012	0.495	0.013	0.061	甘肃	28
青海	0.005	0.558	0.000	0.066	云南	29
宁夏	0.151	0.793	0.059	0.117	四川	30
新疆	0.001	0.551	0.000	0.064	西藏	—

表 7-5 中国各地区绿色设计之可接受能力水平

地区	绿色交通的运营水平	绿色建筑的认证水平	绿色设计关注度指数	可接受能力	可接受能力	
					地区	排名
北京	1.000	0.211	0.900	0.246	北京	1
天津	0.438	0.122	0.232	0.092	江苏	2
河北	0.092	0.289	0.011	0.046	浙江	3
山西	0.084	0.022	0.014	0.014	上海	4
内蒙古	0.092	0.033	0.020	0.017	广东	5
辽宁	0.328	0.111	0.014	0.053	山东	6
吉林	0.253	0.111	0.009	0.043	天津	7
黑龙江	0.233	0.011	0.020	0.031	湖北	8
上海	0.644	0.233	0.427	0.152	河南	9
江苏	0.246	1.000	0.484	0.202	四川	10
浙江	0.273	0.144	1.000	0.165	广西	11
安徽	0.067	0.067	0.138	0.032	辽宁	12
福建	0.173	0.222	0.029	0.049	福建	13
江西	0.045	0.089	0.037	0.020	陕西	14
山东	0.196	0.422	0.284	0.105	河北	15
河南	0.063	0.044	0.570	0.079	吉林	16
湖北	0.156	0.256	0.312	0.084	湖南	17
湖南	0.066	0.033	0.255	0.041	宁夏	18
广东	0.344	0.511	0.080	0.109	安徽	19
广西	0.030	0.089	0.341	0.054	黑龙江	20
海南	0.153	0.011	0.054	0.026	重庆	21
重庆	0.150	0.044	0.054	0.029	云南	22
四川	0.108	0.089	0.427	0.073	青海	23
贵州	0.018	0.000	0.029	0.005	新疆	24
云南	0.046	0.011	0.189	0.029	海南	25
西藏	—	—	—	—	江西	26
陕西	0.154	0.100	0.166	0.049	内蒙古	27
甘肃	0.071	0.000	0.037	0.013	山西	28
青海	0.214	0.000	0.023	0.028	甘肃	29
宁夏	0.311	0.011	0.000	0.038	贵州	30
新疆	0.214	0.000	0.011	0.026	西藏	—

表 7-6　中国各地区绿色设计之可持续能力水平

地区	绿色设计碳足迹指数	节能减排目标达成率	绿色设计推进度指数	可持续能力	可持续能力	
					地区	排名
北京	0.935	0.875	0.585	0.279	上海	1
天津	0.912	1.000	0.362	0.265	浙江	2
河北	0.331	0.875	0.503	0.199	北京	3
山西	0.357	0.750	0.274	0.161	广东	4
内蒙古	0.257	0.625	0.236	0.130	天津	5
辽宁	0.547	0.875	0.467	0.220	江苏	6
吉林	0.775	0.750	0.234	0.205	福建	7
黑龙江	0.685	0.750	0.171	0.187	辽宁	8
上海	0.842	1.000	1.000	0.332	湖南	9
江苏	0.350	1.000	0.770	0.247	重庆	10
浙江	0.641	1.000	0.872	0.293	湖北	11
安徽	0.671	0.750	0.206	0.190	四川	12
福建	0.799	0.750	0.402	0.228	吉林	13
江西	0.834	0.750	0.102	0.197	河北	14
山东	0.000	0.875	0.676	0.181	江西	15
河南	0.367	0.750	0.472	0.185	安徽	16
湖北	0.616	0.750	0.416	0.208	陕西	17
湖南	0.682	0.750	0.445	0.219	广西	18
广东	0.449	1.000	0.924	0.277	黑龙江	19
广西	0.810	0.625	0.178	0.188	河南	20
海南	1.000	0.000	0.016	0.119	甘肃	21
重庆	0.849	0.750	0.267	0.218	山东	22
四川	0.579	0.750	0.439	0.206	云南	23
贵州	0.724	0.625	0.115	0.171	宁夏	24
云南	0.739	0.625	0.187	0.181	贵州	25
西藏	—	—	—	—	山西	26
陕西	0.672	0.750	0.201	0.189	内蒙古	27
甘肃	0.862	0.625	0.095	0.185	青海	28
青海	0.972	0.000	0.066	0.121	海南	29
宁夏	0.888	0.625	0.001	0.177	新疆	30
新疆	0.730	0.000	0.100	0.097	西藏	—

在本报告中将绿色设计水平划分为七个阶段，值越大代表绿色设计水平越强。① 0.9 ~ 1.0 为第一级“全绿”阶段；② 0.8 ~ 0.9 为第二级“深绿”阶段；③ 0.6 ~ 0.8 为第三级“重绿”阶段；④ 0.4 ~ 0.6 为第四级“中绿”阶段；⑤ 0.2 ~ 0.4 为第五级“微绿”阶段；⑥ 0.1 ~ 0.2 为第六级“渐绿”阶段；⑦ 0 ~ 0.1 为第七级“初绿”阶段。

经过测算，目前中国五个地区（北京、上海、天津、浙江、江苏）的绿色设计水平处于第五级“微绿”阶段，两个地区（甘肃、新疆）的绿色设计水平处于第七级“初绿”阶段，其余地区的绿色设计水平均处于第六级“渐绿”阶段。从整体看，我国绿色设计水平处于初级阶段，还有长期发展的潜力和空间。

第二节　中国分区域绿色设计总水平分析

按我国经济区域划分的东部、中部、西部和东北四大地区，分区域对绿色设计总水平和各项分项能力进行对比分析（表 7-7，图 7-2）。

表 7-7　中国分区域绿色设计总水平

地区	可创新能力	可清洁能力	可循环能力	可接受能力	可持续能力	绿色设计水平
东部	0.140	0.260	0.154	0.119	0.242	0.183
中部	0.079	0.218	0.091	0.045	0.193	0.125
西部	0.084	0.214	0.075	0.033	0.169	0.115
东北部	0.115	0.176	0.077	0.042	0.204	0.123

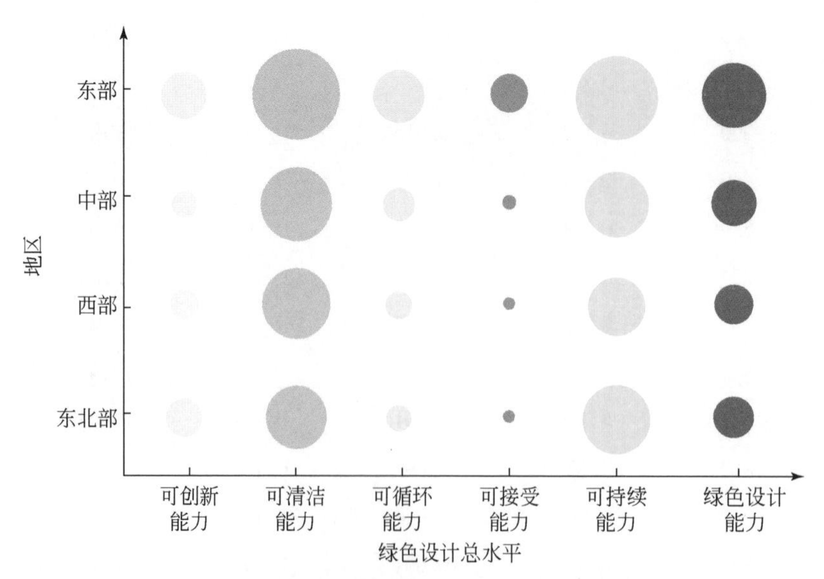

图 7-2　中国分区域绿色设计总水平

东部包括：北京、天津、河北、上海、江苏、浙江、福建、山东、广东和海南；

中部包括：山西、安徽、江西、河南、湖北和湖南；

西部包括：内蒙古、广西、重庆、四川、贵州、云南、西藏、陕西、甘肃、青海、宁夏和新疆；

东北包括：辽宁、吉林和黑龙江。

（1）从2014年各地区绿色设计水平来看，北京、上海、天津、浙江、江苏属于绿色设计水平较好的地区，属于绿色设计“微绿”阶段水平，这些地区均处于我国东部经济发达地区。除甘肃和新疆外，我国目前绝大多数地区的绿色设计水平属于“渐绿”阶段水平，亟待提高。

（2）从各地区五项分能力上看，可清洁能力和可持续能力明显优于其他分项能力，其次是可创新能力和可循环能力，可接受能力最差，尤其表现在中部、西部和东北部，以上地区应重点发展其可接受能力水平。

（3）中国四大直辖市中，北京、上海、天津均处于绿色设计水平发展较好的位置，分列前三名，重庆也处于全国绿色设计水平发展前十名。北京、上海、天津在可循环能力、可创新能力、可接受能力、可持续能力方面表现优异，但相比其他四个分项指标排名，上海和天津在可清洁能力上有待加强；重庆则在可接受能力和可创新能力方面急需加强。

（4）从中国四大强省来看，浙江、江苏、广东和山东分别处于绿色设计水平第四到第七名，其中浙江和江苏属于“微绿”水平，广东和山东紧随其后，属于“渐绿”水平。浙江和江苏在五个分项能力上均排位全国前十；广东除可循环能力位于全国第十一位外，其余分项能力也均排位全国前十；山东则有可清洁能力、可循环能力和可接受能力三项排位全国前十。

（5）从区域划分来看，中国东部省份绿色设计水平第一，其可清洁能力、可循环能力、可创新能力、可接受能力、可持续能力也均位于四大区域之首；中部和东北部地区在不同分项度量能力上各有所长，其中，中部地区的可清洁能力、可循环能力和可接受能力优于西部地区和东北部地区，东北部地区可创新能力和可持续能力方面优于中部地区和西部地区；西部地区在三个分项能力上均落后于其他地区，绿色设计水平有较大上升空间，也存在重大的挑战。

第八章 中国各地区绿色设计“资产—负债”分析

第一节 绿色设计水平的“资产—负债”理论与方法

一、绿色设计水平“资产—负债”表的制定原理

绿色设计水平“资产—负债”的构筑是建立在对绿色设计总水平的系统解析之上的，即绿色设计水平是建立在具有内部逻辑自洽和统一解释的“可清洁能力”“可循环能力”“可创新能力”“可接受能力”和“可持续能力”等共同作用基础之上的，借鉴“比较优势理论”的基本思想，寻求每一分项子系统内部指标要素的比较优势，并进而将此比较优势定量化、规范化，然后置于统一基础中加以对比，形成了所谓绿色设计水平的“资产”（比较优势）和“负债”（比较劣势）。

在认识“资产—负债”表是表达绿色设计能力总水平的前提下，利用表达上述指数系统的15项要素群对绿色设计水平的本质进行剖析和刻画，寻求每一要素在空间分布（31省、自治区、直辖市，暂未包括香港、澳门和台湾）中的比较优势，在此基础上，形成相对意义上的绿色设计水平“资产—负债”评估。

二、绿色设计水平的“资产—负债”矩阵的构建

在绿色设计水平“资产—负债”原理的指导下，依据中国绿色设计水平的15项“源指标”，与31个省、自治区、直辖市（地理单元），作为二维数据的矩阵构成，逐项统计每一属性源指标在31个地理单元中的“资产”分布和“负债”分布；同时形成了每一个地理单元在15项源指标中的有效性“资产—负债”统计，共制定出15×31＝465的基层位次矩阵（表8-1），作为计算绿色设计水平五大指数系统中每一项的“分项资产—负债”，以及作为绿色设计总水平的“总资产—负债”的基础。

表 8-1 中国绿色设计水平“资产—负债”矩阵

地区	可创新能力			可清洁能力			可循环能力			可接受能力			可持续能力		
	新产品设计研发投入	外观设计专利授权率	绿色设计本底度指数	生活垃圾综合处理率	工业废水综合处理率	绿色设计覆盖度指数	可再生能源分布结构	工业固废循环利用率	水资源重复利用效率	绿色交通的运营水平	绿色建筑的认证水平	绿色设计关注度指数	绿色设计碳足迹指数	节能减排目标达成率	绿色设计推进度指数
北京	6	6	1	6	29	1	3	7	6	1	8	2	4	6	6
天津	3	25	3	11	23	9	2	1	1	3	10	11	5	1	14
河北	22	14	18	24	1	24	18	28	7	20	4	27	29	6	7
山西	21	30	20	21	11	17	12	15	14	22	22	25	27	10	15
内蒙古	7	2	22	12	6	17	29	21	21	21	20	23	30	22	17
辽宁	24	21	10	22	9	29	14	30	5	5	11	25	24	6	9
吉林	17	5	15	29	26	17	22	14	17	8	11	29	13	10	18
黑龙江	31	8	14	30	14	17	26	16	20	10	23	23	17	10	23
上海	18	4	2	1	27	6	1	2	3	2	6	5	9	1	1
江苏	12	19	6	9	17	5	9	3	2	9	1	4	28	1	4
浙江	11	3	4	1	22	2	7	5	12	7	9	1	21	1	3
安徽	14	17	17	7	7	12	13	8	10	24	17	14	20	10	19
福建	5	7	7	10	21	7	8	6	19	14	7	20	12	10	13
江西	19	16	23	18	12	26	16	22	24	28	14	18	10	10	25
山东	9	27	8	1	15	3	15	4	4	13	3	9	31	6	5
河南	20	24	19	19	28	11	11	12	8	26	18	3	26	10	8

续表

地区	可创新能力			可清洁能力			可循环能力			可接受能力			可持续能力		
	新产品设计研发投入	外观设计专利授权率	绿色设计本底度指数	生活垃圾综合处理率	工业废水综合处理率	绿色设计覆盖度指数	可再生能源分布结构	工业固废循环利用率	水资源重复利用效率	绿色交通的运营水平	绿色建筑的认证水平	绿色设计关注度指数	绿色设计碳足迹指数	节能减排目标达成率	绿色设计推进度指数
湖北	25	28	9	23	13	26	17	13	11	15	5	8	22	10	12
湖南	8	18	16	5	8	17	21	17	25	25	20	10	18	10	10
广东	10	15	5	25	18	4	10	9	15	4	2	15	25	1	2
广西	23	12	24	14	4	17	23	19	13	29	14	7	11	22	22
海南	30	1	21	4	31	12	4	25	26	17	23	16	2	28	29
重庆	2	22	13	8	30	9	6	10	27	18	18	16	8	10	16
四川	13	11	12	14	10	8	25	29	23	19	14	5	23	10	11
贵州	29	23	28	16	2	26	20	20	22	30	27	20	16	22	24
云南	15	13	27	20	3	15	24	27	29	27	23	12	14	22	21
西藏	—	—	—	—	—	—	—	—	—	—	—	—	—	—	—
陕西	28	31	11	13	19	16	19	18	16	16	13	13	19	10	20
甘肃	16	26	25	28	24	25	27	26	18	23	27	18	7	22	27
青海	27	10	26	26	5	30	28	23	28	12	27	22	3	28	28
宁夏	4	20	30	16	25	14	5	11	9	6	23	31	6	22	30
新疆	26	29	29	27	20	17	30	24	30	11	27	27	15	28	26

三、绿色设计水平“资产”和“负债”的算法基础

1. “资产—负债”赋分规定

在每一项要素的空间分布范围中，即在30个省、自治区、直辖市（暂未包括香港、澳门和台湾；由于数据不完整，未包括西藏）的要素指标中，按照相对比较优势，对每一项要素进行排序，形成1，2，3，…，30的序列，位次为1，2，3，…，30，对应的资产得分为30，29，28，…，1，组成绿色设计水平的“资产”。位次为1，2，3，…，30，对应负债得分为-1，-2，-3，…，-30，组成绿色设计水平的“负债”。

2. “资产—负债”分值的确定

各指数系统资产要素的总分值 x 利用下式计算，即

$$x=\frac{30\times n_1+29\times n_2+28\times n_3\cdots+1\times n_{30}}{N} \tag{8-1}$$

式中，n_i 分别对应该指数系统中位次为1，2，3，…，30的资产要素个数；N 为要素个数。

各指数系统负债要素的总分值 y 利用下式计算，即

$$y=\frac{(-1\times n_1)+(-2\times n_2)+(-3\times n_3)\cdots+(-30\times n_{30})}{N} \tag{8-2}$$

式中，n_i 分别对应该指数系统中位次为1，2，3，…，30的负债要素个数；N 为要素个数。

3. 相对资产与相对负债的计算

相对资产与相对负债主要用来进行不同地理单元同类指数系统和统一地理单元内部不同指数系统资产或负债相对水平的横向和纵向比较。

相对资产计算公式为

$$X=\frac{x\times 100}{30}\times 100\% \tag{8-3}$$

将最高资产30映射为100%，于是相对资产的映射变换由上式计算所得。

相对负债计算公式为

$$Y=100\%-X \tag{8-4}$$

（四）资产负债评估系数

资产评估系数：用各指数系统资产要素总分值 x 与最高资产 30 之比定义为该指数系统资产评估系数。

负债评估系数：用各指数系统负债要素总分值 y 与最高负债的绝对值-30 之比定义为该指数系统的负债评估系数。

（五）资产的比较优势（净资产）的计算

把各指数系统相对资产与该指数系统相对负债之和作为该指数系统“比较优势能力”

$$Z = X + Y \tag{8-5}$$

式中，X 为相对资产；Y 为相对负债。

四、中国各地区绿色设计水平“资产—负债”分析

利用绿色设计水平“资产—负债”表可对中国各地区的绿色设计水平做出相应的定量判别。其基本思想是用对应项的相对资产和相对负债相互抵消的净结果，作为各地区绿色设计水平的表征。本报告对绿色设计能力总水平及其五大分项子系统能力的“资产—负债”进行了评估，结果见表 8-2 ~ 表 8-8 和图 8-1 ~ 图 8-12。

表 8-2　中国绿色设计水平“总资产—负债”表

地区	中国绿色设计水平“总资产—负债”						
	资产	负债	相对资产/%	相对负债/%	相对净资产/%	资产评估系数	负债评估系数
北京	24.87	-6.13	82.89	-17.11	65.78	0.83	-0.20
天津	22.87	-8.13	76.22	-23.78	52.44	0.76	-0.27
河北	14.40	-16.60	48.00	-52.00	-4.00	0.48	-0.55
山西	12.20	-18.80	40.67	-59.33	-18.67	0.41	-0.63
内蒙古	13.00	-18.00	43.33	-56.67	-13.33	0.43	-0.60
辽宁	14.73	-16.27	49.11	-50.89	-1.78	0.49	-0.54
吉林	14.27	-16.73	47.56	-52.44	-4.89	0.48	-0.56
黑龙江	12.20	-18.80	40.67	-59.33	-18.67	0.41	-0.63

续表

地区	资产	负债	相对资产/%	相对负债/%	相对净资产/%	资产评估系数	负债评估系数
	中国绿色设计水平“总资产—负债”						
上海	25.13	-5.87	83.78	-16.22	67.56	0.84	-0.20
江苏	22.40	-8.60	74.67	-25.33	49.33	0.75	-0.29
浙江	23.73	-7.27	79.11	-20.89	58.22	0.79	-0.24
安徽	17.07	-13.93	56.89	-43.11	13.78	0.57	-0.46
福建	19.93	-11.07	66.44	-33.56	32.89	0.66	-0.37
江西	12.27	-18.73	40.89	-59.11	-18.22	0.41	-0.62
山东	20.80	-10.20	69.33	-30.67	38.67	0.69	-0.34
河南	14.80	-16.20	49.33	-50.67	-1.33	0.49	-0.54
湖北	15.20	-15.80	50.67	-49.33	1.33	0.51	-0.53
湖南	15.80	-15.20	52.67	-47.33	5.33	0.53	-0.51
广东	20.33	-10.67	67.78	-32.22	35.56	0.68	-0.36
广西	14.07	-16.93	46.89	-53.11	-6.22	0.47	-0.56
海南	13.07	-17.93	43.56	-56.44	-12.89	0.44	-0.60
重庆	16.80	-14.20	56.00	-44.00	12.00	0.56	-0.47
四川	15.87	-15.13	52.89	-47.11	5.78	0.53	-0.50
贵州	9.33	-21.67	31.11	-68.89	-37.78	0.31	-0.72
云南	11.53	-19.47	38.44	-61.56	-23.11	0.38	-0.65
西藏	—	—	—	—	—	—	—
陕西	13.53	-17.47	45.11	-54.89	-9.78	0.45	-0.58
甘肃	8.40	-22.60	28.00	-72.00	-44.00	0.28	-0.75
青海	9.47	-21.53	31.56	-68.44	-36.89	0.32	-0.72
宁夏	14.20	-16.80	47.33	-52.67	-5.33	0.47	-0.56
新疆	6.60	-24.40	22.00	-78.00	-56.00	0.22	-0.81

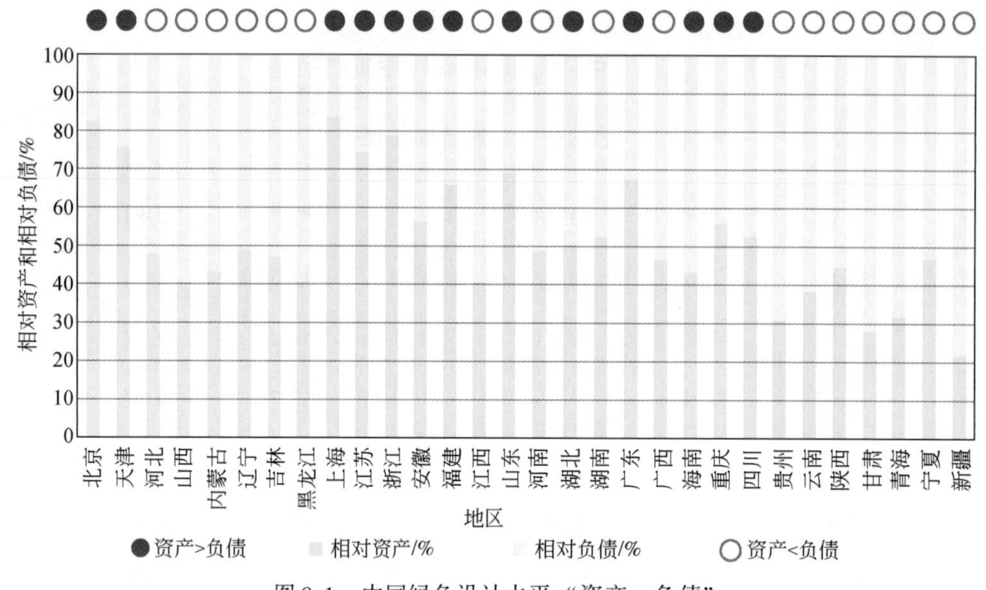

图 8-1　中国绿色设计水平“资产—负债”

图 8-2　中国绿色设计水平相对净资产

注：“◆”代表相对净资产为正值，“◇”代表相对净资产为负值。

表 8-3　中国绿色设计之可创新能力“资产—负债”表

地区	可创新能力“资产—负债”						
	资产	负债	相对资产/%	相对负债/%	相对净资产/%	资产评估系数	负债评估系数
北京	26.67	-4.33	88.89	-11.11	77.78	5.33	-0.87
天津	20.67	-10.33	68.89	-31.11	37.78	4.13	-2.07
河北	13.00	-18.00	43.33	-56.67	-13.33	2.60	-3.60
山西	7.33	-23.67	24.44	-75.56	-51.11	1.47	-4.73
内蒙古	20.67	-10.33	68.89	-31.11	37.78	4.13	-2.07
辽宁	12.67	-18.33	42.22	-57.78	-15.56	2.53	-3.67
吉林	18.67	-12.33	62.22	-37.78	24.44	3.73	-2.47
黑龙江	13.33	-17.67	44.44	-55.56	-11.11	2.67	-3.53
上海	23.00	-8.00	76.67	-23.33	53.33	4.60	-1.60
江苏	18.67	-12.33	62.22	-37.78	24.44	3.73	-2.47
浙江	25.00	-6.00	83.33	-16.67	66.67	5.00	-1.20
安徽	15.00	-16.00	50.00	-50.00	0.00	3.00	-3.20
福建	24.67	-6.33	82.22	-17.78	64.44	4.93	-1.27
江西	11.67	-19.33	38.89	-61.11	-22.22	2.33	-3.87
山东	16.33	-14.67	54.44	-45.56	8.89	3.27	-2.93
河南	10.00	-21.00	33.33	-66.67	-33.33	2.00	-4.20
湖北	10.33	-20.67	34.44	-65.56	-31.11	2.07	-4.13
湖南	17.00	-14.00	56.67	-43.33	13.33	3.40	-2.80
广东	21.00	-10.00	70.00	-30.00	40.00	4.20	-2.00
广西	11.33	-19.67	37.78	-62.22	-24.44	2.27	-3.93
海南	13.67	-17.33	45.56	-54.44	-8.89	2.73	-3.47
重庆	18.67	-12.33	62.22	-37.78	24.44	3.73	-2.47
四川	19.00	-12.00	63.33	-36.67	26.67	3.80	-2.40
贵州	4.33	-26.67	14.44	-85.56	-71.11	0.87	-5.33
云南	12.67	-18.33	42.22	-57.78	-15.56	2.53	-3.67
西藏	—	—	—	—	—	—	—
陕西	7.67	-23.33	25.56	-74.44	-48.89	1.53	-4.67
甘肃	8.67	-22.33	28.89	-71.11	-42.22	1.73	-4.47
青海	10.00	-21.00	33.33	-66.67	-33.33	2.00	-4.20
宁夏	13.00	-18.00	43.33	-56.67	-13.33	2.60	-3.60
新疆	3.00	-28.00	10.00	-90.00	-80.00	0.60	-5.60

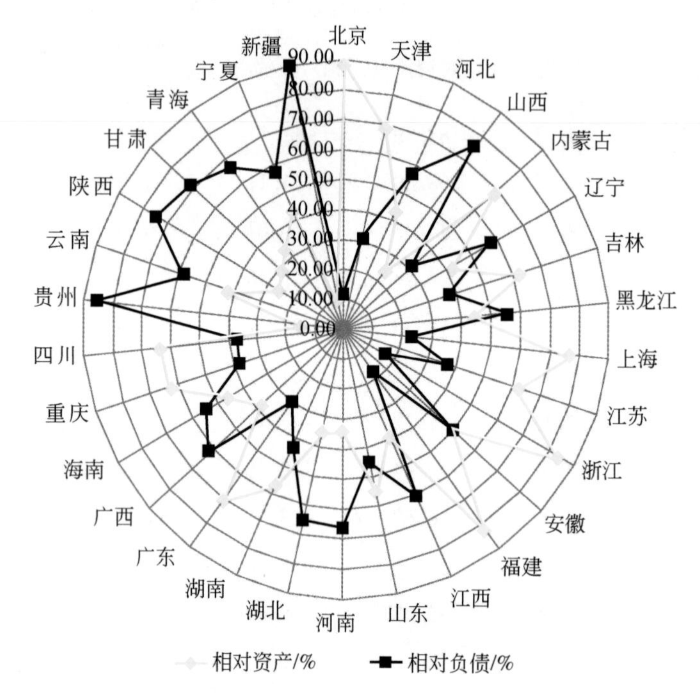

图 8-3　中国绿色设计之可创新能力“资产—负债”

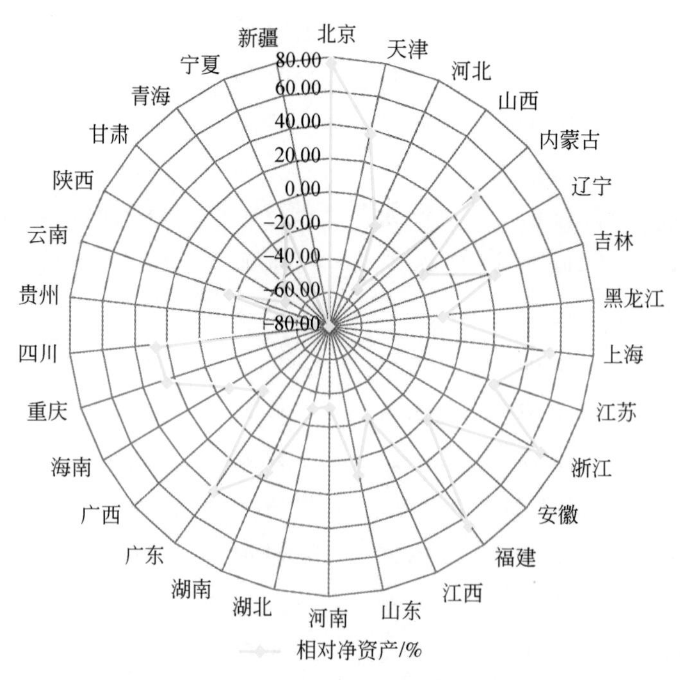

图 8-4　中国绿色设计之可创新能力相对净资产

表 8-4　中国绿色设计之可清洁能力“资产—负债”表

地区	可清洁能力“资产—负债”						
	资产	负债	相对资产/%	相对负债/%	相对净资产/%	资产评估系数	负债评估系数
北京	19.00	-12.00	63.33	-36.67	26.67	3.80	-2.40
天津	16.67	-14.33	55.56	-44.44	11.11	3.33	-2.87
河北	14.67	-16.33	48.89	-51.11	-2.22	2.93	-3.27
山西	14.67	-16.33	48.89	-51.11	-2.22	2.93	-3.27
内蒙古	19.33	-11.67	64.44	-35.56	28.89	3.87	-2.33
辽宁	11.00	-20.00	36.67	-63.33	-26.67	2.20	-4.00
吉林	7.00	-24.00	23.33	-76.67	-53.33	1.40	-4.80
黑龙江	10.67	-20.33	35.56	-64.44	-28.89	2.13	-4.07
上海	19.67	-11.33	65.56	-34.44	31.11	3.93	-2.27
江苏	20.67	-10.33	68.89	-31.11	37.78	4.13	-2.07
浙江	22.67	-8.33	75.56	-24.44	51.11	4.53	-1.67
安徽	22.33	-8.67	74.44	-25.56	48.89	4.47	-1.73
福建	18.33	-12.67	61.11	-38.89	22.22	3.67	-2.53
江西	12.33	-18.67	41.11	-58.89	-17.78	2.47	-3.73
山东	24.67	-6.33	82.22	-17.78	64.44	4.93	-1.27
河南	11.67	-19.33	38.89	-61.11	-22.22	2.33	-3.87
湖北	10.33	-20.67	34.44	-65.56	-31.11	2.07	-4.13
湖南	21.00	-10.00	70.00	-30.00	40.00	4.20	-2.00
广东	15.33	-15.67	51.11	-48.89	2.22	3.07	-3.13
广西	19.33	-11.67	64.44	-35.56	28.89	3.87	-2.33
海南	15.33	-15.67	51.11	-48.89	2.22	3.07	-3.13
重庆	15.33	-15.67	51.11	-48.89	2.22	3.07	-3.13
四川	20.33	-10.67	67.78	-32.22	35.56	4.07	-2.13
贵州	16.33	-14.67	54.44	-45.56	8.89	3.27	-2.93
云南	18.33	-12.67	61.11	-38.89	22.22	3.67	-2.53
西藏	—	—	—	—	—	—	—
陕西	15.00	-16.00	50.00	-50.00	0.00	3.00	-3.20
甘肃	5.33	-25.67	17.78	-82.22	-64.44	1.07	-5.13
青海	10.67	-20.33	35.56	-64.44	-28.89	2.13	-4.07
宁夏	12.67	-18.33	42.22	-57.78	-15.56	2.53	-3.67
新疆	9.67	-21.33	32.22	-67.78	-35.56	1.93	-4.27

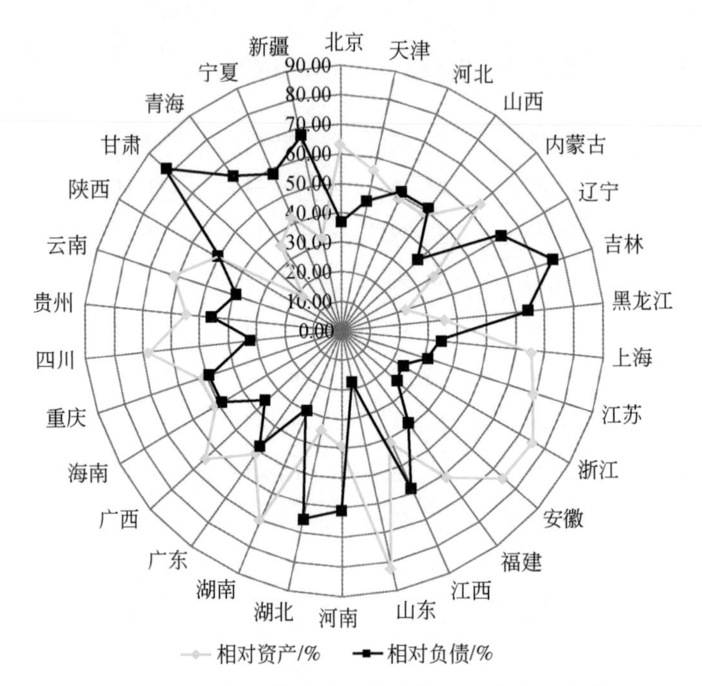

图 8-5 中国绿色设计之可清洁能力“资产—负债”

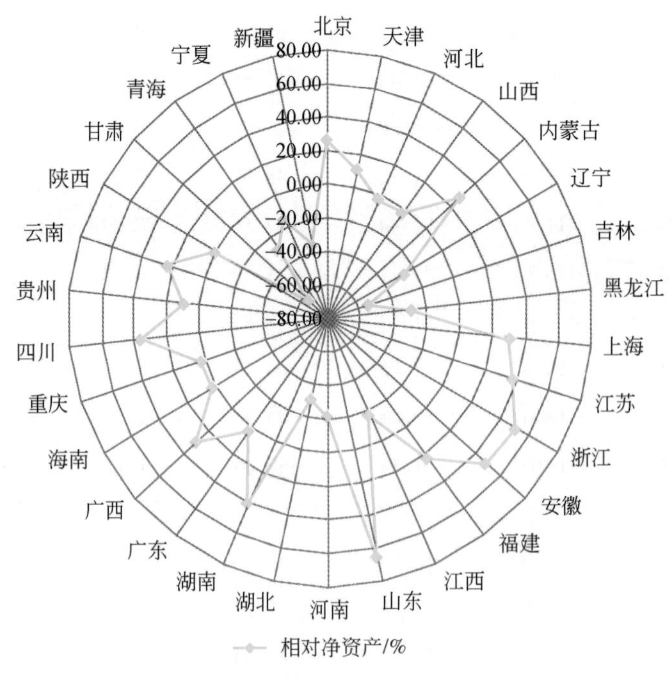

图 8-6 中国绿色设计之可清洁能力相对净资产

表 8-5　中国绿色设计之可循环能力“资产—负债”表

地区	可循环能力“资产—负债”						
	资产	负债	相对资产/%	相对负债/%	相对净资产/%	资产评估系数	负债评估系数
北京	25.67	-5.33	85.56	-14.44	71.11	5.13	-1.07
天津	29.67	-1.33	98.89	-1.11	97.78	5.93	-0.27
河北	13.33	-17.67	44.44	-55.56	-11.11	2.67	-3.53
山西	17.33	-13.67	57.78	-42.22	15.56	3.47	-2.73
内蒙古	7.33	-23.67	24.44	-75.56	-51.11	1.47	-4.73
辽宁	14.67	-16.33	48.89	-51.11	-2.22	2.93	-3.27
吉林	13.33	-17.67	44.44	-55.56	-11.11	2.67	-3.53
黑龙江	10.33	-20.67	34.44	-65.56	-31.11	2.07	-4.13
上海	29.00	-2.00	96.67	-3.33	93.33	5.80	-0.40
江苏	26.33	-4.67	87.78	-12.22	75.56	5.27	-0.93
浙江	23.00	-8.00	76.67	-23.33	53.33	4.60	-1.60
安徽	20.67	-10.33	68.89	-31.11	37.78	4.13	-2.07
福建	20.00	-11.00	66.67	-33.33	33.33	4.00	-2.20
江西	10.33	-20.67	34.44	-65.56	-31.11	2.07	-4.13
山东	23.33	-7.67	77.78	-22.22	55.56	4.67	-1.53
河南	20.67	-10.33	68.89	-31.11	37.78	4.13	-2.07
湖北	17.33	-13.67	57.78	-42.22	15.56	3.47	-2.73
湖南	10.00	-21.00	33.33	-66.67	-33.33	2.00	-4.20
广东	19.67	-11.33	65.56	-34.44	31.11	3.93	-2.27
广西	12.67	-18.33	42.22	-57.78	-15.56	2.53	-3.67
海南	12.67	-18.33	42.22	-57.78	-15.56	2.53	-3.67
重庆	16.67	-14.33	55.56	-44.44	11.11	3.33	-2.87
四川	5.33	-25.67	17.78	-82.22	-64.44	1.07	-5.13
贵州	10.33	-20.67	34.44	-65.56	-31.11	2.07	-4.13
云南	4.33	-26.67	14.44	-85.56	-71.11	0.87	-5.33
西藏	—	—	—	—	—	—	—
陕西	13.33	-17.67	44.44	-55.56	-11.11	2.67	-3.53
甘肃	7.33	-23.67	24.44	-75.56	-51.11	1.47	-4.73
青海	4.67	-26.33	15.56	-84.44	-68.89	0.93	-5.27
宁夏	22.67	-8.33	75.56	-24.44	51.11	4.53	-1.67
新疆	3.00	-28.00	10.00	-90.00	-80.00	0.60	-5.60

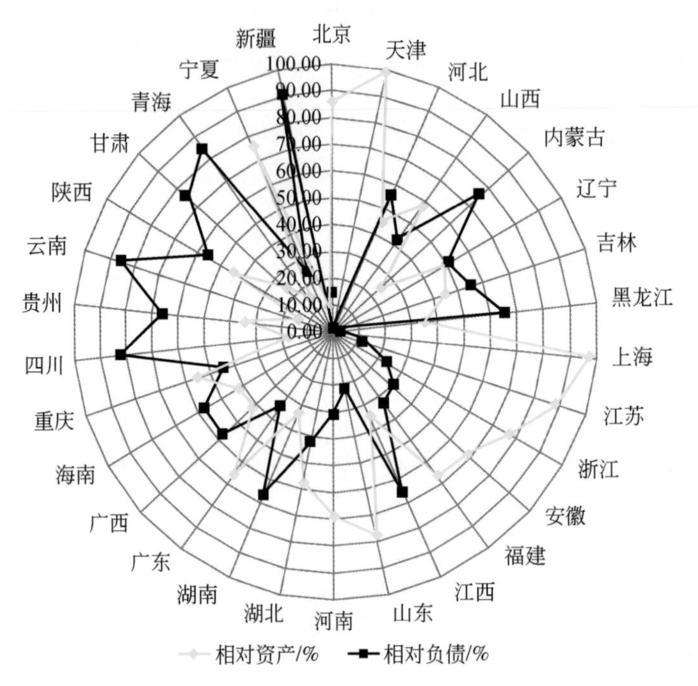

图 8-7　中国绿色设计之可循环能力“资产—负债”

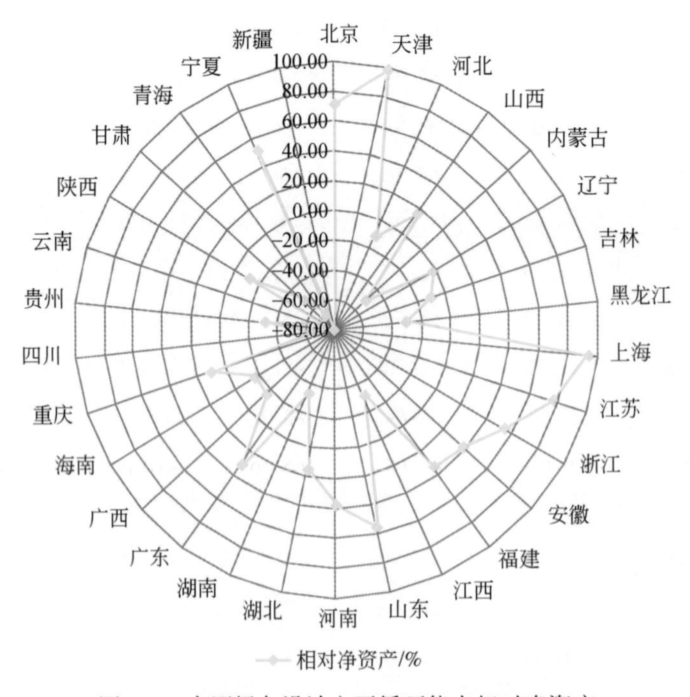

图 8-8　中国绿色设计之可循环能力相对净资产

表 8-6　中国绿色设计之可接受能力“资产—负债”表

地区	可接受能力“资产—负债”						
	资产	负债	相对资产/%	相对负债/%	相对净资产	资产评估系数	负债评估系数
北京	27.33	-3.67	91.11	-8.89	82.22	5.47	-0.73
天津	23.00	-8.00	76.67	-23.33	53.33	4.60	-1.60
河北	14.00	-17.00	46.67	-53.33	-6.67	2.80	-3.40
山西	8.00	-23.00	26.67	-73.33	-46.67	1.60	-4.60
内蒙古	9.67	-21.33	32.22	-67.78	-35.56	1.93	-4.27
辽宁	17.33	-13.67	57.78	-42.22	15.56	3.47	-2.73
吉林	15.00	-16.00	50.00	-50.00	0.00	3.00	-3.20
黑龙江	12.33	-18.67	41.11	-58.89	-17.78	2.47	-3.73
上海	26.67	-4.33	88.89	-11.11	77.78	5.33	-0.87
江苏	26.33	-4.67	87.78	-12.22	75.56	5.27	-0.93
浙江	25.33	-5.67	84.44	-15.56	68.89	5.07	-1.13
安徽	12.67	-18.33	42.22	-57.78	-15.56	2.53	-3.67
福建	17.33	-13.67	57.78	-42.22	15.56	3.47	-2.73
江西	11.00	-20.00	36.67	-63.33	-26.67	2.20	-4.00
山东	22.67	-8.33	75.56	-24.44	51.11	4.53	-1.67
河南	15.33	-15.67	51.11	-48.89	2.22	3.07	-3.13
湖北	21.67	-9.33	72.22	-27.78	44.44	4.33	-1.87
湖南	12.67	-18.33	42.22	-57.78	-15.56	2.53	-3.67
广东	24.00	-7.00	80.00	-20.00	60.00	4.80	-1.40
广西	14.33	-16.67	47.78	-52.22	-4.44	2.87	-3.33
海南	12.33	-18.67	41.11	-58.89	-17.78	2.47	-3.73
重庆	13.67	-17.33	45.56	-54.44	-8.89	2.73	-3.47
四川	18.33	-12.67	61.11	-38.89	22.22	3.67	-2.53
贵州	5.33	-25.67	17.78	-82.22	-64.44	1.07	-5.13
云南	10.33	-20.67	34.44	-65.56	-31.11	2.07	-4.13
西藏	—	—	—	—	—	—	—
陕西	17.00	-14.00	56.67	-43.33	13.33	3.40	-2.80
甘肃	8.33	-22.67	27.78	-72.22	-44.44	1.67	-4.53
青海	10.67	-20.33	35.56	-64.44	-28.89	2.13	-4.07
宁夏	11.00	-20.00	36.67	-63.33	-26.67	2.20	-4.00
新疆	9.33	-21.67	31.11	-68.89	-37.78	1.87	-4.33

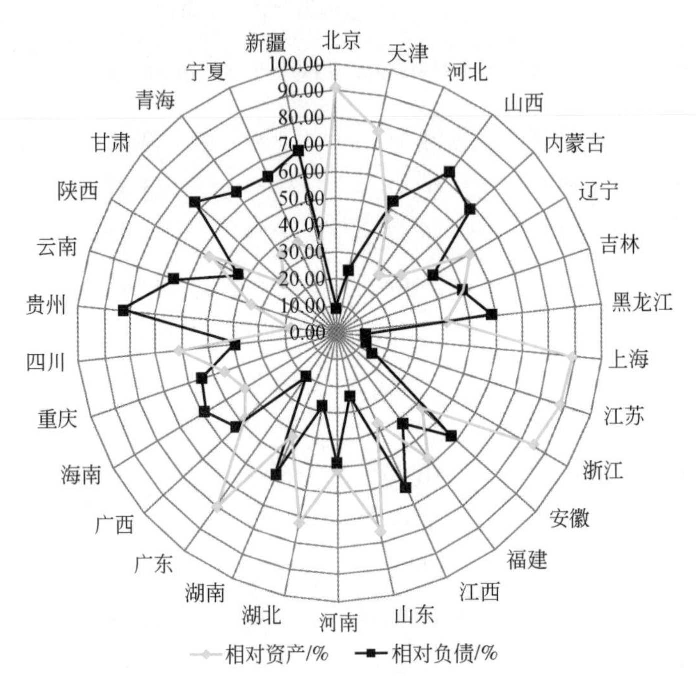

图 8-9 中国绿色设计之可接受能力“资产—负债”

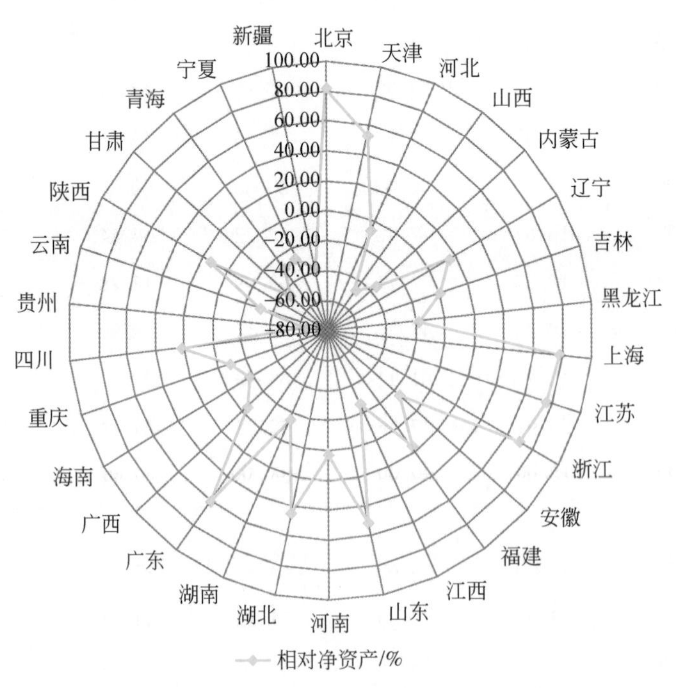

图 8-10 中国绿色设计之可接受能力相对净资产

表 8-7 中国绿色设计之可持续能力“资产—负债”表

地区	可持续能力“资产—负债”						
	资产	负债	相对资产/%	相对负债/%	相对净资产	资产评估系数	负债评估系数
北京	25.67	-5.33	85.56	-14.44	71.11	5.13	-1.07
天津	24.33	-6.67	81.11	-18.89	62.22	4.87	-1.33
河北	17.00	-14.00	56.67	-43.33	13.33	3.40	-2.80
山西	13.67	-17.33	45.56	-54.44	-8.89	2.73	-3.47
内蒙古	8.00	-23.00	26.67	-73.33	-46.67	1.60	-4.60
辽宁	18.00	-13.00	60.00	-40.00	20.00	3.60	-2.60
吉林	17.33	-13.67	57.78	-42.22	15.56	3.47	-2.73
黑龙江	14.33	-16.67	47.78	-52.22	-4.44	2.87	-3.33
上海	27.33	-3.67	91.11	-8.89	82.22	5.47	-0.73
江苏	20.00	-11.00	66.67	-33.33	33.33	4.00	-2.20
浙江	22.67	-8.33	75.56	-24.44	51.11	4.53	-1.67
安徽	14.67	-16.33	48.89	-51.11	-2.22	2.93	-3.27
福建	19.33	-11.67	64.44	-35.56	28.89	3.87	-2.33
江西	16.00	-15.00	53.33	-46.67	6.67	3.20	-3.00
山东	17.00	-14.00	56.67	-43.33	13.33	3.40	-2.80
河南	16.33	-14.67	54.44	-45.56	8.89	3.27	-2.93
湖北	16.33	-14.67	54.44	-45.56	8.89	3.27	-2.93
湖南	18.33	-12.67	61.11	-38.89	22.22	3.67	-2.53
广东	21.67	-9.33	72.22	-27.78	44.44	4.33	-1.87
广西	12.67	-18.33	42.22	-57.78	-15.56	2.53	-3.67
海南	11.33	-19.67	37.78	-62.22	-24.44	2.27	-3.93
重庆	19.67	-11.33	65.56	-34.44	31.11	3.93	-2.27
四川	16.33	-14.67	54.44	-45.56	8.89	3.27	-2.93
贵州	10.33	-20.67	34.44	-65.56	-31.11	2.07	-4.13
云南	12.00	-19.00	40.00	-60.00	-20.00	2.40	-3.80
西藏	—	—	—	—	—	—	—
陕西	14.67	-16.33	48.89	-51.11	-2.22	2.93	-3.27
甘肃	12.33	-18.67	41.11	-58.89	-17.78	2.47	-3.73
青海	11.33	-19.67	37.78	-62.22	-24.44	2.27	-3.93
宁夏	11.67	-19.33	38.89	-61.11	-22.22	2.33	-3.87
新疆	8.00	-23.00	26.67	-73.33	-46.67	1.60	-4.60

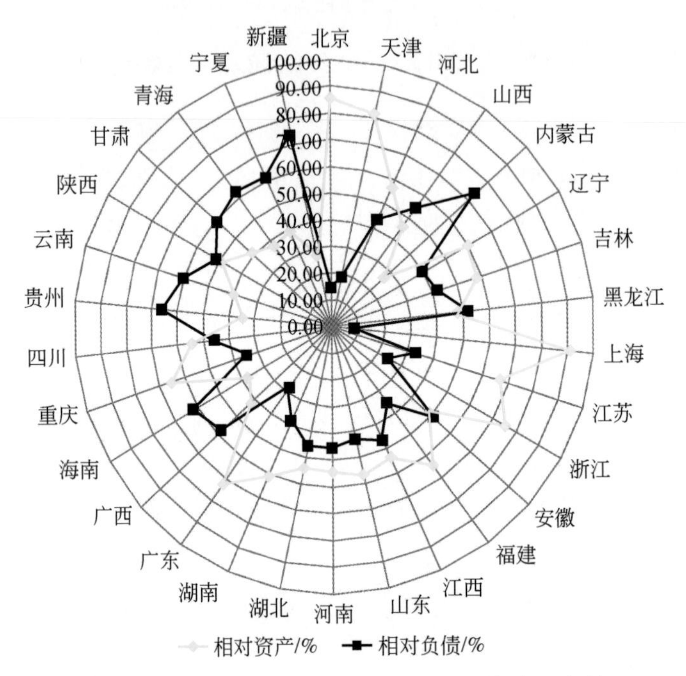

图 8-11　中国绿色设计之可持续能力“资产—负债”

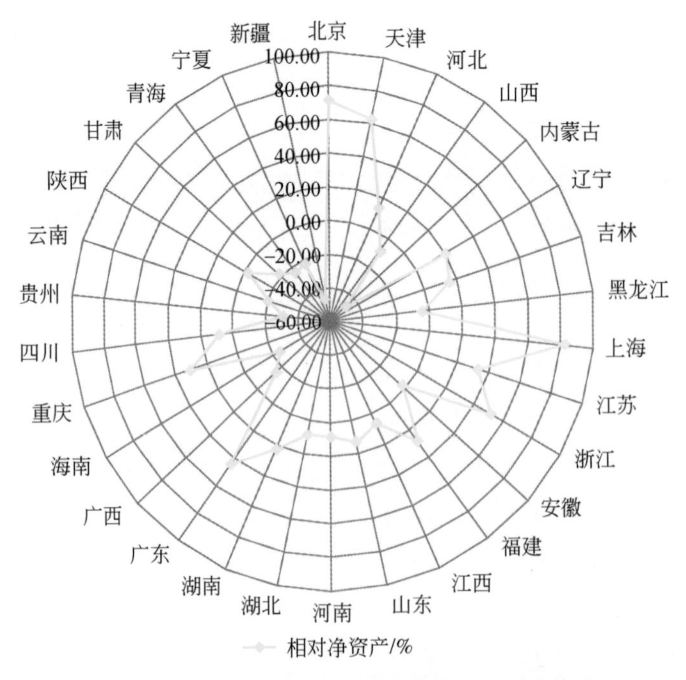

图 8-12　中国绿色设计之可持续能力相对净资产

表 8-8　中国绿色设计分项能力相对净资产表

地区	可创新能力		可清洁能力		可循环能力		可接受能力		可持续能力	
北京	77.78	●	26.67	●	71.11	●	82.22	●	71.11	●
天津	37.78	●	11.11	●	97.78	●	53.33	●	62.22	●
河北	-13.33	○	-2.22	○	-11.11	○	-6.67	○	13.33	●
山西	-51.11	○	-2.22	○	15.56	●	-46.67	○	-8.89	○
内蒙古	37.78	●	28.89	●	-51.11	○	-35.56	○	-46.67	○
辽宁	-15.56	○	-26.67	○	-2.22	○	15.56	●	20.00	●
吉林	24.44	●	-53.33	○	-11.11	○	0.00	●	15.56	●
黑龙江	-11.11	○	-28.89	○	-31.11	○	-17.78	○	-4.44	○
上海	53.33	●	31.11	●	93.33	●	77.78	●	82.22	●
江苏	24.44	●	37.78	●	75.56	●	75.56	●	33.33	●
浙江	66.67	●	51.11	●	53.33	●	68.89	●	51.11	●
安徽	0.00	●	48.89	●	37.78	●	-15.56	○	-2.22	○
福建	64.44	●	22.22	●	33.33	●	15.56	●	28.89	●
江西	-22.22	○	-17.78	○	-31.11	○	-26.67	○	6.67	●
山东	8.89	●	64.44	●	55.56	●	51.11	●	13.33	●
河南	-33.33	○	-22.22	○	37.78	●	2.22	●	8.89	●
湖北	-31.11	○	-31.11	○	15.56	●	44.44	●	8.89	●
湖南	13.33	●	40.00	●	-33.33	○	-15.56	○	22.22	●
广东	40.00	●	2.22	●	31.11	●	60.00	●	44.44	●
广西	-24.44	○	28.89	●	-15.56	○	-4.44	○	-15.56	○
海南	-8.89	○	2.22	●	-15.56	○	-17.78	○	-24.44	○
重庆	24.44	●	2.22	●	11.11	●	-8.89	○	31.11	●
四川	26.67	●	35.56	●	-64.44	○	22.22	●	8.89	●
贵州	-71.11	○	8.89	●	-31.11	○	-64.44	○	-31.11	○
云南	-15.56	○	22.22	●	-71.11	○	-31.11	○	-20.00	○
陕西	-48.89	○	0.00	●	-11.11	○	13.33	●	-2.22	○
甘肃	-42.22	○	-64.44	○	-51.11	○	-44.44	○	-17.78	○
青海	-33.33	○	-28.89	○	-68.89	○	-28.89	○	-24.44	○
宁夏	-13.33	○	-15.56	○	51.11	●	-26.67	○	22.22	●
新疆	-80.00	○	-35.56	○	-80.00	○	-37.78	○	-46.67	○

注：●表示资产大于负债，○表示资产小于负债。

第二节　中国各地区绿色设计水平的"资产—负债"分析

一、北京绿色设计水平"资产—负债"分析

1. 一般概况

北京市土地面积为 1.64 万平方公里，2014 年人口数量为 2 152 万人，人均地区生产总值为 99 995 元，人均科学技术支出为 1 314 元，专利申请授权量为 74 661 项。经本报告测算，北京市 2014 年绿色设计贡献率指数为 0.884，其中绿色设计本底度指数为 1.000，绿色设计推进度指数为 0.585，绿色设计覆盖度指数为 1.000。

2. 绿色设计水平的"资产—负债"分析

由图 8-13 和表 8-9 可以看出：

（1）可创新能力：资产累计为 26.67，相对资产得分为 88.89%。负债累计为-4.33，相对负债得分为-11.11%。在该大项中，相对净资产得分为 77.78%。

（2）可清洁能力：资产累计为 19.00，相对资产得分为 63.33%。负债累计为-12.00，相对负债得分为-36.67%。在该大项中，相对净资产得分为 26.67%。

（3）可循环能力：资产累计为 25.67，相对资产得分为 85.56%。负债累计为-5.33，相对负债得分为-14.44%。在该大项中，相对净资产得分为 71.11%。

（4）可接受能力：资产累计为 27.33，相对资产得分为 91.11%。负债累计为-3.67，相对负债得分为-8.89%。在该大项中，相对净资产得分为 82.22%。

（5）可持续能力：资产累计为 25.67，相对资产得分为 85.56%。负债累计为-5.33，相对负债得分为-14.44%。在该大项中，相对净资产得分为 71.11%。

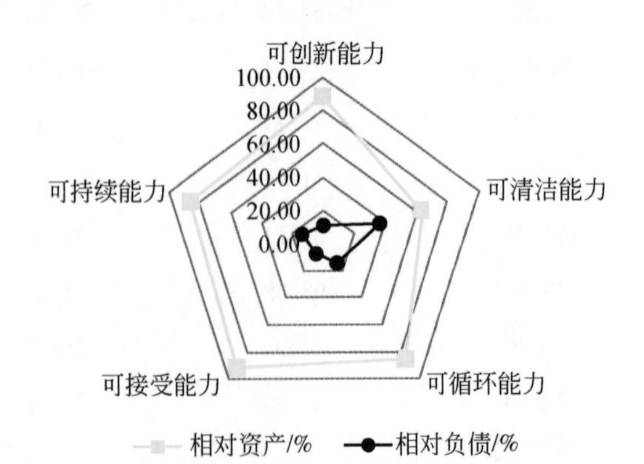

图 8-13　北京绿色设计水平"资产—负债"

总计上述五项，总资产累计为 24.87，相对资产得分为 82.89%。负债累计为-6.13，相对负债得分为-17.11%，相对净资产得分为 65.78%。

表 8-9　北京绿色设计水平“资产—负债”表

项目	指标	资产		负债		相对资产/%		相对负债/%		相对净
		要素	指数	要素	指数	要素	指数	要素	指数	资产/%
可创新能力	新产品设计研发投入	25	26.67	-6	-4.33	83.33	88.89	-16.67	-11.11	77.78
	外观设计专利授权率	25		-6		83.33		-16.67		
	绿色设计本底度指数	30		-1		100.00		0.00		
可清洁能力	生活垃圾综合处理率	25	19.00	-6	-12.00	83.33	63.33	-16.67	-36.67	26.67
	工业废水综合处理率	2		-29		6.67		-93.33		
	绿色设计覆盖度指数	30		-1		100.00		0.00		
可循环能力	可再生能源分布结构	28	25.67	-3	-5.33	93.33	85.56	-6.67	-14.44	71.11
	工业固废循环利用率	24		-7		80.00		-20.00		
	水资源重复利用效率	25		-6		83.33		-16.67		
可接受能力	绿色交通的运营水平	30	27.33	-1	-3.67	100.00	91.11	0.00	-8.89	82.22
	绿色建筑的认证水平	23		-8		76.67		-23.33		
	绿色设计关注度指数	29		-2		96.67		-3.33		
可持续能力	绿色设计碳足迹指数	27	25.67	-4	-5.33	90.00	85.56	-10.00	-14.44	71.11
	节能减排目标达成率	25		-6		83.33		-16.67		
	绿色设计推进度指数	25		-6		83.33		-16.67		
绿色设计能力总水平		24.87		-6.13		82.89		-17.11		65.78

二、天津绿色设计水平“资产—负债”分析

1. 一般概况

天津市土地面积为 1.19 万平方公里，2014 年人口数量为 1 517 万人，人均地区生产总值为 105 231 元，人均科学技术支出为 719 元，专利申请授权量为 26 351 项。经本报告测算，天津市 2014 年绿色设计贡献率指数为 0.477，其中绿色设计本底度指数为 0.576，绿色设计推进度指数为 0.362，绿色设计覆盖度指数为 0.471。

2. 绿色设计水平的“资产—负债”分析

由图 8-14 和表 8-10 可以看出：

（1）可创新能力：资产累计为 20.67，相对资产得分为 68.89%。负债累计为-10.33，相对负债得分为-31.11%。在该大项中，相对净资产得分为 37.78%。

（2）可清洁能力：资产累计为 16.67，相对资产得分为 55.56%。负债累计为-14.33，相对负债得分为-44.44%。在该大项中，相对净资产得分为 11.11%。

（3）可循环能力：资产累计为 29. 67，相对资产得分为 98. 89%。负债累计为-1. 33，相对负债得分为-1. 11%。在该大项中，相对净资产得分为 97. 78%。

（4）可接受能力：资产累计为 23. 00，相对资产得分为 76. 67%。负债累计为-8. 00，相对负债得分为-23. 33%。在该大项中，相对净资产得分为 53. 33%。

（5）可持续能力：资产累计为 24. 33，相对资产得分为 81. 11%。负债累计为-6. 67，相对负债得分为-18. 89%。在该大项中，相对净资产得分为 62. 22%。

总计上述五项，总资产累计为 22. 87，相对资产得分为 76. 22%。负债累计为-8. 13，相对负债得分为-23. 78%，相对净资产得分为 52. 44%。

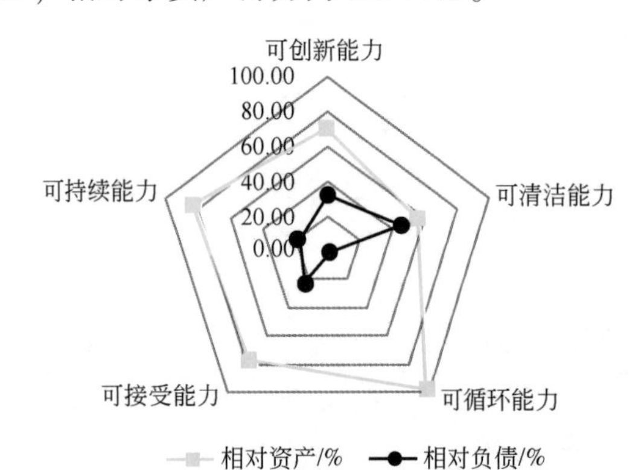

图 8-14　天津绿色设计水平“资产—负债”

表 8-10　天津绿色设计水平“资产—负债”表

项目	指标	资产		负债		相对资产/%		相对负债/%		相对净资产/%
		要素	指数	要素	指数	要素	指数	要素	指数	
可创新能力	新产品设计研发投入	28	20. 67	-3	-10. 33	93. 33	68. 89	-6. 67	-31. 11	37. 78
	外观设计专利授权率	6		-25		20. 00		-80. 00		
	绿色设计本底度指数	28		-3		93. 33		-6. 67		
可清洁能力	生活垃圾综合处理率	20	16. 67	-11	-14. 33	66. 67	55. 56	-33. 33	-44. 44	11. 11
	工业废水综合处理率	8		-23		26. 67		-73. 33		
	绿色设计覆盖度指数	22		-9		73. 33		-26. 67		
可循环能力	可再生能源分布结构	29	29. 67	-2	-1. 33	96. 67	98. 89	-3. 33	-1. 11	97. 78
	工业固废循环利用率	30		-1		100. 00		0. 00		
	水资源重复利用效率	30		-1		100. 00		0. 00		
可接受能力	绿色交通的运营水平	28	23. 00	-3	-8. 00	93. 33	76. 67	-6. 67	-23. 33	53. 33
	绿色建筑的认证水平	21		-10		70. 00		-30. 00		
	绿色设计关注度指数	20		-11		66. 67		-33. 33		
可持续能力	绿色设计碳足迹指数	26	24. 33	-5	-6. 67	86. 67	81. 11	-13. 33	-18. 89	62. 22
	节能减排目标达成率	30		-1		100. 00		0. 00		
	绿色设计推进度指数	17		-14		56. 67		-43. 33		
绿色设计能力总水平		22. 87		-8. 13		76. 22		-23. 78		52. 44

三、河北绿色设计水平“资产—负债”分析

1. 一般概况

河北省土地面积为18.84万平方公里，2014年人口数量为7 384万人，人均地区生产总值为39 984元，人均科学技术支出为70元，专利申请授权量为20 132项。经本报告测算，河北省2014年绿色设计贡献率指数为0.316，其中绿色设计本底度指数为0.149，绿色设计推进度指数为0.503，绿色设计覆盖度指数为0.156。

2. 绿色设计水平的“资产—负债”分析

由图8-15和表8-11可以看出：

（1）可创新能力：资产累计为13.00，相对资产得分为43.33%。负债累计为-18.00，相对负债得分为-56.67%。在该大项中，相对净资产得分为-13.33%。

（2）可清洁能力：资产累计为14.67，相对资产得分为48.89%。负债累计为-16.33，相对负债得分为-51.11%。在该大项中，相对净资产得分为-2.22%。

（3）可循环能力：资产累计为13.33，相对资产得分为44.44%。负债累计为-17.67，相对负债得分为-55.56%。在该大项中，相对净资产得分为-11.11%。

（4）可接受能力：资产累计为14.00，相对资产得分为46.67%。负债累计为-17.00，相对负债得分为-53.33%。在该大项中，相对净资产得分为-6.67%。

（5）可持续能力：资产累计为17.00，相对资产得分为56.67%。负债累计为-14.00，相对负债得分为-43.33%。在该大项中，相对净资产得分为13.33%。

总计上述五项，总资产累计为14.40，相对资产得分为48.00%。负债累计为-16.60，相对负债得分为-52.00%，相对净资产得分为-4.00%。

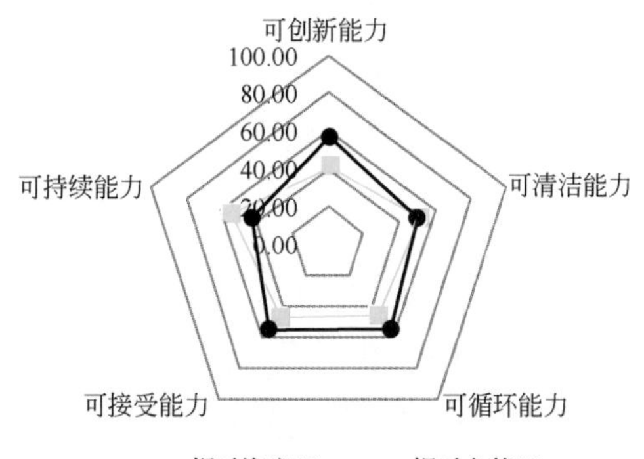

图8-15　河北绿色设计水平“资产—负债”

表 8-11　河北绿色设计水平“资产—负债”表

项目	指标	资产		负债		相对资产/%		相对负债/%		相对净
		要素	指数	要素	指数	要素	指数	要素	指数	资产/%
可创新能力	新产品设计研发投入	9	13.00	-22	-18.00	30.00	43.33	-70.00	-56.67	-13.33
	外观设计专利授权率	17		-14		56.67		-43.33		
	绿色设计本底度指数	13		-18		43.33		-56.67		
可清洁能力	生活垃圾综合处理率	7	14.67	-24	-16.33	23.33	48.89	-76.67	-51.11	-2.22
	工业废水综合处理率	30		-1		100.00		0.00		
	绿色设计覆盖度指数	7		-24		23.33		-76.67		
可循环能力	可再生能源分布结构	13	13.33	-18	-17.67	43.33	44.44	-56.67	-55.56	-11.11
	工业固废循环利用率	3		-28		10.00		-90.00		
	水资源重复利用效率	24		-7		80.00		-20.00		
可接受能力	绿色交通的运营水平	11	14.00	-20	-17.00	36.67	46.67	-63.33	-53.33	-6.67
	绿色建筑的认证水平	27		-4		90.00		-10.00		
	绿色设计关注度指数	4		-27		13.33		-86.67		
可持续能力	绿色设计碳足迹指数	2	17.00	-29	-14.00	6.67	56.67	-93.33	-43.33	13.33
	节能减排目标达成率	25		-6		83.33		-16.67		
	绿色设计推进度指数	24		-7		80.00		-20.00		
绿色设计能力总水平		14.40		-16.60		48.00		-52.00		-4.00

四、山西绿色设计水平“资产—负债”分析

1. 一般概况

山西省土地面积为 15.67 万平方公里，2014 年人口数量为 3 648 万人，人均地区生产总值为 35 070 元，人均科学技术支出为 149 元，专利申请授权量为 8 371 项。经本报告测算，山西省 2014 年绿色设计贡献率指数为 0.201，其中绿色设计本底度指数为 0.146，绿色设计推进度指数为 0.274，绿色设计覆盖度指数为 0.159。

2. 绿色设计水平的“资产—负债”分析

由图 8-16 和表 8-12 可以看出：

（1）可创新能力：资产累计为 7.33，相对资产得分为 24.44%。负债累计为-23.67，相对负债得分为-75.56%。在该大项中，相对净资产得分为-51.11%。

（2）可清洁能力：资产累计为 14.67，相对资产得分为 48.89%。负债累计为-16.33，相对负债得分为-51.11%。在该大项中，相对净资产得分为-2.22%。

（3）可循环能力：资产累计为 17.33，相对资产得分为 57.78%。负债累计为-13.67，相对负债得分为-42.22%。在该大项中，相对净资产得分为 15.56%。

(4) 可接受能力：资产累计为 8.00，相对资产得分为 26.67%。负债累计为-23.00，相对负债得分为-73.33%。在该大项中，相对净资产得分为-46.67%。

(5) 可持续能力：资产累计为 13.67，相对资产得分为 45.56%。负债累计为-17.33，相对负债得分为-54.44%。在该大项中，相对净资产得分为-8.89%。

总计上述五项，总资产累计为 12.20，相对资产得分为 40.67%。负债累计为-18.80，相对负债得分为-59.33%，相对净资产得分为-18.67%。

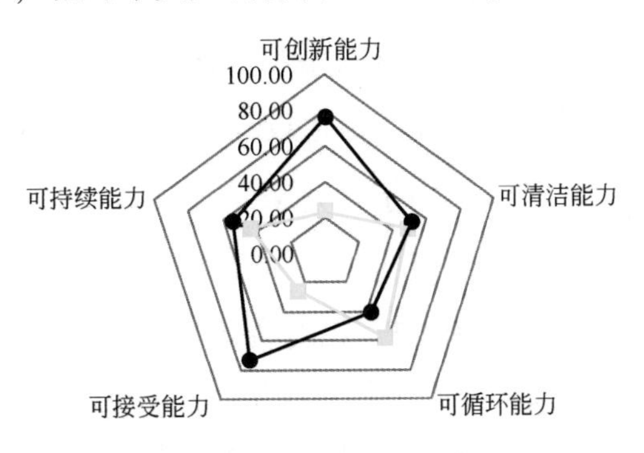

图 8-16　山西绿色设计水平“资产—负债”

表 8-12　山西绿色设计水平“资产—负债”表

项目	指标	资产		负债		相对资产/%		相对负债/%		相对净
		要素	指数	要素	指数	要素	指数	要素	指数	资产/%
可创新能力	新产品设计研发投入	10	7.33	-21	-23.67	33.33	24.44	-66.67	-75.56	-51.11
	外观设计专利授权率	1		-30		3.33		-96.67		
	绿色设计本底度指数	11		-20		36.67		-63.33		
可清洁能力	生活垃圾综合处理率	10	14.67	-21	-16.33	33.33	48.89	-66.67	-51.11	-2.22
	工业废水综合处理率	20		-11		66.67		-33.33		
	绿色设计覆盖度指数	14		-17		46.67		-53.33		
可循环能力	可再生能源分布结构	19	17.33	-12	-13.67	63.33	57.78	-36.67	-42.22	15.56
	工业固废循环利用率	16		-15		53.33		-46.67		
	水资源重复利用效率	17		-14		56.67		-43.33		
可接受能力	绿色交通的运营水平	9	8.00	-22	-23.00	30.00	26.67	-70.00	-73.33	-46.67
	绿色建筑的认证水平	9		-22		30.00		-70.00		
	绿色设计关注度指数	6		-25		20.00		-80.00		
可持续能力	绿色设计碳足迹指数	4	13.67	-27	-17.33	13.33	45.56	-86.67	-54.44	-8.89
	节能减排目标达成率	21		-10		70.00		-30.00		
	绿色设计推进度指数	16		-15		53.33		-46.67		
绿色设计能力总水平		12.20		-18.80		40.67		-59.33		-18.67

五、内蒙古绿色设计水平“资产—负债”分析

1. 一般概况

内蒙古自治区土地面积为114.51万平方公里，2014年人口数量为2 505万人，人均地区生产总值为71 046元，人均科学技术支出为131元，专利申请授权量为4 031项。经本报告测算，内蒙古自治区2014年绿色设计贡献率指数为0.180，其中绿色设计本底度指数为0.125，绿色设计推进度指数为0.236，绿色设计覆盖度指数为0.159。

2. 绿色设计水平的“资产—负债”分析

由图8-17和表8-13可以看出：

（1）可创新能力：资产累计为20.67，相对资产得分为68.89%。负债累计为-10.33，相对负债得分为-31.11%。在该大项中，相对净资产得分为37.78%。

（2）可清洁能力：资产累计为19.33，相对资产得分为64.44%。负债累计为-11.67，相对负债得分为-35.56%。在该大项中，相对净资产得分为28.89%。

（3）可循环能力：资产累计为7.33，相对资产得分为24.44%。负债累计为-23.67，相对负债得分为-75.56%。在该大项中，相对净资产得分为-51.11%。

（4）可接受能力：资产累计为9.67，相对资产得分为32.22%。负债累计为-21.33，相对负债得分为-67.78%。在该大项中，相对净资产得分为-35.56%。

（5）可持续能力：资产累计为8.00，相对资产得分为26.67%。负债累计为-23.00，相对负债得分为-73.33%。在该大项中，相对净资产得分为-46.67%。

总计上述五项，总资产累计为13.00，相对资产得分为43.33%。负债累计为-18.00，相对负债得分为-56.67%，相对净资产得分为-13.33%。

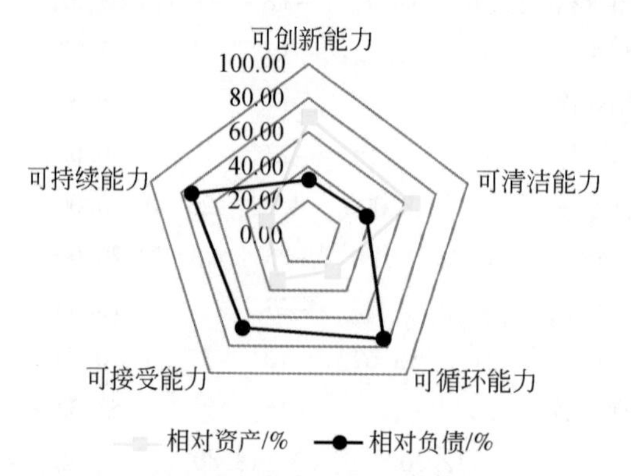

图8-17　内蒙古绿色设计水平“资产—负债”

表 8-13 内蒙古绿色设计水平“资产—负债”表

项目	指标	资产		负债		相对资产/%		相对负债/%		相对净资产/%
		要素	指数	要素	指数	要素	指数	要素	指数	
可创新能力	新产品设计研发投入	24	20.67	-7	-10.33	80.00	68.89	-20.00	-31.11	37.78
	外观设计专利授权率	29		-2		96.67		-3.33		
	绿色设计本底度指数	9		-22		30.00		-70.00		
可清洁能力	生活垃圾综合处理率	19	19.33	-12	-11.67	63.33	64.44	-36.67	-35.56	28.89
	工业废水综合处理率	25		-6		83.33		-16.67		
	绿色设计覆盖度指数	14		-17		46.67		-53.33		
可循环能力	可再生能源分布结构	2	7.33	-29	-23.67	6.67	24.44	-93.33	-75.56	-51.11
	工业固废循环利用率	10		-21		33.33		-66.67		
	水资源重复利用效率	10		-21		33.33		-66.67		
可接受能力	绿色交通的运营水平	10	9.67	-21	-21.33	33.33	32.22	-66.67	-67.78	-35.56
	绿色建筑的认证水平	11		-20		36.67		-63.33		
	绿色设计关注度指数	8		-23		26.67		-73.33		
可持续能力	绿色设计碳足迹指数	1	8.00	-30	-23.00	3.33	26.67	-96.67	-73.33	-46.67
	节能减排目标达成率	9		-22		30.00		-70.00		
	绿色设计推进度指数	14		-17		46.67		-53.33		
绿色设计能力总水平		13.00		-18.00		43.33		-56.67		-13.33

六、辽宁绿色设计水平“资产—负债”分析

1. 一般概况

辽宁省土地面积为14.81万平方公里，2014年人口数量为4 391万人，人均地区生产总值为65 201元，人均科学技术支出为248元，专利申请授权量为19 525项。经本报告测算，辽宁省2014年绿色设计贡献率指数为0.309，其中绿色设计本底度指数为0.243，绿色设计推进度指数为0.467，绿色设计覆盖度指数为0.099。

2. 绿色设计水平的“资产—负债”分析

由图8-18和表8-14可以看出：

（1）可创新能力：资产累计为12.67，相对资产得分为42.22%。负债累计为-18.33，相对负债得分为-57.78%。在该大项中，相对净资产得分为-15.56%。

（2）可清洁能力：资产累计为11.00，相对资产得分为36.67%。负债累计为-20.00，相对负债得分为-63.33%。在该大项中，相对净资产得分为-26.67%。

（3）可循环能力：资产累计为14.67，相对资产得分为48.89%。负债累计为-16.33，相对负债得分为-51.11%。在该大项中，相对净资产得分为-2.22%。

（4）可接受能力：资产累计为 17.33，相对资产得分为 57.78%。负债累计为-13.67，相对负债得分为-42.22%。在该大项中，相对净资产得分为 15.56%。

（5）可持续能力：资产累计为 18.00，相对资产得分为 60.00%。负债累计为-13.00，相对负债得分为-40.00%。在该大项中，相对净资产得分为 20.00%。

总计上述五项，总资产累计为 14.73，相对资产得分为 49.11%。负债累计为-16.27，相对负债得分为-50.89%，相对净资产得分为-1.78%。

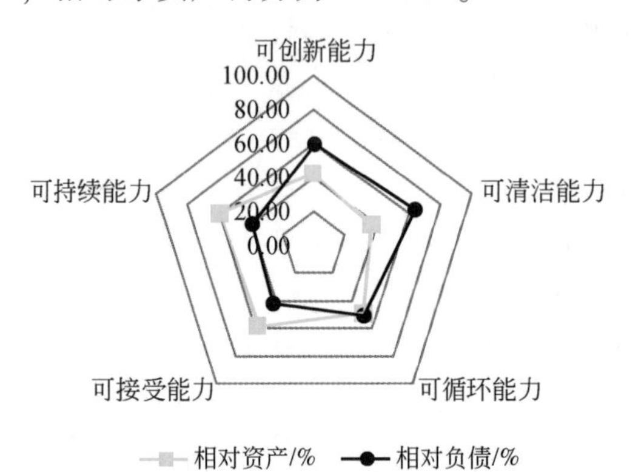

图 8-18　辽宁绿色设计水平“资产—负债”

表 8-14　辽宁绿色设计水平“资产—负债”表

项目	指标	资产		负债		相对资产/%		相对负债/%		相对净资产/%
		要素	指数	要素	指数	要素	指数	要素	指数	
可创新能力	新产品设计研发投入	7	12.67	-24	-18.33	23.33	42.22	-76.67	-57.78	-15.56
	外观设计专利授权率	10		-21		33.33		-66.67		
	绿色设计本底度指数	21		-10		70.00		-30.00		
可清洁能力	生活垃圾综合处理率	9	11.00	-22	-20.00	30.00	36.67	-70.00	-63.33	-26.67
	工业废水综合处理率	22		-9		73.33		-26.67		
	绿色设计覆盖度指数	2		-29		6.67		-93.33		
可循环能力	可再生能源分布结构	17	14.67	-14	-16.33	56.67	48.89	-43.33	-51.11	-2.22
	工业固废循环利用率	1		-30		3.33		-96.67		
	水资源重复利用效率	26		-5		86.67		-13.33		
可接受能力	绿色交通的运营水平	26	17.33	-5	-13.67	86.67	57.78	-13.33	-42.22	15.56
	绿色建筑的认证水平	20		-11		66.67		-33.33		
	绿色设计关注度指数	6		-25		20.00		-80.00		
可持续能力	绿色设计碳足迹指数	7	18.00	-24	-13.00	23.33	60.00	-76.67	-40.00	20.00
	节能减排目标达成率	25		-6		83.33		-16.67		
	绿色设计推进度指数	22		-9		73.33		-26.67		
绿色设计能力总水平		14.73		-16.27		49.11		-50.89		-1.78

七、吉林绿色设计水平“资产—负债”分析

1. 一般概况

吉林省土地面积为19.11万平方公里，2014年人口数量为2 752万人，人均地区生产总值为50 160元，人均科学技术支出为132元，专利申请授权量为6 696项。经本报告测算，吉林省2014年绿色设计贡献率指数为0.198，其中绿色设计本底度指数为0.192，绿色设计推进度指数为0.234，绿色设计覆盖度指数为0.159。

2. 绿色设计水平的“资产—负债”分析

由图8-19和表8-15可以看出：

（1）可创新能力：资产累计为18.67，相对资产得分为62.22%。负债累计为-12.33，相对负债得分为-37.78%。在该大项中，相对净资产得分为24.44%。

（2）可清洁能力：资产累计为7.00，相对资产得分为23.33%。负债累计为-24.00，相对负债得分为-76.67%。在该大项中，相对净资产得分为-53.33%。

（3）可循环能力：资产累计为13.33，相对资产得分为44.44%。负债累计为-17.67，相对负债得分为-55.56%。在该大项中，相对净资产得分为-11.11%。

（4）可接受能力：资产累计为15.00，相对资产得分为50.00%。负债累计为-16.00，相对负债得分为-50.00%。在该大项中，相对净资产得分为0.00%。

（5）可持续能力：资产累计为17.33，相对资产得分为57.78%。负债累计为-13.67，相对负债得分为-42.22%。在该大项中，相对净资产得分为15.56%。

总计上述五项，总资产累计为14.27，相对资产得分为47.56%。负债累计为-16.73，相对负债得分为-52.44%，相对净资产得分为-4.89%。

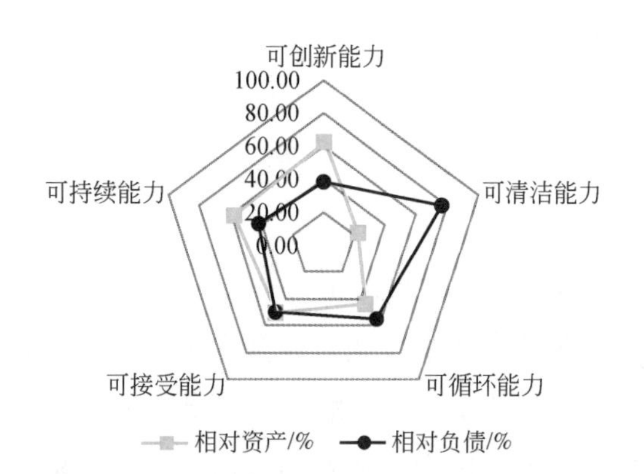

图8-19　吉林绿色设计水平“资产—负债”

表 8-15　吉林绿色设计水平“资产—负债”表

项目	指标	资产		负债		相对资产/%		相对负债/%		相对净
		要素	指数	要素	指数	要素	指数	要素	指数	资产/%
可创新能力	新产品设计研发投入	14	18.67	-17	-12.33	46.67	62.22	-53.33	-37.78	24.44
	外观设计专利授权率	26		-5		86.67		-13.33		
	绿色设计本底度指数	16		-15		53.33		-46.67		
可清洁能力	生活垃圾综合处理率	2	7.00	-29	-24.00	6.67	23.33	-93.33	-76.67	-53.33
	工业废水综合处理率	5		-26		16.67		-83.33		
	绿色设计覆盖度指数	14		-17		46.67		-53.33		
可循环能力	可再生能源分布结构	9	13.33	-22	-17.67	30.00	44.44	-70.00	-55.56	-11.11
	工业固废循环利用率	17		-14		56.67		-43.33		
	水资源重复利用效率	14		-17		46.67		-53.33		
可接受能力	绿色交通的运营水平	23	15.00	-8	-16.00	76.67	50.00	-23.33	-50.00	0.00
	绿色建筑的认证水平	20		-11		66.67		-33.33		
	绿色设计关注度指数	2		-29		6.67		-93.33		
可持续能力	绿色设计碳足迹指数	18	17.33	-13	-13.67	60.00	57.78	-40.00	-42.22	15.56
	节能减排目标达成率	21		-10		70.00		-30.00		
	绿色设计推进度指数	13		-18		43.33		-56.67		
绿色设计能力总水平		14.27		-16.73		47.56		-52.44		-4.89

八、黑龙江绿色设计水平“资产—负债”分析

1. 一般概况

黑龙江省土地面积为45.26万平方公里，2014年人口数量为3 833万人，人均地区生产总值为39 226元，人均科学技术支出为103元，专利申请授权量为15 412项。经本报告测算，黑龙江省2014年绿色设计贡献率指数为0.178，其中绿色设计本底度指数为0.202，绿色设计推进度指数为0.171，绿色设计覆盖度指数为0.159。

2. 绿色设计水平的“资产—负债”分析

由图8-20和表8-16可以看出：

（1）可创新能力：资产累计为13.33，相对资产得分为44.44%。负债累计为-17.67，相对负债得分为-55.56%。在该大项中，相对净资产得分为-11.11%。

（2）可清洁能力：资产累计为10.67，相对资产得分为35.56%。负债累计为-20.33，相对负债得分为-64.44%。在该大项中，相对净资产得分为-28.89%。

（3）可循环能力：资产累计为10.33，相对资产得分为34.44%。负债累计为-20.67，相对负债得分为-65.56%。在该大项中，相对净资产得分为-31.11%。

（4）可接受能力：资产累计为12.33，相对资产得分为41.11%。负债累计为-18.67，相对负债得分为-58.89%。在该大项中，相对净资产得分为-17.78%。

（5）可持续能力：资产累计为14.33，相对资产得分为47.78%。负债累计为-16.67，相对负债得分为-52.22%。在该大项中，相对净资产得分为-4.44%。

总计上述五项，总资产累计为12.20，相对资产得分为40.67%。负债累计为-18.80，相对负债得分为-59.33%，相对净资产得分为-18.67%。

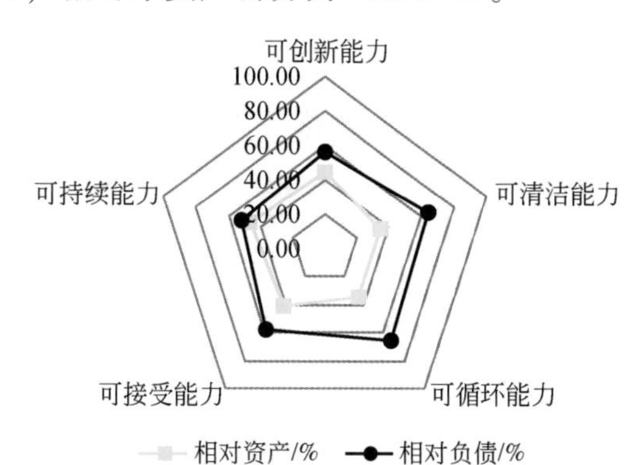

图8-20　黑龙江绿色设计水平“资产—负债”

表8-16　黑龙江绿色设计水平“资产—负债”表

项目	指标	资产		负债		相对资产/%		相对负债/%		相对净
		要素	指数	要素	指数	要素	指数	要素	指数	资产/%
可创新能力	新产品设计研发投入	0	13.33	-31	-17.67	0.00	44.44	-100.00	-55.56	-11.11
	外观设计专利授权率	23		-8		76.67		-23.33		
	绿色设计本底度指数	17		-14		56.67		-43.33		
可清洁能力	生活垃圾综合处理率	1	10.67	-30	-20.33	3.33	35.56	-96.67	-64.44	-28.89
	工业废水综合处理率	17		-14		56.67		-43.33		
	绿色设计覆盖度指数	14		-17		46.67		-53.33		
可循环能力	可再生能源分布结构	5	10.33	-26	-20.67	16.67	34.44	-83.33	-65.56	-31.11
	工业固废循环利用率	15		-16		50.00		-50.00		
	水资源重复利用效率	11		-20		36.67		-63.33		
可接受能力	绿色交通的运营水平	21	12.33	-10	-18.67	70.00	41.11	-30.00	-58.89	-17.78
	绿色建筑的认证水平	8		-23		26.67		-73.33		
	绿色设计关注度指数	8		-23		26.67		-73.33		
可持续能力	绿色设计碳足迹指数	14	14.33	-17	-16.67	46.67	47.78	-53.33	-52.22	-4.44
	节能减排目标达成率	21		-10		70.00		-30.00		
	绿色设计推进度指数	8		-23		26.67		-73.33		
绿色设计能力总水平		12.20		-18.80		40.67		-59.33		-18.67

九、上海绿色设计水平“资产—负债”分析

1. 一般概况

上海市土地面积为0.82万平方公里，2014年人口数量为2 426万人，人均地区生产总值为97 370元，人均科学技术支出为1 081元，专利申请授权量为50 488项。经本报告测算，上海市2014年绿色设计贡献率指数为0.793，其中绿色设计本底度指数为0.668，绿色设计推进度指数为1.000，绿色设计覆盖度指数为0.665。

2. 绿色设计水平的“资产—负债”分析

由图8-21和表8-17可以看出：

（1）可创新能力：资产累计为23.00，相对资产得分为76.67%。负债累计为-8.00，相对负债得分为-23.33%。在该大项中，相对净资产得分为53.33%。

（2）可清洁能力：资产累计为19.67，相对资产得分为65.56%。负债累计为-11.33，相对负债得分为-34.44%。在该大项中，相对净资产得分为31.11%。

（3）可循环能力：资产累计为29.00，相对资产得分为96.67%。负债累计为-2.00，相对负债得分为-3.33%。在该大项中，相对净资产得分为93.33%。

（4）可接受能力：资产累计为26.67，相对资产得分为88.89%。负债累计为-4.33，相对负债得分为-11.11%。在该大项中，相对净资产得分为77.78%。

（5）可持续能力：资产累计为27.33，相对资产得分为91.11%。负债累计为-3.67，相对负债得分为-8.89%。在该大项中，相对净资产得分为82.22%。

总计上述五项，总资产累计为25.13，相对资产得分为83.78%。负债累计为-5.87，相对负债得分为-16.22%，相对净资产得分为67.56%。

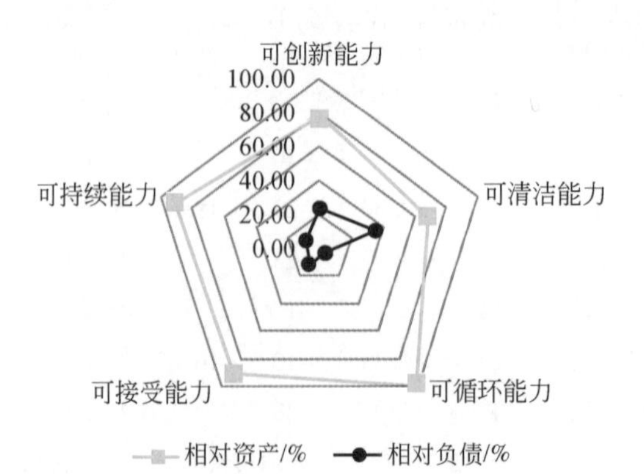

图8-21 上海绿色设计水平“资产—负债”

表 8-17 上海绿色设计水平“资产—负债”表

项目	指标	资产		负债		相对资产/%		相对负债/%		相对净
		要素	指数	要素	指数	要素	指数	要素	指数	资产/%
可创新能力	新产品设计研发投入	13	23.00	-18	-8.00	43.33	76.67	-56.67	-23.33	53.33
	外观设计专利授权率	27		-4		90.00		-10.00		
	绿色设计本底度指数	29		-2		96.67		-3.33		
可清洁能力	生活垃圾综合处理率	30	19.67	-1	-11.33	100.00	65.56	0.00	-34.44	31.11
	工业废水综合处理率	4		-27		13.33		-86.67		
	绿色设计覆盖度指数	25		-6		83.33		-16.67		
可循环能力	可再生能源分布结构	30	29.00	-1	-2.00	100.00	96.67	0.00	-3.33	93.33
	工业固废循环利用率	29		-2		96.67		-3.33		
	水资源重复利用效率	28		-3		93.33		-6.67		
可接受能力	绿色交通的运营水平	29	26.67	-2	-4.33	96.67	88.89	-3.33	-11.11	77.78
	绿色建筑的认证水平	25		-6		83.33		-16.67		
	绿色设计关注度指数	26		-5		86.67		-13.33		
可持续能力	绿色设计碳足迹指数	22	27.33	-9	-3.67	73.33	91.11	-26.67	-8.89	82.22
	节能减排目标达成率	30		-1		100.00		0.00		
	绿色设计推进度指数	30		-1		100.00		0.00		
绿色设计能力总水平		25.13		-5.87		83.78		-16.22		67.56

十、江苏绿色设计水平“资产—负债”分析

1. 一般概况

江苏省土地面积为10.67万平方公里，2014年人口数量为7 960万人，人均地区生产总值为81 874元，人均科学技术支出为411元，专利申请授权量为200 032项。经本报告测算，江苏省2014年绿色设计贡献率指数为0.646，其中绿色设计本底度指数为0.379，绿色设计推进度指数为0.770，绿色设计覆盖度指数为0.718。

2. 绿色设计水平的“资产—负债”分析

由图8-22和表8-18可以看出：

（1）可创新能力：资产累计为18.67，相对资产得分为62.22%。负债累计为-12.33，相对负债得分为-37.78%。在该大项中，相对净资产得分为24.44%。

（2）可清洁能力：资产累计为20.67，相对资产得分为68.89%。负债累计为-10.33，相对负债得分为-31.11%。在该大项中，相对净资产得分为37.78%。

（3）可循环能力：资产累计为26.33，相对资产得分为87.78%。负债累计为-4.67，相对负债得分为-12.22%。在该大项中，相对净资产得分为75.56%。

（4）可接受能力：资产累计为 26.33，相对资产得分为 87.78%。负债累计为-4.67，相对负债得分为-12.22%。在该大项中，相对净资产得分为 75.56%。

（5）可持续能力：资产累计为 20.00，相对资产得分为 66.67%。负债累计为-11.00，相对负债得分为-33.33%。在该大项中，相对净资产得分为 33.33%。

总计上述五项，总资产累计为 22.40，相对资产得分为 74.67%。负债累计为-8.60，相对负债得分为-25.33%，相对净资产得分为 49.33%。

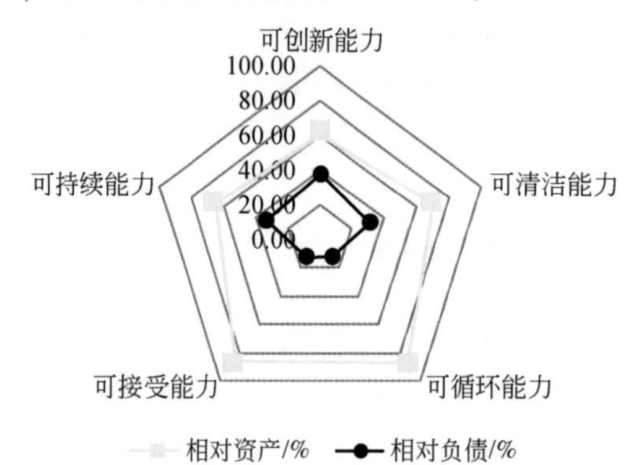

图 8-22　江苏绿色设计水平“资产—负债”

表 8-18　江苏绿色设计水平“资产—负债”表

项目	指标	资产		负债		相对资产/%		相对负债/%		相对净
		要素	指数	要素	指数	要素	指数	要素	指数	资产/%
可创新能力	新产品设计研发投入	19	18.67	-12	-12.33	63.33	62.22	-36.67	-37.78	24.44
	外观设计专利授权率	12		-19		40.00		-60.00		
	绿色设计本底度指数	25		-6		83.33		-16.67		
可清洁能力	生活垃圾综合处理率	22	20.67	-9	-10.33	73.33	68.89	-26.67	-31.11	37.78
	工业废水综合处理率	14		-17		46.67		-53.33		
	绿色设计覆盖度指数	26		-5		86.67		-13.33		
可循环能力	可再生能源分布结构	22	26.33	-9	-4.67	73.33	87.78	-26.67	-12.22	75.56
	工业固废循环利用率	28		-3		93.33		-6.67		
	水资源重复利用效率	29		-2		96.67		-3.33		
可接受能力	绿色交通的运营水平	22	26.33	-9	-4.67	73.33	87.78	-26.67	-12.22	75.56
	绿色建筑的认证水平	30		-1		100.00		0.00		
	绿色设计关注度指数	27		-4		90.00		-10.00		
可持续能力	绿色设计碳足迹指数	3	20.00	-28	-11.00	10.00	66.67	-90.00	-33.33	33.33
	节能减排目标达成率	30		-1		100.00		0.00		
	绿色设计推进度指数	27		-4		90.00		-10.00		
绿色设计能力总水平		22.40		-8.60		74.67		-25.33		49.33

十一、浙江绿色设计水平“资产—负债”分析

1. 一般概况

浙江省土地面积为10.54万平方公里，2014年人口数量为5 508万人，人均地区生产总值为73 002元，人均科学技术支出为378元，专利申请授权量为188 544项。经本报告测算，浙江省2014年绿色设计贡献率指数为0.748，其中绿色设计本底度指数为0.417，绿色设计推进度指数为0.872，绿色设计覆盖度指数为0.864。

2. 绿色设计水平的“资产—负债”分析

由图8-23和表8-19可以看出：

（1）可创新能力：资产累计为25.00，相对资产得分为83.33%。负债累计为-6.00，相对负债得分为-16.67%。在该大项中，相对净资产得分为66.67%。

（2）可清洁能力：资产累计为22.67，相对资产得分为75.56%。负债累计为-8.33，相对负债得分为-24.44%。在该大项中，相对净资产得分为51.11%。

（3）可循环能力：资产累计为23.00，相对资产得分为76.67%。负债累计为-8.00，相对负债得分为-23.33%。在该大项中，相对净资产得分为53.33%。

（4）可接受能力：资产累计为25.33，相对资产得分为84.44%。负债累计为-5.67，相对负债得分为-15.56%。在该大项中，相对净资产得分为68.89%。

（5）可持续能力：资产累计为22.67，相对资产得分为75.56%。负债累计为-8.33，相对负债得分为-24.44%。在该大项中，相对净资产得分为51.11%。

总计上述五大项，总资产累计为23.73，相对资产得分为79.11%。负债累计为-7.27，相对负债得分为-20.89%，相对净资产得分为58.22%。

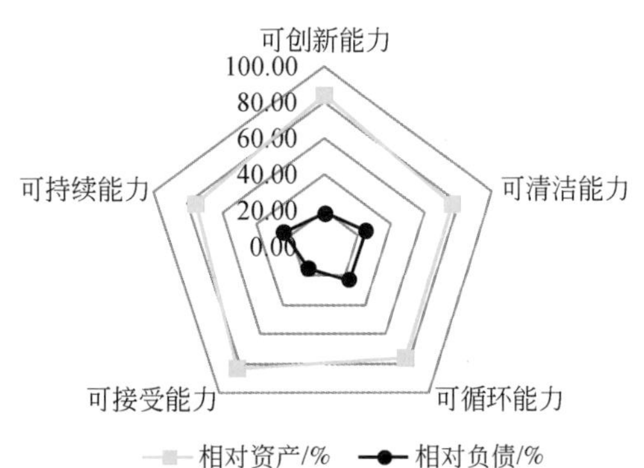

图8-23 浙江绿色设计能力“资产—负债”

表 8-19　浙江绿色设计水平“资产—负债”表

项目	指标	资产		负债		相对资产/%		相对负债/%		相对净
		要素	指数	要素	指数	要素	指数	要素	指数	资产/%
可创新能力	新产品设计研发投入	20	25.00	-11	-6.00	66.67	83.33	-33.33	-16.67	66.67
	外观设计专利授权率	28		-3		93.33		-6.67		
	绿色设计本底度指数	27		-4		90.00		-10.00		
可清洁能力	生活垃圾综合处理率	30	22.67	-1	-8.33	100.00	75.56	0.00	-24.44	51.11
	工业废水综合处理率	9		-22		30.00		-70.00		
	绿色设计覆盖度指数	29		-2		96.67		-3.33		
可循环能力	可再生能源分布结构	24	23.00	-7	-8.00	80.00	76.67	-20.00	-23.33	53.33
	工业固废循环利用率	26		-5		86.67		-13.33		
	水资源重复利用效率	19		-12		63.33		-36.67		
可接受能力	绿色交通的运营水平	24	25.33	-7	-5.67	80.00	84.44	-20.00	-15.56	68.89
	绿色建筑的认证水平	22		-9		73.33		-26.67		
	绿色设计关注度指数	30		-1		100.00		0.00		
可持续能力	绿色设计碳足迹指数	10	22.67	-21	-8.33	33.33	75.56	-66.67	-24.44	51.11
	节能减排目标达成率	30		-1		100.00		0.00		
	绿色设计推进度指数	28		-3		93.33		-6.67		
绿色设计能力总水平		23.73		-7.27		79.11		-20.89		58.22

十二、安徽绿色设计水平“资产—负债”分析

1. 一般概况

安徽省土地面积为 14.01 万平方公里，2014 年人口数量为 6 083 万人，人均地区生产总值为 34 425 元，人均科学技术支出为 213 元，专利申请授权量为 48 380 项。经本报告测算，安徽省 2014 年绿色设计贡献率指数为 0.244，其中绿色设计本底度指数为 0.172，绿色设计推进度指数为 0.206，绿色设计覆盖度指数为 0.327。

2. 绿色设计水平的“资产—负债”分析

由图 8-24 和表 8-20 可以看出：

（1）可创新能力：资产累计为 15.00，相对资产得分为 50.00%。负债累计为-16.00，相对负债得分为-50.00%。在该大项中，相对净资产得分为 0.00%。

（2）可清洁能力：资产累计为 22.33，相对资产得分为 74.44%。负债累计为-8.67，相对负债得分为-25.56%。在该大项中，相对净资产得分为 48.89%。

（3）可循环能力：资产累计为 20.67，相对资产得分为 68.89%。负债累计为-10.33，相对负债得分为-31.11%。在该大项中，相对净资产得分为 37.78%。

（4）可接受能力：资产累计为12.67，相对资产得分为42.22%。负债累计为-18.33，相对负债得分为-57.78%。在该大项中，相对净资产得分为-15.56%。

（5）可持续能力：资产累计为14.67，相对资产得分为48.89%。负债累计为-16.33，相对负债得分为-51.11%。在该大项中，相对净资产得分为-2.22%。

总计上述五项，总资产累计为17.07，相对资产得分为56.89%。负债累计为-13.93，相对负债得分为-43.11%，相对净资产得分为13.78%。

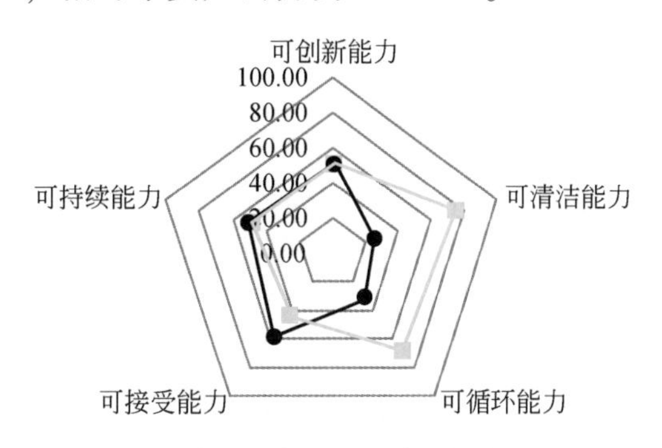

图8-24　安徽绿色设计水平“资产—负债”

表8-20　安徽绿色设计水平“资产—负债”表

项目	指标	资产		负债		相对资产/%		相对负债/%		相对净资产/%
		要素	指数	要素	指数	要素	指数	要素	指数	
可创新能力	新产品设计研发投入	17	15.00	-14	-16.00	56.67	50.00	-43.33	-50.00	0.00
	外观设计专利授权率	14		-17		46.67		-53.33		
	绿色设计本底度指数	14		-17		46.67		-53.33		
可清洁能力	生活垃圾综合处理率	24	22.33	-7	-8.67	80.00	74.44	-20.00	-25.56	48.89
	工业废水综合处理率	24		-7		80.00		-20.00		
	绿色设计覆盖度指数	19		-12		63.33		-36.67		
可循环能力	可再生能源分布结构	18	20.67	-13	-10.33	60.00	68.89	-40.00	-31.11	37.78
	工业固废循环利用率	23		-8		76.67		-23.33		
	水资源重复利用效率	21		-10		70.00		-30.00		
可接受能力	绿色交通的运营水平	7	12.67	-24	-18.33	23.33	42.22	-76.67	-57.78	-15.56
	绿色建筑的认证水平	14		-17		46.67		-53.33		
	绿色设计关注度指数	17		-14		56.67		-43.33		
可持续能力	绿色设计碳足迹指数	11	14.67	-20	-16.33	36.67	48.89	-63.33	-51.11	-2.22
	节能减排目标达成率	21		-10		70.00		-30.00		
	绿色设计推进度指数	12		-19		40.00		-60.00		
绿色设计能力总水平		17.07		-13.93		56.89		-43.11		13.78

十三、福建绿色设计水平“资产—负债”分析

1. 一般概况

福建省土地面积为12.40万平方公里，2014年人口数量为3 806万人，人均地区生产总值为63 472元，人均科学技术支出为177元，专利申请授权量为37 857项。经本报告测算，福建省2014年绿色设计贡献率指数为0.447，其中绿色设计本底度指数为0.299，绿色设计推进度指数为0.402，绿色设计覆盖度指数为0.591。

2. 绿色设计水平的“资产—负债”分析

由图8-25和表8-21可以看出：

（1）可创新能力：资产累计为24.67，相对资产得分为82.22%。负债累计为-6.33，相对负债得分为-17.78%。在该大项中，相对净资产得分为64.44%。

（2）可清洁能力：资产累计为18.33，相对资产得分为61.11%。负债累计为-12.67，相对负债得分为-38.89%。在该大项中，相对净资产得分为22.22%。

（3）可循环能力：资产累计为20.00，相对资产得分为66.67%。负债累计为-11.00，相对负债得分为-33.33%。在该大项中，相对净资产得分为33.33%。

（4）可接受能力：资产累计为17.33，相对资产得分为57.78%。负债累计为-13.67，相对负债得分为-42.22%。在该大项中，相对净资产得分为15.56%。

（5）可持续能力：资产累计为19.33，相对资产得分为64.44%。负债累计为-11.67，相对负债得分为-35.56%。在该大项中，相对净资产得分为28.89%。

总计上述五项，总资产累计为19.93，相对资产得分为66.44%。负债累计为-11.07，相对负债得分为-33.56%，相对净资产得分为32.89%。

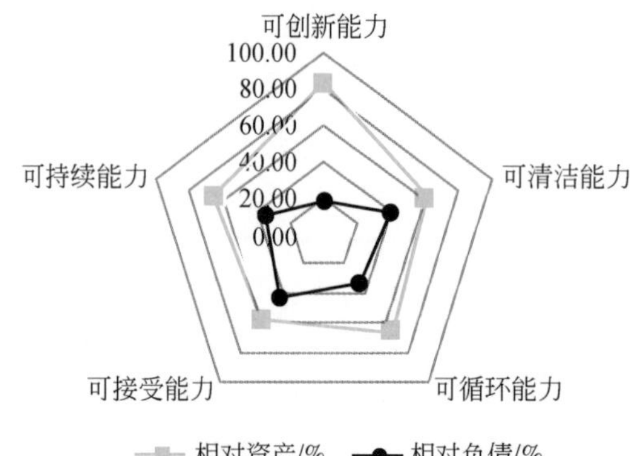

图8-25 福建绿色设计水平“资产—负债”

表 8-21　福建绿色设计水平“资产—负债”表

项目	指标	资产		负债		相对资产/%		相对负债/%		相对净
		要素	指数	要素	指数	要素	指数	要素	指数	资产/%
可创新能力	新产品设计研发投入	26	24.67	-5	-6.33	86.67	82.22	-13.33	-17.78	64.44
	外观设计专利授权率	24		-7		80.00		-20.00		
	绿色设计本底度指数	24		-7		80.00		-20.00		
可清洁能力	生活垃圾综合处理率	21	18.33	-10	-12.67	70.00	61.11	-30.00	-38.89	22.22
	工业废水综合处理率	10		-21		33.33		-66.67		
	绿色设计覆盖度指数	24		-7		80.00		-20.00		
可循环能力	可再生能源分布结构	23	20.00	-8	-11.00	76.67	66.67	-23.33	-33.33	33.33
	工业固废循环利用率	25		-6		83.33		-16.67		
	水资源重复利用效率	12		-19		40.00		-60.00		
可接受能力	绿色交通的运营水平	17	17.33	-14	-13.67	56.67	57.78	-43.33	-42.22	15.56
	绿色建筑的认证水平	24		-7		80.00		-20.00		
	绿色设计关注度指数	11		-20		36.67		-63.33		
可持续能力	绿色设计碳足迹指数	19	19.33	-12	-11.67	63.33	64.44	-36.67	-35.56	28.89
	节能减排目标达成率	21		-10		70.00		-30.00		
	绿色设计推进度指数	18		-13		60.00		-40.00		
绿色设计能力总水平		19.93		-11.07		66.44		-33.56		32.89

十四、江西绿色设计水平“资产—负债”分析

1. 一般概况

江西省土地面积为 16.69 万平方公里，2014 年人口数量为 4 542 万人，人均地区生产总值为 34 674 元，人均科学技术支出为 129 元，专利申请授权量为 13 831 项。经本报告测算，江西省 2014 年绿色设计贡献率指数为 0.123，其中绿色设计本底度指数为 0.122，绿色设计推进度指数为 0.102，绿色设计覆盖度指数为 0.141。

2. 绿色设计水平的“资产—负债”分析

由图 8-26 和表 8-22 可以看出：

（1）可创新能力：资产累计为 11.67，相对资产得分为 38.89%。负债累计为-19.33，相对负债得分为-61.11%。在该大项中，相对净资产得分为-22.22%。

（2）可清洁能力：资产累计为 12.33，相对资产得分为 41.11%。负债累计为-18.67，相对负债得分为-58.89%。在该大项中，相对净资产得分为-17.78%。

（3）可循环能力：资产累计为 10.33，相对资产得分为 34.44%。负债累计为-20.67，相对负债得分为-65.56%。在该大项中，相对净资产得分为-31.11%。

（4）可接受能力：资产累计为 11.00，相对资产得分为 36.67%。负债累计为−20.00，相对负债得分为−63.33%。在该大项中，相对净资产得分为−26.67%。

（5）可持续能力：资产累计为 16.00，相对资产得分为 53.33%。负债累计为−15.00，相对负债得分为−46.67%。在该大项中，相对净资产得分为 6.67%。

总计上述五项，总资产累计为 12.27，相对资产得分为 40.89%。负债累计为−18.73，相对负债得分为−59.11%，相对净资产得分为−18.22%。

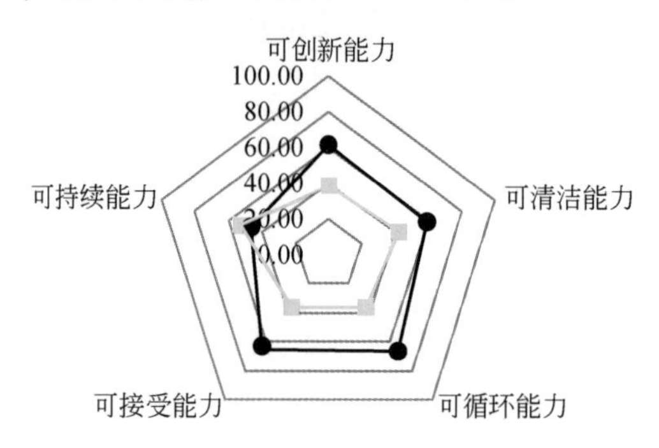

图 8-26　江西绿色设计水平“资产—负债”

表 8-22　江西绿色设计水平“资产—负债”表

项目	指标	资产		负债		相对资产/%		相对负债/%		相对净
		要素	指数	要素	指数	要素	指数	要素	指数	资产/%
可创新能力	新产品设计研发投入	12	11.67	−19	−19.33	40.00	38.89	−60.00	−61.11	−22.22
	外观设计专利授权率	15		−16		50.00		−50.00		
	绿色设计本底度指数	8		−23		26.67		−73.33		
可清洁能力	生活垃圾综合处理率	13	12.33	−18	−18.67	43.33	41.11	−56.67	−58.89	−17.78
	工业废水综合处理率	19		−12		63.33		−36.67		
	绿色设计覆盖度指数	5		−26		16.67		−83.33		
可循环能力	可再生能源分布结构	15	10.33	−16	−20.67	50.00	34.44	−50.00	−65.56	−31.11
	工业固废循环利用率	9		−22		30.00		−70.00		
	水资源重复利用效率	7		−24		23.33		−76.67		
可接受能力	绿色交通的运营水平	3	11.00	−28	−20.00	10.00	36.67	−90.00	−63.33	−26.67
	绿色建筑的认证水平	17		−14		56.67		−43.33		
	绿色设计关注度指数	13		−18		43.33		−56.67		
可持续能力	绿色设计碳足迹指数	21	16.00	−10	−15.00	70.00	53.33	−30.00	−46.67	6.67
	节能减排目标达成率	21		−10		70.00		−30.00		
	绿色设计推进度指数	6		−25		20.00		−80.00		
绿色设计能力总水平		12.27		−18.73		40.89		−59.11		−18.22

十五、山东绿色设计水平“资产—负债”分析

1. 一般概况

山东省土地面积为15.71万平方公里，2014年人口数量为9 789万人，人均地区生产总值为60 879元，人均科学技术支出为150元，专利申请授权量为72 818项。经本报告测算，山东省2014年绿色设计贡献率指数为0.636，其中绿色设计本底度指数为0.282，绿色设计推进度指数为0.676，绿色设计覆盖度指数为0.823。

2. 绿色设计水平的“资产—负债”分析

由图8-27和表8-23可以看出：

（1）可创新能力：资产累计为16.33，相对资产得分为54.44%。负债累计为-14.67，相对负债得分为-45.56%。在该大项中，相对净资产得分为8.89%。

（2）可清洁能力：资产累计为24.67，相对资产得分为82.22%。负债累计为-6.33，相对负债得分为-17.78%。在该大项中，相对净资产得分为64.44%。

（3）可循环能力：资产累计为23.33，相对资产得分为77.78%。负债累计为-7.67，相对负债得分为-22.22%。在该大项中，相对净资产得分为55.56%。

（4）可接受能力：资产累计为22.67，相对资产得分为75.56%。负债累计为-8.33，相对负债得分为-24.44%。在该大项中，相对净资产得分为51.11%。

（5）可持续能力：资产累计为17.00，相对资产得分为56.67%。负债累计为-14.00，相对负债得分为-43.33%。在该大项中，相对净资产得分为13.33%。

总计上述五项，总资产累计为20.80，相对资产得分为69.33%。负债累计为-10.20，相对负债得分为-30.67%，相对净资产得分为38.67%。

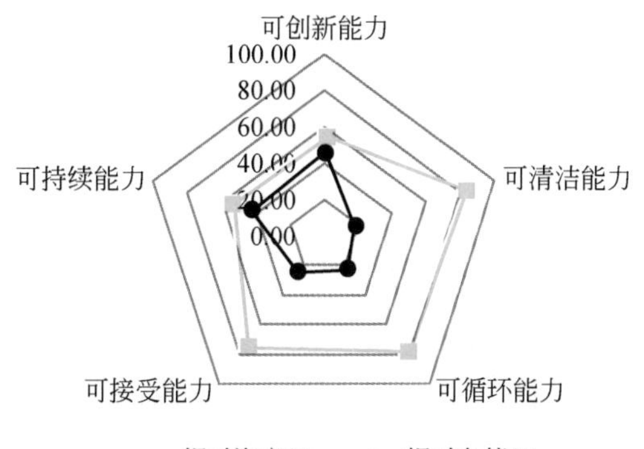

图8-27 山东绿色设计水平“资产—负债”

表 8-23　山东绿色设计水平“资产—负债”表

项目	指标	资产		负债		相对资产/%		相对负债/%		相对净
		要素	指数	要素	指数	要素	指数	要素	指数	资产/%
可创新能力	新产品设计研发投入	22	16.33	-9	-14.67	73.33	54.44	-26.67	-45.56	8.89
	外观设计专利授权率	4		-27		13.33		-86.67		
	绿色设计本底度指数	23		-8		76.67		-23.33		
可清洁能力	生活垃圾综合处理率	30	24.67	-1	-6.33	100.00	82.22	0.00	-17.78	64.44
	工业废水综合处理率	16		-15		53.33		-46.67		
	绿色设计覆盖度指数	28		-3		93.33		-6.67		
可循环能力	可再生能源分布结构	16	23.33	-15	-7.67	53.33	77.78	-46.67	-22.22	55.56
	工业固废循环利用率	27		-4		90.00		-10.00		
	水资源重复利用效率	27		-4		90.00		-10.00		
可接受能力	绿色交通的运营水平	18	22.67	-13	-8.33	60.00	75.56	-40.00	-24.44	51.11
	绿色建筑的认证水平	28		-3		93.33		-6.67		
	绿色设计关注度指数	22		-9		73.33		-26.67		
可持续能力	绿色设计碳足迹指数	0	17.00	-31	-14.00	0.00	56.67	-100.00	-43.33	13.33
	节能减排目标达成率	25		-6		83.33		-16.67		
	绿色设计推进度指数	26		-5		86.67		-13.33		
绿色设计能力总水平		20.80		-10.20		69.33		-30.67		38.67

十六、河南绿色设计水平“资产—负债”分析

1. 一般概况

河南省土地面积为16.55万平方公里，2014年人口数量为9 436万人，人均地区生产总值为37 072元，人均科学技术支出为86元，专利申请授权量为33 366项。经本报告测算，河南省2014年绿色设计贡献率指数为0.391，其中绿色设计本底度指数为0.146，绿色设计推进度指数为0.472，绿色设计覆盖度指数为0.464。

2. 绿色设计水平的“资产—负债”分析

由图8-28和表8-24可以看出：

（1）可创新能力：资产累计为10.00，相对资产得分为33.33%。负债累计为-21.00，相对负债得分为-66.67%。在该大项中，相对净资产得分为-33.33%。

（2）可清洁能力：资产累计为11.67，相对资产得分为38.89%。负债累计为-19.33，相对负债得分为-61.11%。在该大项中，相对净资产得分为-22.22%。

（3）可循环能力：资产累计为20.67，相对资产得分为68.89%。负债累计为-10.33，相对负债得分为-31.11%。在该大项中，相对净资产得分为37.78%。

（4）可接受能力：资产累计为15.33，相对资产得分为51.11%。负债累计为-15.67，相对负债得分为-48.89%。在该大项中，相对净资产得分为2.22%。

（5）可持续能力：资产累计为16.33，相对资产得分为54.44%。负债累计为-14.67，相对负债得分为-45.56%。在该大项中，相对净资产得分为8.89%。

总计上述五项，总资产累计为14.80，相对资产得分为49.33%。负债累计为-16.20，相对负债得分为-50.67%，相对净资产得分为-1.33%。

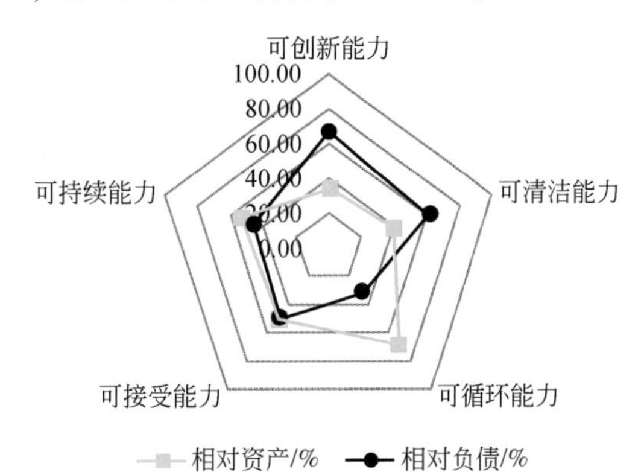

图8-28　河南绿色设计水平“资产—负债”

表8-24　河南绿色设计水平“资产—负债”表

项目	指标	资产		负债		相对资产/%		相对负债/%		相对净
		要素	指数	要素	指数	要素	指数	要素	指数	资产/%
可创新能力	新产品设计研发投入	11	10.00	-20	-21.00	36.67	33.33	-63.33	-66.67	-33.33
	外观设计专利授权率	7		-24		23.33		-76.67		
	绿色设计本底度指数	12		-19		40.00		-60.00		
可清洁能力	生活垃圾综合处理率	12	11.67	-19	-19.33	40.00	38.89	-60.00	-61.11	-22.22
	工业废水综合处理率	3		-28		10.00		-90.00		
	绿色设计覆盖度指数	20		-11		66.67		-33.33		
可循环能力	可再生能源分布结构	20	20.67	-11	-10.33	66.67	68.89	-33.33	-31.11	37.78
	工业固废循环利用率	19		-12		63.33		-36.67		
	水资源重复利用效率	23		-8		76.67		-23.33		
可接受能力	绿色交通的运营水平	5	15.33	-26	-15.67	16.67	51.11	-83.33	-48.89	2.22
	绿色建筑的认证水平	13		-18		43.33		-56.67		
	绿色设计关注度指数	28		-3		93.33		-6.67		
可持续能力	绿色设计碳足迹指数	5	16.33	-26	-14.67	16.67	54.44	-83.33	-45.56	8.89
	节能减排目标达成率	21		-10		70.00		-30.00		
	绿色设计推进度指数	23		-8		76.67		-23.33		
绿色设计能力总水平		14.80		-16.20		49.33		-50.67		-1.33

十七、湖北绿色设计水平“资产—负债”分析

1. 一般概况

湖北省土地面积为 18.59 万平方公里，2014 年人口数量为 5 816 万人，人均地区生产总值为 47 145 元，人均科学技术支出为 231 元，专利申请授权量为 28 290 项。经本报告测算，湖北省 2014 年绿色设计贡献率指数为 0.294，其中绿色设计本底度指数为 0.259，绿色设计推进度指数为 0.416，绿色设计覆盖度指数为 0.141。

2. 绿色设计水平的“资产—负债”分析

由图 8-29 和表 8-25 可以看出：

（1）可创新能力：资产累计为 10.33，相对资产得分为 34.44%。负债累计为-20.67，相对负债得分为-65.56%。在该大项中，相对净资产得分为-31.11%。

（2）可清洁能力：资产累计为 10.33，相对资产得分为 34.44%。负债累计为-20.67，相对负债得分为-65.56%。在该大项中，相对净资产得分为-31.11%。

（3）可循环能力：资产累计为 17.33，相对资产得分为 57.78%。负债累计为-13.67，相对负债得分为-42.22%。在该大项中，相对净资产得分为 15.56%。

（4）可接受能力：资产累计为 21.67，相对资产得分为 72.22%。负债累计为-9.33，相对负债得分为-27.78%。在该大项中，相对净资产得分为 44.44%。

（5）可持续能力：资产累计为 16.33，相对资产得分为 54.44%。负债累计为-14.67，相对负债得分为-45.56%。在该大项中，相对净资产得分为 8.89%。

总计上述五项，总资产累计为 15.20，相对资产得分为 50.67%。负债累计为-15.80，相对负债得分为-49.33%，相对净资产得分为 1.33%。

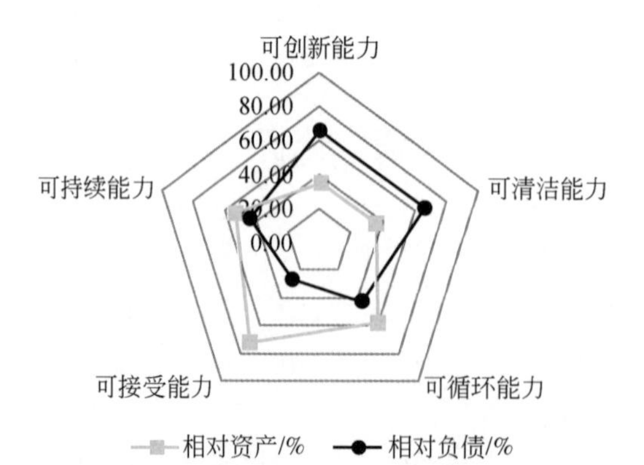

图 8-29　湖北绿色设计水平“资产—负债”

表 8-25 湖北绿色设计水平“资产—负债”表

项目	指标	资产		负债		相对资产/%		相对负债/%		相对净
		要素	指数	要素	指数	要素	指数	要素	指数	资产/%
可创新能力	新产品设计研发投入	6	10.33	-25	-20.67	20.00	34.44	-80.00	-65.56	-31.11
	外观设计专利授权率	3		-28		10.00		-90.00		
	绿色设计本底度指数	22		-9		73.33		-26.67		
可清洁能力	生活垃圾综合处理率	8	10.33	-23	-20.67	26.67	34.44	-73.33	-65.56	-31.11
	工业废水综合处理率	18		-13		60.00		-40.00		
	绿色设计覆盖度指数	5		-26		16.67		-83.33		
可循环能力	可再生能源分布结构	14	17.33	-17	-13.67	46.67	57.78	-53.33	-42.22	15.56
	工业固废循环利用率	18		-13		60.00		-40.00		
	水资源重复利用效率	20		-11		66.67		-33.33		
可接受能力	绿色交通的运营水平	16	21.67	-15	-9.33	53.33	72.22	-46.67	-27.78	44.44
	绿色建筑的认证水平	26		-5		86.67		-13.33		
	绿色设计关注度指数	23		-8		76.67		-23.33		
可持续能力	绿色设计碳足迹指数	9	16.33	-22	-14.67	30.00	54.44	-70.00	-45.56	8.89
	节能减排目标达成率	21		-10		70.00		-30.00		
	绿色设计推进度指数	19		-12		63.33		-36.67		
绿色设计能力总水平		15.20		-15.80		50.67		-49.33		1.33

十八、湖南绿色设计水平“资产—负债”分析

1. 一般概况

湖南省土地面积为21.19万平方公里，2014年人口数量为6 737万人，人均地区生产总值为40 271元，人均科学技术支出为88元，专利申请授权量为26 637项。经本报告测算，湖南省2014年绿色设计贡献率指数为0.293，其中绿色设计本底度指数为0.182，绿色设计推进度指数为0.445，绿色设计覆盖度指数为0.159。

2. 绿色设计水平的“资产—负债”分析

由图8-30和表8-26可以看出：

（1）可创新能力：资产累计为17.00，相对资产得分为56.67%。负债累计为-14.00，相对负债得分为-43.33%。在该大项中，相对净资产得分为13.33%。

（2）可清洁能力：资产累计为21.00，相对资产得分为70.00%。负债累计为-10.00，相对负债得分为-30.00%。在该大项中，相对净资产得分为40.00%。

（3）可循环能力：资产累计为10.00，相对资产得分为33.33%。负债累计为-21.00，相对负债得分为-66.67%。在该大项中，相对净资产得分为-33.33%。

（4）可接受能力：资产累计为 12.67，相对资产得分为 42.22%。负债累计为-18.33，相对负债得分为-57.78%。在该大项中，相对净资产得分为-15.56%。

（5）可持续能力：资产累计为 18.33，相对资产得分为 61.11%。负债累计为-12.67，相对负债得分为-38.89%。在该大项中，相对净资产得分为 22.22%。

总计上述五项，总资产累计为 15.80，相对资产得分为 52.67%。负债累计为-15.20，相对负债得分为-47.33%，相对净资产得分为 5.33%。

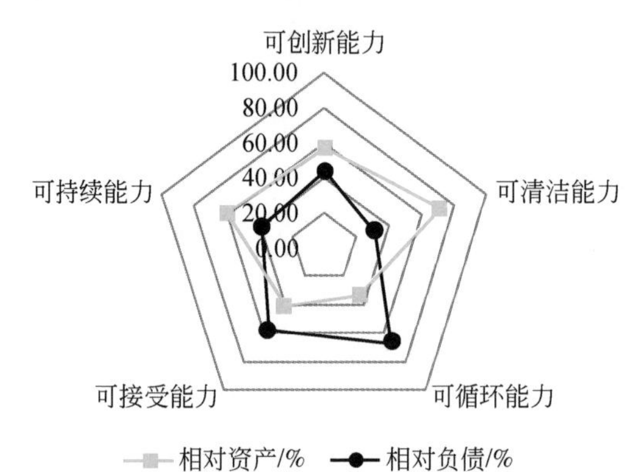

图 8-30 湖南绿色设计水平“资产—负债”

表 8-26 湖南绿色设计水平“资产—负债”表

项目	指标	资产		负债		相对资产/%		相对负债/%		相对净资产/%
		要素	指数	要素	指数	要素	指数	要素	指数	
可创新能力	新产品设计研发投入	23	17.00	-8	-14.00	76.67	56.67	-23.33	-43.33	13.33
	外观设计专利授权率	13		-18		43.33		-56.67		
	绿色设计本底度指数	15		-16		50.00		-50.00		
可清洁能力	生活垃圾综合处理率	26	21.00	-5	-10.00	86.67	70.00	-13.33	-30.00	40.00
	工业废水综合处理率	23		-8		76.67		-23.33		
	绿色设计覆盖度指数	14		-17		46.67		-53.33		
可循环能力	可再生能源分布结构	10	10.00	-21	-21.00	33.33	33.33	-66.67	-66.67	-33.33
	工业固废循环利用率	14		-17		46.67		-53.33		
	水资源重复利用效率	6		-25		20.00		-80.00		
可接受能力	绿色交通的运营水平	6	12.67	-25	-18.33	20.00	42.22	-80.00	-57.78	-15.56
	绿色建筑的认证水平	11		-20		36.67		-63.33		
	绿色设计关注度指数	21		-10		70.00		-30.00		
可持续能力	绿色设计碳足迹指数	13	18.33	-18	-12.67	43.33	61.11	-56.67	-38.89	22.22
	节能减排目标达成率	21		-10		70.00		-30.00		
	绿色设计推进度指数	21		-10		70.00		-30.00		
绿色设计能力总水平		15.80		-15.20		52.67		-47.33		5.33

十九、广东绿色设计水平“资产—负债”分析

1. 一般概况

广东省土地面积为17.98万平方公里，2014年人口数量为10 724万人，人均地区生产总值为63 469元，人均科学技术支出为256元，专利申请授权量为179 953项。经本报告测算，广东省2014年绿色设计贡献率指数为0.734，其中绿色设计本底度指数为0.408，绿色设计推进度指数为0.924，绿色设计覆盖度指数为0.772。

2. 绿色设计水平的“资产—负债”分析

由图8-31和表8-27可以看出：

（1）可创新能力：资产累计为21.00，相对资产得分为70.00%。负债累计为-10.00，相对负债得分为-30.00%。在该大项中，相对净资产得分为40.00%。

（2）可清洁能力：资产累计为15.33，相对资产得分为51.11%。负债累计为-15.67，相对负债得分为-48.89%。在该大项中，相对净资产得分为2.22%。

（3）可循环能力：资产累计为19.67，相对资产得分为65.56%。负债累计为-11.33，相对负债得分为-34.44%。在该大项中，相对净资产得分为31.11%。

（4）可接受能力：资产累计为24.00，相对资产得分为80.00%。负债累计为-7.00，相对负债得分为-20.00%。在该大项中，相对净资产得分为60.00%。

（5）可持续能力：资产累计为21.67，相对资产得分为72.22%。负债累计为-9.33，相对负债得分为-27.78%。在该大项中，相对净资产得分为44.44%。

总计上述五项，总资产累计为20.33，相对资产得分为67.78%。负债累计为-10.67，相对负债得分为-32.22%，相对净资产得分为35.56%。

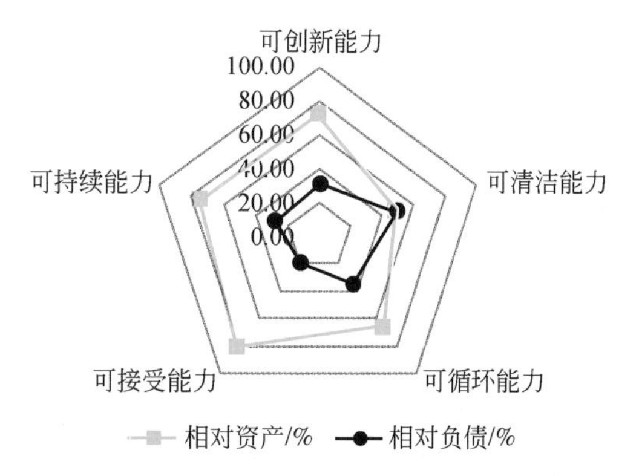

图8-31　广东绿色设计水平“资产—负债”

表 8-27 广东绿色设计水平“资产—负债”表

项目	指标	资产		负债		相对资产/%		相对负债/%		相对净资产/%
		要素	指数	要素	指数	要素	指数	要素	指数	
可创新能力	新产品设计研发投入	21	21.00	-10	-10.00	70.00	70.00	-30.00	-30.00	40.00
	外观设计专利授权率	16		-15		53.33		-46.67		
	绿色设计本底度指数	26		-5		86.67		-13.33		
可清洁能力	生活垃圾综合处理率	6	15.33	-25	-15.67	20.00	51.11	-80.00	-48.89	2.22
	工业废水综合处理率	13		-18		43.33		-56.67		
	绿色设计覆盖度指数	27		-4		90.00		-10.00		
可循环能力	可再生能源分布结构	21	19.67	-10	-11.33	70.00	65.56	-30.00	-34.44	31.11
	工业固废循环利用率	22		-9		73.33		-26.67		
	水资源重复利用效率	16		-15		53.33		-46.67		
可接受能力	绿色交通的运营水平	27	24.00	-4	-7.00	90.00	80.00	-10.00	-20.00	60.00
	绿色建筑的认证水平	29		-2		96.67		-3.33		
	绿色设计关注度指数	16		-15		53.33		-46.67		
可持续能力	绿色设计碳足迹指数	6	21.67	-25	-9.33	20.00	72.22	-80.00	-27.78	44.44
	节能减排目标达成率	30		-1		100.00		0.00		
	绿色设计推进度指数	29		-2		96.67		-3.33		
绿色设计能力总水平		20.33		-10.67		67.78		-32.22		35.56

二十、广西绿色设计水平“资产—负债”分析

1. 一般概况

广西壮族自治区土地面积为23.76万平方公里，2014年人口数量为4 754万人，人均地区生产总值为33 090元，人均科学技术支出为126元，专利申请授权量为9 664项。经本报告测算，广西壮族自治区2014年绿色设计贡献率指数为0.154，其中绿色设计本底度指数为0.120，绿色设计推进度指数为0.178，绿色设计覆盖度指数为0.159。

2. 绿色设计水平的“资产—负债”分析

由图8-32和表8-28可以看出：

（1）可创新能力：资产累计为11.33，相对资产得分为37.78%。负债累计为-19.67，相对负债得分为-62.22%。在该大项中，相对净资产得分为-24.44%。

（2）可清洁能力：资产累计为19.33，相对资产得分为64.44%。负债累计为-11.67，相对负债得分为-35.56%。在该大项中，相对净资产得分为28.89%。

（3）可循环能力：资产累计为12.67，相对资产得分为42.22%。负债累计为-18.33，相对负债得分为-57.78%。在该大项中，相对净资产得分为-15.56%。

（4）可接受能力：资产累计为14.33，相对资产得分为47.78%。负债累计为-16.67，相对负债得分为-52.22%。在该大项中，相对净资产得分为-4.44%。

（5）可持续能力：资产累计为12.67，相对资产得分为42.22%。负债累计为-18.33，相对负债得分为-57.78%。在该大项中，相对净资产得分为-15.56%。

总计上述五项，总资产累计为14.07，相对资产得分为46.89%。负债累计为-16.93，相对负债得分为-53.11%，相对净资产得分为-6.22%。

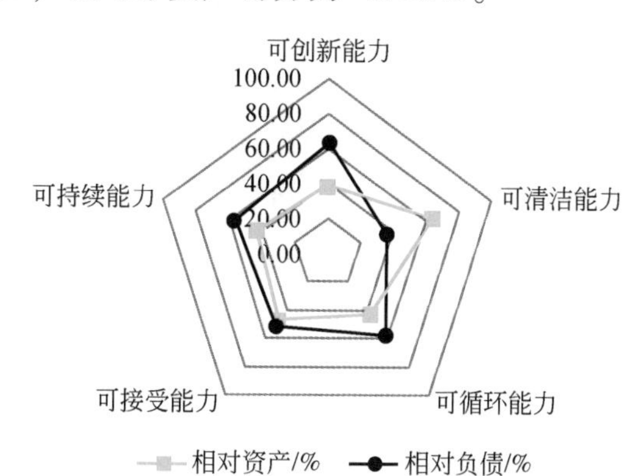

图8-32　广西绿色设计水平“资产—负债”

表8-28　广西绿色设计水平“资产—负债”表

项目	指标	资产		负债		相对资产/%		相对负债/%		相对净
		要素	指数	要素	指数	要素	指数	要素	指数	资产/%
可创新能力	新产品设计研发投入	8	11.33	-23	-19.67	26.67	37.78	-73.33	-62.22	-24.44
	外观设计专利授权率	19		-12		63.33		-36.67		
	绿色设计本底度指数	7		-24		23.33		-76.67		
可清洁能力	生活垃圾综合处理率	17	19.33	-14	-11.67	56.67	64.44	-43.33	-35.56	28.89
	工业废水综合处理率	27		-4		90.00		-10.00		
	绿色设计覆盖度指数	14		-17		46.67		-53.33		
可循环能力	可再生能源分布结构	8	12.67	-23	-18.33	26.67	42.22	-73.33	-57.78	-15.56
	工业固废循环利用率	12		-19		40.00		-60.00		
	水资源重复利用效率	18		-13		60.00		-40.00		
可接受能力	绿色交通的运营水平	2	14.33	-29	-16.67	6.67	47.78	-93.33	-52.22	-4.44
	绿色建筑的认证水平	17		-14		56.67		-43.33		
	绿色设计关注度指数	24		-7		80.00		-20.00		
可持续能力	绿色设计碳足迹指数	20	12.67	-11	-18.33	66.67	42.22	-33.33	-57.78	-15.56
	节能减排目标达成率	9		-22		30.00		-70.00		
	绿色设计推进度指数	9		-22		30.00		-70.00		
绿色设计能力总水平		14.07		-16.93		46.89		-53.11		-6.22

二十一、海南绿色设计水平资产—负债分析

1. 一般概况

海南省土地面积为3.54万平方公里，2014年人口数量为903万人，人均地区生产总值为38 924元，人均科学技术支出为150元，专利申请授权量为1 597项。经本报告测算，海南省2014年绿色设计贡献率指数为0.203，其中绿色设计本底度指数为0.129，绿色设计推进度指数为0.016，绿色设计覆盖度指数为0.327。

2. 绿色设计水平的“资产—负债”分析

由图8-33和表8-29可以看出：

（1）可创新能力：资产累计为13.67，相对资产得分为45.56%。负债累计为-17.33，相对负债得分为-54.44%。在该大项中，相对净资产得分为-8.89%。

（2）可清洁能力：资产累计为15.33，相对资产得分为51.11%。负债累计为-15.67，相对负债得分为-48.89%。在该大项中，相对净资产得分为2.22%。

（3）可循环能力：资产累计为12.67，相对资产得分为42.22%。负债累计为-18.33，相对负债得分为-57.78%。在该大项中，相对净资产得分为-15.56%。

（4）可接受能力：资产累计为12.33，相对资产得分为41.11%。负债累计为-18.67，相对负债得分为-58.89%。在该大项中，相对净资产得分为-17.78%。

（5）可持续能力：资产累计为11.33，相对资产得分为37.78%。负债累计为-19.67，相对负债得分为-62.22%。在该大项中，相对净资产得分为-24.44%。

总计上述五项，总资产累计为13.07，相对资产得分为43.56%。负债累计为-17.93，相对负债得分为-56.44%，相对净资产得分为-12.89%。

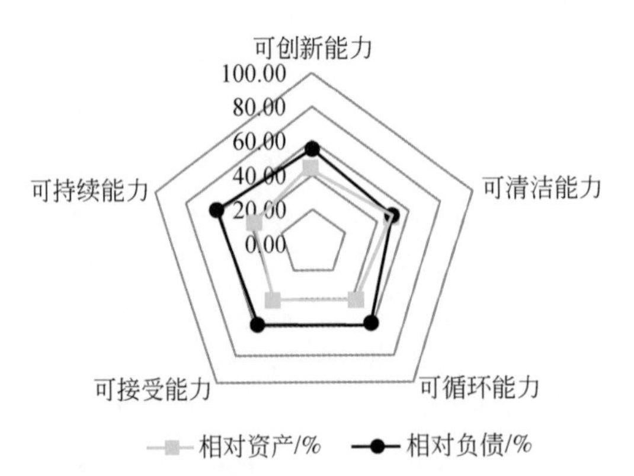

图8-33　海南绿色设计水平“资产—负债”

表 8-29　海南绿色设计水平“资产—负债”表

项目	指标	资产		负债		相对资产/%		相对负债/%		相对净资产/%
		要素	指数	要素	指数	要素	指数	要素	指数	
可创新能力	新产品设计研发投入	1	13.67	−30	−17.33	3.33	45.56	−96.67	−54.44	−8.89
	外观设计专利授权率	30		−1		100.00		0.00		
	绿色设计本底度指数	10		−21		33.33		−66.67		
可清洁能力	生活垃圾综合处理率	27	15.33	−4	−15.67	90.00	51.11	−10.00	−48.89	2.22
	工业废水综合处理率	0		−31		0.00		−100.00		
	绿色设计覆盖度指数	19		−12		63.33		−36.67		
可循环能力	可再生能源分布结构	27	12.67	−4	−18.33	90.00	42.22	−10.00	−57.78	−15.56
	工业固废循环利用率	6		−25		20.00		−80.00		
	水资源重复利用效率	5		−26		16.67		−83.33		
可接受能力	绿色交通的运营水平	14	12.33	−17	−18.67	46.67	41.11	−53.33	−58.89	−17.78
	绿色建筑的认证水平	8		−23		26.67		−73.33		
	绿色设计关注度指数	15		−16		50.00		−50.00		
可持续能力	绿色设计碳足迹指数	29	11.33	−2	−19.67	96.67	37.78	−3.33	−62.22	−24.44
	节能减排目标达成率	3		−28		10.00		−90.00		
	绿色设计推进度指数	2		−29		6.67		−93.33		
绿色设计能力总水平		13.07		−17.93		43.56		−56.44		−12.89

二十二、重庆绿色设计水平“资产—负债”分析

1. 一般概况

重庆市土地面积为 8.23 万平方公里，2014 年人口数量为 2 991 万人，人均地区生产总值为 47 850 元，人均科学技术支出为 128 元，专利申请授权量为 24 312 项。经本报告测算，重庆市 2014 年绿色设计贡献率指数为 0.340，其中绿色设计本底度指数为 0.234，绿色设计推进度指数为 0.267，绿色设计覆盖度指数为 0.471。

2. 绿色设计水平的“资产—负债”分析

由图 8-34 和表 8-30 可以看出：

（1）可创新能力：资产累计为 18.67，相对资产得分为 62.22%。负债累计为−12.33，相对负债得分为−37.78%。在该大项中，相对净资产得分为 24.44%。

（2）可清洁能力：资产累计为 15.33，相对资产得分为 51.11%。负债累计为−15.67，相对负债得分为−48.89%。在该大项中，相对净资产得分为 2.22%。

（3）可循环能力：资产累计为 16.67，相对资产得分为 55.56%。负债累计为−14.33，相对负债得分为−44.44%。在该大项中，相对净资产得分为 11.11%。

（4）可接受能力：资产累计为 13.67，相对资产得分为 45.56%。负债累计为-17.33，相对负债得分为-54.44%。在该大项中，相对净资产得分为-8.89%。

（5）可持续能力：资产累计为 19.67，相对资产得分为 65.56%。负债累计为-11.33，相对负债得分为-34.44%。在该大项中，相对净资产得分为 31.11%。

总计上述五项，总资产累计为 16.80，相对资产得分为 56.00%。负债累计为-14.20，相对负债得分为-44.00%，相对净资产得分为 12.00%。

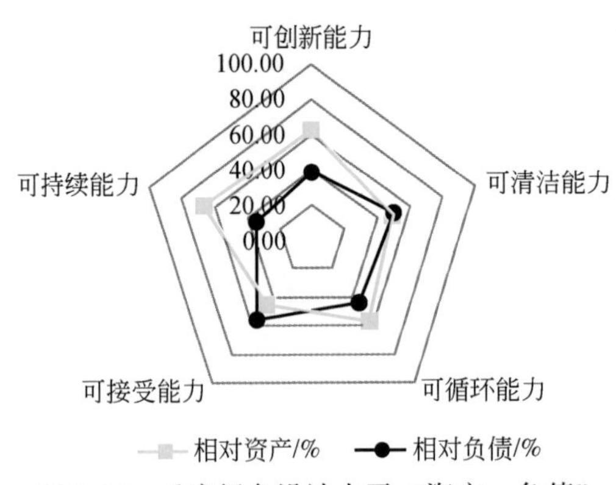

图 8-34　重庆绿色设计水平“资产—负债”

表 8-30　重庆绿色设计水平“资产—负债”表

项目	指标	资产		负债		相对资产/%		相对负债/%		相对净资产/%
		要素	指数	要素	指数	要素	指数	要素	指数	
可创新能力	新产品设计研发投入	29	18.67	-2	-12.33	96.67	62.22	-3.33	-37.78	24.44
	外观设计专利授权率	9		-22		30.00		-70.00		
	绿色设计本底度指数	18		-13		60.00		-40.00		
可清洁能力	生活垃圾综合处理率	23	15.33	-8	-15.67	76.67	51.11	-23.33	-48.89	2.22
	工业废水综合处理率	1		-30		3.33		-96.67		
	绿色设计覆盖度指数	22		-9		73.33		-26.67		
可循环能力	可再生能源分布结构	25	16.67	-6	-14.33	83.33	55.56	-16.67	-44.44	11.11
	工业固废循环利用率	21		-10		70.00		-30.00		
	水资源重复利用效率	4		-27		13.33		-86.67		
可接受能力	绿色交通的运营水平	13	13.67	-18	-17.33	43.33	45.56	-56.67	-54.44	-8.89
	绿色建筑的认证水平	13		-18		43.33		-56.67		
	绿色设计关注度指数	15		-16		50.00		-50.00		
可持续能力	绿色设计碳足迹指数	23	19.67	-8	-11.33	76.67	65.56	-23.33	-34.44	31.11
	节能减排目标达成率	21		-10		70.00		-30.00		
	绿色设计推进度指数	15		-16		50.00		-50.00		
绿色设计能力总水平		16.80		-14.20		56.00		-44.00		12.00

二十三、四川绿色设计水平“资产—负债”分析

1. 一般概况

四川省土地面积为48.41万平方公里，2014年人口数量为8 140万人，人均地区生产总值为35 128元，人均科学技术支出为100元，专利申请授权量为47 120项。经本报告测算，四川省2014年绿色设计贡献率指数为0.425，其中绿色设计本底度指数为0.236，绿色设计推进度指数为0.439，绿色设计覆盖度指数为0.542。

2. 绿色设计水平的“资产—负债”分析

由图8-35和表8-31可以看出：

（1）可创新能力：资产累计为19.00，相对资产得分为63.33%。负债累计为-12.00，相对负债得分为-36.67%。在该大项中，相对净资产得分为26.67%。

（2）可清洁能力：资产累计为20.33，相对资产得分为67.78%。负债累计为-10.67，相对负债得分为-32.22%。在该大项中，相对净资产得分为35.56%。

（3）可循环能力：资产累计为5.33，相对资产得分为17.78%。负债累计为-25.67，相对负债得分为-82.22%。在该大项中，相对净资产得分为-64.44%。

（4）可接受能力：资产累计为18.33，相对资产得分为61.11%。负债累计为-12.67，相对负债得分为-38.89%。在该大项中，相对净资产得分为22.22%。

（5）可持续能力：资产累计为16.33，相对资产得分为54.44%。负债累计为-14.67，相对负债得分为-45.56%。在该大项中，相对净资产得分为8.89%。

总计上述五项，总资产累计为15.87，相对资产得分为52.89%。负债累计为-15.13，相对负债得分为-47.11%，相对净资产得分为5.78%。

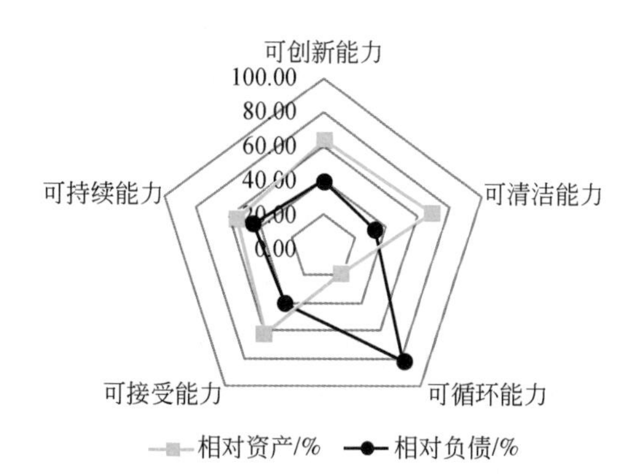

图8-35　四川绿色设计水平“资产—负债”

表 8-31　四川绿色设计水平“资产—负债”表

项目	指标	资产		负债		相对资产/%		相对负债/%		相对净
		要素	指数	要素	指数	要素	指数	要素	指数	资产/%
可创新能力	新产品设计研发投入	18	19.00	-13	-12.00	60.00	63.33	-40.00	-36.67	26.67
	外观设计专利授权率	20		-11		66.67		-33.33		
	绿色设计本底度指数	19		-12		63.33		-36.67		
可清洁能力	生活垃圾综合处理率	17	20.33	-14	-10.67	56.67	67.78	-43.33	-32.22	35.56
	工业废水综合处理率	21		-10		70.00		-30.00		
	绿色设计覆盖度指数	23		-8		76.67		-23.33		
可循环能力	可再生能源分布结构	6	5.33	-25	-25.67	20.00	17.78	-80.00	-82.22	-64.44
	工业固废循环利用率	2		-29		6.67		-93.33		
	水资源重复利用效率	8		-23		26.67		-73.33		
可接受能力	绿色交通的运营水平	12	18.33	-19	-12.67	40.00	61.11	-60.00	-38.89	22.22
	绿色建筑的认证水平	17		-14		56.67		-43.33		
	绿色设计关注度指数	26		-5		86.67		-13.33		
可持续能力	绿色设计碳足迹指数	8	16.33	-23	-14.67	26.67	54.44	-73.33	-45.56	8.89
	节能减排目标达成率	21		-10		70.00		-30.00		
	绿色设计推进度指数	20		-11		66.67		-33.33		
绿色设计能力总水平		15.87		-15.13		52.89		-47.11		5.78

二十四、贵州绿色设计水平“资产—负债”分析

1. 一般概况

贵州省土地面积为17.62万平方公里，2014年人口数量为3 508万人，人均地区生产总值为26 437元，人均科学技术支出为126元，专利申请授权量为10 107项。经本报告测算，贵州省2014年绿色设计贡献率指数为0.107，其中绿色设计本底度指数为0.037，绿色设计推进度指数为0.115，绿色设计覆盖度指数为0.141。

2. 绿色设计水平的“资产—负债”分析

由图8-36和表8-32可以看出：

（1）可创新能力：资产累计为4.33，相对资产得分为14.44%。负债累计为-26.67，相对负债得分为-85.56%。在该大项中，相对净资产得分为-71.11%。

（2）可清洁能力：资产累计为16.33，相对资产得分为54.44%。负债累计为-14.67，相对负债得分为-45.56%。在该大项中，相对净资产得分为8.89%。

（3）可循环能力：资产累计为10.33，相对资产得分为34.44%。负债累计为-20.67，相对负债得分为-65.56%。在该大项中，相对净资产得分为-31.11%。

（4）可接受能力：资产累计为5.33，相对资产得分为17.78%。负债累计为-25.67，相对负债得分为-82.22%。在该大项中，相对净资产得分为-64.44%。

（5）可持续能力：资产累计为10.33，相对资产得分为34.44%。负债累计为-20.67，相对负债得分为-65.56%。在该大项中，相对净资产得分为-31.11%。

总计上述五项，总资产累计为9.33，相对资产得分为31.11%。负债累计为-21.67，相对负债得分为-68.89%，相对净资产得分为-37.78%。

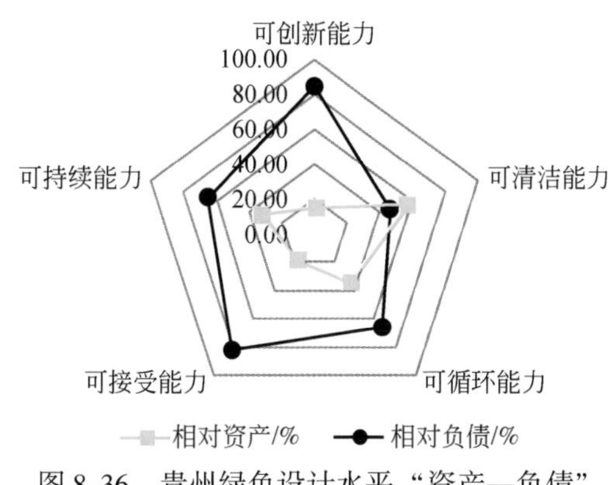

图8-36　贵州绿色设计水平“资产—负债”

表8-32　贵州绿色设计水平“资产—负债”表

项目	指标	资产		负债		相对资产/%		相对负债/%		相对净资产/%
		要素	指数	要素	指数	要素	指数	要素	指数	
可创新能力	新产品设计研发投入	2	4.33	-29	-26.67	6.67	14.44	-93.33	-85.56	-71.11
	外观设计专利授权率	8		-23		26.67		-73.33		
	绿色设计本底度指数	3		-28		10.00		-90.00		
可清洁能力	生活垃圾综合处理率	15	16.33	-16	-14.67	50.00	54.44	-50.00	-45.56	8.89
	工业废水综合处理率	29		-2		96.67		-3.33		
	绿色设计覆盖度指数	5		-26		16.67		-83.33		
可循环能力	可再生能源分布结构	11	10.33	-20	-20.67	36.67	34.44	-63.33	-65.56	-31.11
	工业固废循环利用率	11		-20		36.67		-63.33		
	水资源重复利用效率	9		-22		30.00		-70.00		
可接受能力	绿色交通的运营水平	1	5.33	-30	-25.67	3.33	17.78	-96.67	-82.22	-64.44
	绿色建筑的认证水平	4		-27		13.33		-86.67		
	绿色设计关注度指数	11		-20		36.67		-63.33		
可持续能力	绿色设计碳足迹指数	15	10.33	-16	-20.67	50.00	34.44	-50.00	-65.56	-31.11
	节能减排目标达成率	9		-22		30.00		-70.00		
	绿色设计推进度指数	7		-24		23.33		-76.67		
绿色设计能力总水平		9.33		-21.67		31.11		-68.89		-37.78

二十五、云南绿色设计水平“资产—负债”分析

1. 一般概况

云南省土地面积为38.32万平方公里，2014年人口数量为4 714万人，人均地区生产总值为27 264元，人均科学技术支出为92元，专利申请授权量为8 124项。经本报告测算，云南省2014年绿色设计贡献率指数为0.204，其中绿色设计本底度指数为0.066，绿色设计推进度指数为0.187，绿色设计覆盖度指数为0.292。

2. 绿色设计水平的“资产—负债”分析

由图8-37和表8-33可以看出：

（1）可创新能力：资产累计为12.67，相对资产得分为42.22%。负债累计为-18.33，相对负债得分为-57.78%。在该大项中，相对净资产得分为-15.56%。

（2）可清洁能力：资产累计为18.33，相对资产得分为61.11%。负债累计为-12.67，相对负债得分为-38.89%。在该大项中，相对净资产得分为22.22%。

（3）可循环能力：资产累计为4.33，相对资产得分为14.44%。负债累计为-26.67，相对负债得分为-85.56%。在该大项中，相对净资产得分为-71.11%。

（4）可接受能力：资产累计为10.33，相对资产得分为34.44%。负债累计为-20.67，相对负债得分为-65.56%。在该大项中，相对净资产得分为-31.11%。

（5）可持续能力：资产累计为12.00，相对资产得分为40.00%。负债累计为-19.00，相对负债得分为-60.00%。在该大项中，相对净资产得分为-20.00%。

总计上述五项，总资产累计为11.53，相对资产得分为38.44%。负债累计为-19.47，相对负债得分为-61.56%，相对净资产得分为-23.11%。

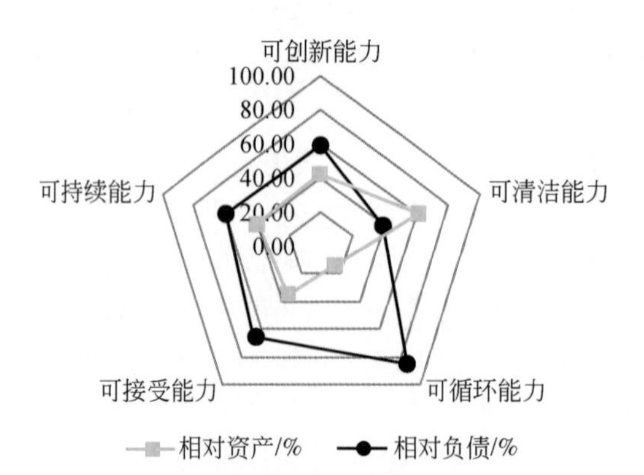

图8-37　云南绿色设计水平“资产—负债”

表 8-33　云南绿色设计水平“资产—负债”表

项目	指标	资产		负债		相对资产/%		相对负债/%		相对净资产/%
		要素	指数	要素	指数	要素	指数	要素	指数	
可创新能力	新产品设计研发投入	16	12.67	-15	-18.33	53.33	42.22	-46.67	-57.78	-15.56
	外观设计专利授权率	18		-13		60.00		-40.00		
	绿色设计本底度指数	4		-27		13.33		-86.67		
可清洁能力	生活垃圾综合处理率	11	18.33	-20	-12.67	36.67	61.11	-63.33	-38.89	22.22
	工业废水综合处理率	28		-3		93.33		-6.67		
	绿色设计覆盖度指数	16		-15		53.33		-46.67		
可循环能力	可再生能源分布结构	7	4.33	-24	-26.67	23.33	14.44	-76.67	-85.56	-71.11
	工业固废循环利用率	4		-27		13.33		-86.67		
	水资源重复利用效率	2		-29		6.67		-93.33		
可接受能力	绿色交通的运营水平	4	10.33	-27	-20.67	13.33	34.44	-86.67	-65.56	-31.11
	绿色建筑的认证水平	8		-23		26.67		-73.33		
	绿色设计关注度指数	19		-12		63.33		-36.67		
可持续能力	绿色设计碳足迹指数	17	12.00	-14	-19.00	56.67	40.00	-43.33	-60.00	-20.00
	节能减排目标达成率	9		-22		30.00		-70.00		
	绿色设计推进度指数	10		-21		33.33		-66.67		
绿色设计能力总水平		11.53		-19.47		38.44		-61.56		-23.11

二十六、陕西绿色设计水平“资产—负债”分析

1. 一般概况

陕西省土地面积为 20.58 万平方公里，2014 年人口数量为 3 775 万人，人均地区生产总值为 46 929 元，人均科学技术支出为 119 元，专利申请授权量为 22 820 项。经本报告测算，陕西省 2014 年绿色设计贡献率指数为 0.228，其中绿色设计本底度指数为 0.242，绿色设计推进度指数为 0.201，绿色设计覆盖度指数为 0.238。

2. 绿色设计水平的“资产—负债”分析

由图 8-38 和表 8-34 可以看出：

（1）可创新能力：资产累计为 7.67，相对资产得分为 25.56%。负债累计为-23.33，相对负债得分为-74.44%。在该大项中，相对净资产得分为-48.89%。

（2）可清洁能力：资产累计为 15.00，相对资产得分为 50.00%。负债累计为-16.00，相对负债得分为-50.00%。在该大项中，相对净资产得分为 0.00%。

（3）可循环能力：资产累计为 13.33，相对资产得分为 44.44%。负债累计为-17.67，相对负债得分为-55.56%。在该大项中，相对净资产得分为-11.11%。

（4）可接受能力：资产累计为 17. 00，相对资产得分为 56. 67%。负债累计为-14. 00，相对负债得分为-43. 33%。在该大项中，相对净资产得分为 13. 33%。

（5）可持续能力：资产累计为 14. 67，相对资产得分为 48. 89%。负债累计为-16. 33，相对负债得分为-51. 11%。在该大项中，相对净资产得分为-2. 22%。

总计上述五项，总资产累计为 13. 53，相对资产得分为 45. 11%。负债累计为-17. 47，相对负债得分为-54. 89%，相对净资产得分为-9. 78%。

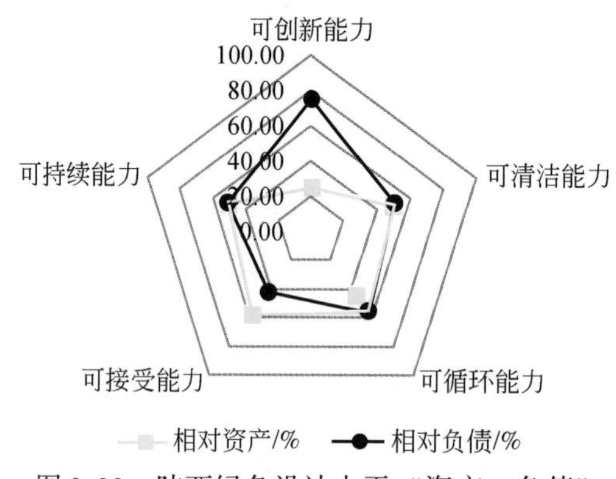

图 8-38　陕西绿色设计水平“资产—负债”

表 8-34　陕西绿色设计水平“资产—负债”表

项目	指标	资产		负债		相对资产/%		相对负债/%		相对净资产/%
		要素	指数	要素	指数	要素	指数	要素	指数	
可创新能力	新产品设计研发投入	3	7. 67	-28	-23. 33	10. 00	25. 56	-90. 00	-74. 44	-48. 89
	外观设计专利授权率	0		-31		0. 00		-100. 00		
	绿色设计本底度指数	20		-11		66. 67		-33. 33		
可清洁能力	生活垃圾综合处理率	18	15. 00	-13	-16. 00	60. 00	50. 00	-40. 00	-50. 00	0. 00
	工业废水综合处理率	12		-19		40. 00		-60. 00		
	绿色设计覆盖度指数	15		-16		50. 00		-50. 00		
可循环能力	可再生能源分布结构	12	13. 33	-19	-17. 67	40. 00	44. 44	-60. 00	-55. 56	-11. 11
	工业固废循环利用率	13		-18		43. 33		-56. 67		
	水资源重复利用效率	15		-16		50. 00		-50. 00		
可接受能力	绿色交通的运营水平	15	17. 00	-16	-14. 00	50. 00	56. 67	-50. 00	-43. 33	13. 33
	绿色建筑的认证水平	18		-13		60. 00		-40. 00		
	绿色设计关注度指数	18		-13		60. 00		-40. 00		
可持续能力	绿色设计碳足迹指数	12	14. 67	-19	-16. 33	40. 00	48. 89	-60. 00	-51. 11	-2. 22
	节能减排目标达成率	21		-10		70. 00		-30. 00		
	绿色设计推进度指数	11		-20		36. 67		-63. 33		
绿色设计能力总水平		13. 53		-17. 47		45. 11		-54. 89		-9. 78

二十七、甘肃绿色设计水平“资产—负债”分析

1. 一般概况

甘肃省土地面积为40.41万平方公里，2014年人口数量为2 591万人，人均地区生产总值为26 433元，人均科学技术支出为82元，专利申请授权量为5 097项。经本报告测算，甘肃省2014年绿色设计贡献率指数为0.114，其中绿色设计本底度指数为0.082，绿色设计推进度指数为0.095，绿色设计覆盖度指数为0.152。

2. 绿色设计水平的“资产—负债”分析

由图8-39和表8-35可以看出：

（1）可创新能力：资产累计为8.67，相对资产得分为28.89%。负债累计为–22.33，相对负债得分为–71.11%。在该大项中，相对净资产得分为–42.22%。

（2）可清洁能力：资产累计为5.33，相对资产得分为17.78%。负债累计为–25.67，相对负债得分为–82.22%。在该大项中，相对净资产得分为–64.44%。

（3）可循环能力：资产累计为7.33，相对资产得分为24.44%。负债累计为–23.67，相对负债得分为–75.56%。在该大项中，相对净资产得分为–51.11%。

（4）可接受能力：资产累计为8.33，相对资产得分为27.78%。负债累计为–22.67，相对负债得分为–72.22%。在该大项中，相对净资产得分为–44.44%。

（5）可持续能力：资产累计为12.33，相对资产得分为41.11%。负债累计为–18.67，相对负债得分为–58.89%。在该大项中，相对净资产得分为–17.78%。

总计上述五项，总资产累计为8.40，相对资产得分为28.00%。负债累计为–22.60，相对负债得分为–72.00%，相对净资产得分为–44.00%。

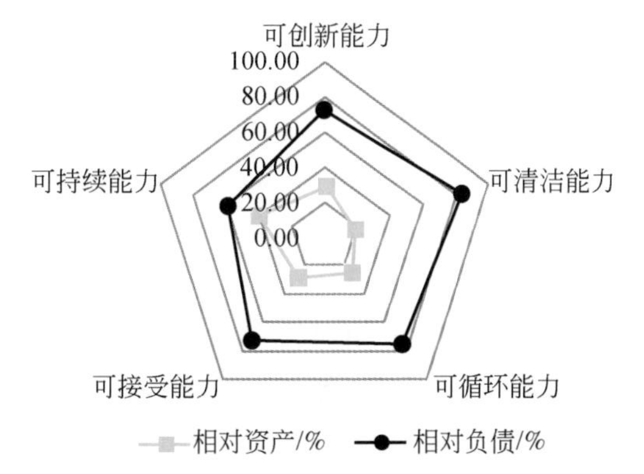

图8-39 甘肃绿色设计水平“资产—负债”

表 8-35　甘肃绿色设计水平"资产—负债"表

项目	指标	资产		负债		相对资产/%		相对负债/%		相对净
		要素	指数	要素	指数	要素	指数	要素	指数	资产/%
可创新能力	新产品设计研发投入	15	8.67	-16	-22.33	50.00	28.89	-50.00	-71.11	-42.22
	外观设计专利授权率	5		-26		16.67		-83.33		
	绿色设计本底度指数	6		-25		20.00		-80.00		
可清洁能力	生活垃圾综合处理率	3	5.33	-28	-25.67	10.00	17.78	-90.00	-82.22	-64.44
	工业废水综合处理率	7		-24		23.33		-76.67		
	绿色设计覆盖度指数	6		-25		20.00		-80.00		
可循环能力	可再生能源分布结构	4	7.33	-27	-23.67	13.33	24.44	-86.67	-75.56	-51.11
	工业固废循环利用率	5		-26		16.67		-83.33		
	水资源重复利用效率	13		-18		43.33		-56.67		
可接受能力	绿色交通的运营水平	8	8.33	-23	-22.67	26.67	27.78	-73.33	-72.22	-44.44
	绿色建筑的认证水平	4		-27		13.33		-86.67		
	绿色设计关注度指数	13		-18		43.33		-56.67		
可持续能力	绿色设计碳足迹指数	24	12.33	-7	-18.67	80.00	41.11	-20.00	-58.89	-17.78
	节能减排目标达成率	9		-22		30.00		-70.00		
	绿色设计推进度指数	4		-27		13.33		-86.67		
绿色设计能力总水平		8.40		-22.60		28.00		-72.00		-44.00

二十八、青海绿色设计水平"资产—负债"分析

1. 一般概况

青海省土地面积为71.75万平方公里，2014年人口数量为583万人，人均地区生产总值为39 671元，人均科学技术支出为178元，专利申请授权量为619项。经本报告测算，青海省2014年绿色设计贡献率指数为0.059，其中绿色设计本底度指数为0.078，绿色设计推进度指数为0.066，绿色设计覆盖度指数为0.001。

2. 绿色设计水平的"资产—负债"分析

由图8-40和表8-36可以看出：

（1）可创新能力：资产累计为10.00，相对资产得分为33.33%。负债累计为-21.00，相对负债得分为-66.67%。在该大项中，相对净资产得分为-33.33%。

（2）可清洁能力：资产累计为10.67，相对资产得分为35.56%。负债累计为-20.33，相对负债得分为-64.44%。在该大项中，相对净资产得分为-28.89%。

（3）可循环能力：资产累计为4.67，相对资产得分为15.56%。负债累计为-26.33，相对负债得分为-84.44%。在该大项中，相对净资产得分为-68.89%。

（4）可接受能力：资产累计为10.67，相对资产得分为35.56%。负债累计为-20.33，相对负债得分为-64.44%。在该大项中，相对净资产得分为-28.89%。

（5）可持续能力：资产累计为11.33，相对资产得分为37.78%。负债累计为-19.67，相对负债得分为-62.22%。在该大项中，相对净资产得分为-24.44%。

总计上述五项，总资产累计为9.47，相对资产得分为31.56%。负债累计为-21.53，相对负债得分为-68.44%，相对净资产得分为-36.89%。

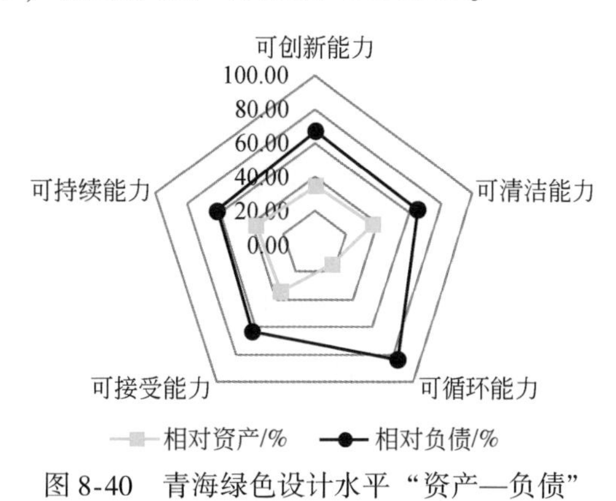

图8-40 青海绿色设计水平“资产—负债”

表8-36 青海绿色设计水平“资产—负债”表

项目	指标	资产		负债		相对资产/%		相对负债/%		相对净资产/%
		要素	指数	要素	指数	要素	指数	要素	指数	
可创新能力	新产品设计研发投入	4	10.00	-27	-21.00	13.33	33.33	-86.67	-66.67	-33.33
	外观设计专利授权率	21		-10		70.00		-30.00		
	绿色设计本底度指数	5		-26		16.67		-83.33		
可清洁能力	生活垃圾综合处理率	5	10.67	-26	-20.33	16.67	35.56	-83.33	-64.44	-28.89
	工业废水综合处理率	26		-5		86.67		-13.33		
	绿色设计覆盖度指数	1		-30		3.33		-96.67		
可循环能力	可再生能源分布结构	3	4.67	-28	-26.33	10.00	15.56	-90.00	-84.44	-68.89
	工业固废循环利用率	8		-23		26.67		-73.33		
	水资源重复利用效率	3		-28		10.00		-90.00		
可接受能力	绿色交通的运营水平	19	10.67	-12	-20.33	63.33	35.56	-36.67	-64.44	-28.89
	绿色建筑的认证水平	4		-27		13.33		-86.67		
	绿色设计关注度指数	9		-22		30.00		-70.00		
可持续能力	绿色设计碳足迹指数	28	11.33	-3	-19.67	93.33	37.78	-6.67	-62.22	-24.44
	节能减排目标达成率	3		-28		10.00		-90.00		
	绿色设计推进度指数	3		-28		10.00		-90.00		
绿色设计能力总水平		9.47		-21.53		31.56		-68.44		-36.89

二十九、宁夏绿色设计水平“资产—负债”分析

1. 一般概况

宁夏回族自治区土地面积为 5.20 万平方公里，2014 年人口数量为 662 万人，人均地区生产总值为 41 834 元，人均科学技术支出为 176 元，专利申请授权量为 1 424 项。经本报告测算，宁夏回族自治区 2014 年绿色设计贡献率指数为 0.184，其中绿色设计本底度指数为 0.001，绿色设计推进度指数为 0.001，绿色设计覆盖度指数为 0.318。

2. 绿色设计水平的“资产—负债”分析

由图 8-41 和表 8-37 可以看出：

（1）可创新能力：资产累计为 13.00，相对资产得分为 43.33%。负债累计为 -18.00，相对负债得分为 -56.67%。在该大项中，相对净资产得分为 -13.33%。

（2）可清洁能力：资产累计为 12.67，相对资产得分为 42.22%。负债累计为 -18.33，相对负债得分为 -57.78%。在该大项中，相对净资产得分为 -15.56%。

（3）可循环能力：资产累计为 22.67，相对资产得分为 75.56%。负债累计为 -8.33，相对负债得分为 -24.44%。在该大项中，相对净资产得分为 51.11%。

（4）可接受能力：资产累计为 11.00，相对资产得分为 36.67%。负债累计为 -20.00，相对负债得分为 -63.33%。在该大项中，相对净资产得分为 -26.67%。

（5）可持续能力：资产累计为 11.67，相对资产得分为 38.89%。负债累计为 -19.33，相对负债得分为 -61.11%。在该大项中，相对净资产得分为 -22.22%。

总计上述五项，总资产累计为 14.20，相对资产得分为 47.33%。负债累计为 -16.80，相对负债得分为 -52.67%，相对净资产得分为 -5.33%。

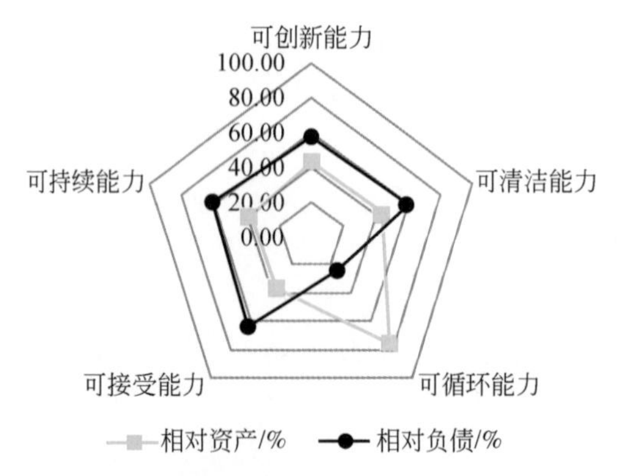

图 8-41　宁夏绿色设计水平“资产—负债”

表 8-37 宁夏绿色设计水平“资产—负债”表

项目	指标	资产		负债		相对资产/%		相对负债/%		相对净
		要素	指数	要素	指数	要素	指数	要素	指数	资产/%
可创新能力	新产品设计研发投入	27	13.00	-4	-18.00	90.00	43.33	-10.00	-56.67	-13.33
	外观设计专利授权率	11		-20		36.67		-63.33		
	绿色设计本底度指数	1		-30		3.33		-96.67		
可清洁能力	生活垃圾综合处理率	15	12.67	-16	-18.33	50.00	42.22	-50.00	-57.78	-15.56
	工业废水综合处理率	6		-25		20.00		-80.00		
	绿色设计覆盖度指数	17		-14		56.67		-43.33		
可循环能力	可再生能源分布结构	26	22.67	-5	-8.33	86.67	75.56	-13.33	-24.44	51.11
	工业固废循环利用率	20		-11		66.67		-33.33		
	水资源重复利用效率	22		-9		73.33		-26.67		
可接受能力	绿色交通的运营水平	25	11.00	-6	-20.00	83.33	36.67	-16.67	-63.33	-26.67
	绿色建筑的认证水平	8		-23		26.67		-73.33		
	绿色设计关注度指数	0		-31		0.00		-100.00		
可持续能力	绿色设计碳足迹指数	25	11.67	-6	-19.33	83.33	38.89	-16.67	-61.11	-22.22
	节能减排目标达成率	9		-22		30.00		-70.00		
	绿色设计推进度指数	1		-30		3.33		-96.67		
绿色设计能力总水平		14.20		-16.80		47.33		-52.67		-5.33

三十、新疆绿色设计水平“资产—负债”分析

1. 一般概况

新疆维吾尔自治区土地面积为166.49万平方公里，2014年人口数量为2 298万人，人均地区生产总值为40 648元，人均科学技术支出为176元，专利申请授权量为5 238项。经本报告测算，新疆维吾尔自治区2014年绿色设计贡献率指数为0.110，其中绿色设计本底度指数为0.030，绿色设计推进度指数为0.100，绿色设计覆盖度指数为0.159。

2. 绿色设计水平的“资产—负债”分析

由图8-42和表8-38可以看出：

(1) 可创新能力：资产累计为3.00，相对资产得分为10.00%。负债累计为-28.00，相对负债得分为-90.00%。在该大项中，相对净资产得分为-80.00%。

(2) 可清洁能力：资产累计为9.67，相对资产得分为32.22%。负债累计为-21.33，相对负债得分为-67.78%。在该大项中，相对净资产得分为-35.56%。

(3) 可循环能力：资产累计为3.00，相对资产得分为10.00%。负债累计为-28.00，相对负债得分为-90.00%。在该大项中，相对净资产得分为-80.00%。

（4）可接受能力：资产累计为 9.33，相对资产得分为 31.11%。负债累计为-21.67，相对负债得分为-68.89%。在该大项中，相对净资产得分为-37.78%。

（5）可持续能力：资产累计为 8.00，相对资产得分为 26.67%。负债累计为-23.00，相对负债得分为-73.33%。在该大项中，相对净资产得分为-46.67%。

总计上述五项，总资产累计为 6.60，相对资产得分为 22.00%。负债累计为-24.40，相对负债得分为-78.00%，相对净资产得分为-56.00%。

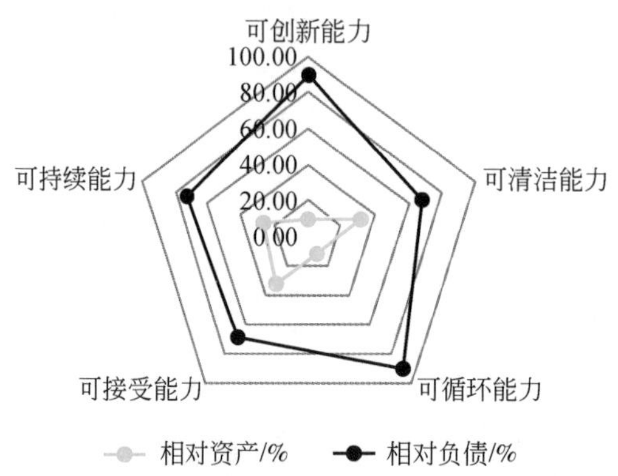

图 8-42　新疆绿色设计水平“资产—负债”

表 8-38　新疆绿色设计水平“资产—负债”表

项目	指标	资产		负债		相对资产/%		相对负债/%		相对净
		要素	指数	要素	指数	要素	指数	要素	指数	资产/%
可创新能力	新产品设计研发投入	5	3.00	-26	-28.00	16.67	10.00	-83.33	-90.00	-80.00
	外观设计专利授权率	2		-29		6.67		-93.33		
	绿色设计本底度指数	2		-29		6.67		-93.33		
可清洁能力	生活垃圾综合处理率	4	9.67	-27	-21.33	13.33	32.22	-86.67	-67.78	-35.56
	工业废水综合处理率	11		-20		36.67		-63.33		
	绿色设计覆盖度指数	14		-17		46.67		-53.33		
可循环能力	可再生能源分布结构	1	3.00	-30	-28.00	3.33	10.00	-96.67	-90.00	-80.00
	工业固废循环利用率	7		-24		23.33		-76.67		
	水资源重复利用效率	1		-30		3.33		-96.67		
可接受能力	绿色交通的运营水平	20	9.33	-11	-21.67	66.67	31.11	-33.33	-68.89	-37.78
	绿色建筑的认证水平	4		-27		13.33		-86.67		
	绿色设计关注度指数	4		-27		13.33		-86.67		
可持续能力	绿色设计碳足迹指数	16	8.00	-15	-23.00	53.33	26.67	-46.67	-73.33	-46.67
	节能减排目标达成率	3		-28		10.00		-90.00		
	绿色设计推进度指数	5		-26		16.67		-83.33		
绿色设计能力总水平		6.60		-24.40		22.00		-78.00		-56.00

参考文献

蔡赛 . 2011. 机械发展史研究 . 魅力中国，（17）：312-312.

陈心德，吴忠 . 2011. 生产运营管理. 北京：清华大学出版社 .

邓琦，金煜，饶沛 . 2015-12-31. 京津冀协同发展规划纲要获通过 . http：//politics. people. com. cn/n/2015/0501/c1001-26935006. html.

董珑丽，李小平，姜雪，等 . 2014. 上海崇明岛水稻生产能耗与碳足迹生命周期评价 . 农业环境科学学报，（6）：1254-1260.

冯阳 . 2004. 与时俱进的人类工效学 . 南京工业大学学报：社会科学版，（4）：71-75.

傅志红，彭玉成 . 2000. 产品的绿色设计方法 . 机械设计与研究，（2）：10-12.

高佳，黄祥瑞 . 1999. 人的可靠性分析：需要、状况和进展 . 中南工学院学报，（2）：11-25.

高银贵 . 2007. 历史文脉在景观设计中的应用研究// 第一届中国环境艺术设计国际学术研讨会. 北京：中国建筑工业出版社 .

葛杨，潘薇薇. 2005. 试论循环经济价值链及其运行 . 福建行政学院福建经济管理干部学院学报，2：47-50.

郝鸥 . 2014. 景观设计史 . 武汉：华中科技大学出版社 .

何人可 . 2010. 工业设计史 . 北京：高等教育出版社 .

侯赟慧，刘志彪，岳中刚 . 2009. 长三角区域经济一体化进程的社会网络分析 . 中国软科学，（12）：90-101.

胡爱武，傅志红 . 2002. 产品的绿色设计概念及其发展 . 机械设计与制造工程，31（3）：7-9.

胡婷婷，黄凯，金竹静，等 . 2015. 滇池流域主要农业产品水足迹空间格局及其环境影响测度 . 环境科学学报，35（11）：3719-3729.

胡志远，张成，浦耿强，等 . 2004. 木薯乙醇汽油生命周期能源、环境及经济性评价 . 内燃机工程，25（1）：13-16.

黄贤金 . 2004. 循环经济：产业模式与政策体系 . 南京：南京大学出版社 .

姜金龙，吴玉萍，马军，等 . 2005. 生命周期评价的技术框架及研究进展 . 兰州理工大学学报，31（4）：23-26.

鞠颖，陈易 . 2014. 全生命周期理论下的建筑碳排放计算方法研究——基于 1997 ~ 2013 年 CNKI 的国内文献统计分析 . 住宅科技，34（5）：32-37.

李春田 . 2005. 标准化概论（第四版）. 北京：中国人民出版社 .

李春田 . 2011. 现代标准化方法——综合标准化 . 中国标准导报，（12）：4-7.

李亮之 . 2001. 世界工业设计史潮 . 北京：中国轻工业出版社 .

李书华 . 2014. 电动汽车全生命周期分析及环境效益评价 . 吉林大学博士学位论文（内部资料）.

李晓娜，史占国，张国方 . 2010. 汽车产品生命周期评价（LCA）研究 . 北京汽车，（1）：1-4.

林聚任 . 2009. 社会网络分析—理论. 方法与应用 . 北京：北京师范大学出版社 .

林志航，车阿大 . 1998. 质量功能配置研究现状及进展：兼谈对我国 QFD 研究与应用的看法 . 机械科学与技术，（01）：35-39.

刘鹤，刘鑫，吴文瀚，等 . 2014. 利用 AHP- BP 法建立水泥企业循环经济评价指标体系的研究 . 环境工程，32（6）：148-152.

刘念雄，汪静，李嵘 . 2009. 中国城市住区 CO_2 排放量计算方法 . 清华大学学报（自然科学版），（09）：1433-1436.

刘平 . 2014-04-01. "设计之都" 神户：社会设计解决社会问题 . http：//money. 163. com/14/0401/08/9OO040S20

0253B0H. html [2016-01-07] .

刘媛 . 2013. 石化产品生命周期的研判方法探讨 . 化学工业，31 (6)：37-40.

刘志坚 . 2002. 工效学及其在管理中的应用 . 北京：科学出版社 .

绿色设计与制造技术及标准国际交流会 . 2015. 绿色设计与制造技术及标准国际交流会会议材料 . 北京 .

罗小未 . 2004. 外国近现代建筑史 . 北京：中国建筑工业出版社 .

罗燕，乔玉辉，吴文良 . 2010. 生命周期评价方法在农业中的应用 . 生态经济 (学术版)，(02)：152-155.

马传栋 . 2002. 论可持续发展经济学的基本理论问题 . 文史哲，(2)：160-164.

马晶 . 2011. 浅析环境艺术设计的历史发展以及在当今时代下的出路 . 东京文学，(03)：87-87.

麦绿波 . 2012. 广义标准概念的构建 . 中国标准化，(4)：57-58.

门小勇 . 2010. 平面设计史 . 长沙：湖南大学出版社 .

孟涛 . 2014. 浅谈绿色环境艺术设计 . 城市建设理论研究 (电子版)，4 (29) .

彭小瑜，吴喜慧，吴发启，等 . 2015. 陕西关中地区冬小麦-夏玉米轮作系统生命周期评价 . 农业环境科学学报，(04)：809-816.

沙基昌，王继红 . 2010. 复杂性与社会设计工程 . 科学中国人，(9)：16-16.

沙基昌 . 2012. 理论社会科学与社会设计工程 . 北京：科学出版社 .

施琴 . 2011. 试论中国室内设计历史的研究 . 建筑与文化，(11)：106-107.

斯科特 . 2007. 社会网络分析法 . 重庆：重庆大学出版社 .

隋军，金红光，林汝谋，等 . 2007. 分布式供能及其系统集成 . 科技导报，25 (24)：58-62.

孙殿义 . 2008. 中国循环经济的能力建设与支撑体系研究 . 北京：中国科学院研究生院 .

泰勒 . 1982. 科学管理原理 . 上海：上海科学技术出版社 .

唐玲 . 2014. 家用洗涤剂生命周期评价研究与实证分析 . 北京市科学技术研究院博士后出站报告 (内部资料) .

陶岚，阳建新，吕鹃，等 . 2011. 中国企业遭遇国外技术性贸易壁垒的标准化因素分析 . 亚太经济，(6)：48-51.

万军 . 2009. 互联网产品设计中绿色设计原则可行性分析 . 华中科技大学硕士学位论文 (内部资料) .

王建国，王兴平 . 2011. 绿色城市设计与低碳城市规划——新型城市化下的趋势 . 城市规划，(02)：20-21.

王健 . 2008. 绿意盎然——平面设计中的绿色设计理念的融入 . 黄河之声，19：70-71.

王敏，黄滢 . 2015. 中国的环境污染与经济增长 . 经济学 (季刊)，(2)：557-578.

王寿兵 . 1999. 中国复杂工业产品生命周期生态评价——方法与实例研究 . 复旦大学博士学位论文 .

王受之 . 1998. 世界现代平面设计史 . 深圳：新世纪出版社 .

王受之 . 2012. 世界现代建筑史. 北京：中国建筑工业出版社 .

沃瑟曼 . 2012. 社会网络分析 . 陈禹，孙彩虹译 . 北京：中国人民大学出版社 .

吴结兵 . 2006. 基于企业网络结构与动态能力的产业集群竞争优势研究 . 浙江大学博士学位论文 (内部资料) .

武锋，郭莉军 . 2009. 信息化对经济全球化的影响 . 北京邮电大学学报 (社会科学版)，11 (4)：34-37.

向鹏成，董东 . 2014. 跨区域重大工程项目风险相互关系的社会网络分析 . 世界科技研究与发展，36 (6)：674-680.

肖萍 . 2013. 石化工业园循环经济评价模型构建——基于层次分析法 . 北京行政学院学报，(01)：79-83.

肖忠东，孙林岩 . 2003. 工业生态制造 . 西安：西安交通大学出版社 .

谢红卫，孙志强，李欣欣，等 . 2007. 典型人因可靠性分析方法评述 . 国防科技大学学报，29 (2)：101-107.

徐康宁，赵波，王绮 . 2005. 长三角城市群：形成、竞争与合作 . 南京社会科学，（5）：1-9.

杨吉方，毛白滔 . 2010. 城市景观设计的时代性与历史连续性 . 农业科技与信息（现代园林），（08）：11-12.

杨建新，刘炳江 . 2002. 中国钢材生命周期清单分析 . 环境科学学报，22（04）：519-519.

杨雪松，舒小芹，苏雪丽 . 2004. 生命周期评价在清洁生产中的应用 . 化学工业与工程，18（3）：176-181.

尹定邦 . 1999. 设计学概论 . 长沙：湖南科学技术出版社 .

余小琳 . 2015. 循环经济视角下的观光农业可持续发展 . 农业经济问题，29（6）：85-88.

曾山，关惠元 . 2012. 论人类工效学研究中的复杂性问题 . 包装工程，（8）：88-91，103.

张力，王以群 . 1996. 复杂人——机系统中的人因失误 . 中国安全科学学报，（6）：35-38.

张力，王以群 . 2004. 人因分析：需要、问题和发展趋势 . 系统工程理论与实践，21（6）：13-19.

张明 . 1987. 欧美城市设计历史简述 . 新建筑，（2）：45-50.

张寿荣 . 2007. 中国钢铁工业发展循环经济的若干问题 . 宏观经济研究，（5）：18-20.

张卫红，李玉娥，秦晓波，等 . 2015. 应用生命周期法评价中国测土配方施肥项目减排效果 . 农业环境科学学报，（07）.

赵萌，路文冉，李刚 . 2013. 基于熵权 AHP 组合的循环经济发展评价与实证 . 科技管理研究，33（6）：59-62.

赵志仝，王峰，赵宁，等 . 2014. 生命周期评价在中国乙烯行业环境评估中的应用 . 环境科学学报，（12）：3200-3206.

郑季良，郑晨，陈盼 . 2014. 高耗能产业群循环经济协同发展评价模型及应用研究——基于序参量视角 . 科技进步与对策，（11）：142-146.

郑立红，冯春善 . 2014. 绿色建筑全生命周期碳排放核算及节能减排效益分析——以天津某办公建筑为例 . 动感：生态城市与绿色建筑，（3）：60-62.

中华人民共和国工业和信息化部 . 2013-2-17. 工业和信息化部发展改革委环境保护部关于开展工业产品生态设计的指导意见 . http：//www. miit. gov. cn/n11293472/n11505629/ n11506364/ n11513631/n11513880/n11927781/15219314. html.

中华人民共和国国家发展和改革委员会 . 2015-4-14. 国家发展和改革委员会关于印发《2015 年循环经济推进计划》的通知 . http：//www. sdpc. gov. cn/zcfb/zcfbtz/201504/ t2015042068 8556. html.

中华人民共和国中央人民政府 . 2011-3-16. 国民经济和社会发展第十二个五年规划纲要（全文）. http：//www. gov. cn/2011lh/content_ 1825838. htm.

中华人民共和国中央人民政府 . 2015-4-14. 国务院办公厅关于印发贯彻实施质量发展纲要 2015 年行动计划的通知 . http：//www. gov. cn/zhengce/content/2015-04/14/content_ 9602. htm.

中华人民共和国中央人民政府 . 2015-5-8. 国务院关于印发《中国制造 2025》的通知 . http：//www. gov. cn/zhengce/content/2015-05/19/content_ 9784. htm.

中华人民共和国中央人民政府 . 2015-9-21. 中共中央国务院印发《生态文明体制改革总体方案》. http：//www. gov. cn/guowuyuan/2015-09/21/content_ 2936327. htm.

种栗 . 2012. 专利标准化贸易壁垒对中国的影响及其对策 . 标准科学，（10）：82-85.

朱玉林，陈洪 . 2007. 基于可持续发展理论的林业循环经济研究 . 生态经济，（6）：108-110.

Allen D T，Rosselt K S. 1997. Pollution Prevention for Chemical Processes. New York：Wikey & sows Inc.

Al-Salem S M，Mechleri E，Papageorgiou L G，et al. 2012. Life cycle assessment and optimization on the production of petrochemicals and energy from polymers for the Greater London Area. Computer Aided Chemical Engineering，30（5）：101-106.

Amaral L A N, Barrat A, Barabasi A L, et al. 2004. Virtual Round Table on ten leading questions for network research. The European Physical Journal B-Condensed Matter and Complex Systems, 38 (2): 143-145.

Andersen M S. 2006. An introductory note on the environmental economics of the circular economy. Sustainability Science, 2 (1): 133-140.

Andrews D. 2015. The circular economy, design thinking and education for sustainability. Local Economy, 30: 305-315.

Batista, L. 2012. Translating trade and transport facilitation into strategic operations performance objectives. Supply Chain Management, 17 (2): 124-137.

Bernd B. 2012. The Circular Economy and Its Risks. . Waste Management, 32 (1): 1-2.

Brentrup F, Küsters J, Kuhlmann H, et al. 2004. Environmental impact assessment of agricultural production systems using the life cycle assessment methodology: Theoretical concept of a LCA method tailored to crop production. European Journal of Agronomy, 20 (3): 247-264.

Bribián I Z, Usón A A, Scarpellini S. 2009. Life cycle assessment in buildings: State- of- the- art and simplified LCA methodology as a complement for building certification. Building & Environment, 44 (12): 2510-2520.

Bribián I Z, Valero C I, Aranda U A. 2011. Life cycle assessment of building materials: Comparative analysis of energy and environmental impacts and evaluation of the eco- efficiency improvement potential. Build. Environ. Building & Environment, 46 (5): 1133-1140.

Cacciabue P C. 1997. A methodology of human factors analysis for system engineering: theory and applications. IEEE Transactions on System, Man and Cybernetics-Part A: System and Human, 27 (3): 325-339.

Eady S, Carre A, Grant T. 2011. Life cycle assessment modelling of complex agricultural systems with multiple food and fibre co-products. Journal of Cleaner Production, 28 (3): 143-149.

Fiksel J. 1993. Design for environment: an integrated systems approach. Electronics and the Environment. Proceedings of the 1993 IEEE International Symposium on IEEE: 126-131.

Finkbeiner M, Hoffmann R. 2006. Application of Life Cycle Assessment for the Environmental Certificate of the Mercedes-Benz S-Class (7 pp) . International Journal of Life Cycle Assessment, 11 (4): 240-246.

Fox A, Murrell R. 1989. Green Design: A Guide to the Environmental Impact of Materials. London: Architecture Design and Technology Press.

Genovese A, Acquaye A A, Figueroa A, et al. 2015. Sustainable Supply Chain Management and the transition towards a Circular Economy: Evidence and some Applications. Omega.

Gerilla G P. 2004. The Life Cycle Assessment - A Case Study of Transporting Volvo Cars. Civil Engineering Dimension, 2 (1): 49-55.

Guo-Wei X U, Wang Y, Zhao G X. 2014. Current Situation of the Development of Cyclic Economy of China′s Coal Enterprises. Energy & Energy Conservation.

Kirwan B. 1994. A Guide to Practical Human Reliability Assessment. Taylor&Francis: CRC Press.

Li, C. 2010. Growth Mode of Circular Economy. International Conference on Challenges in Environmental Science & Computer Engineering (Vol. 2, pp. 36-39) . IEEE Computer Society.

Li, F. 2013. Comprehensive evaluation research on cyclic economy based on entropy value method. Information Management, Innovation Management and Industrial Engineering (ICIII), 2013 6th International Conference on (Vol. 3, pp. 341-343) . IEEE.

Miao, J. 2015. Research On Enterprise Investment Decision Method Based On Circular- Economy. 2015 International Conference on Economy, Management and Education Technology. Atlantis Press.

Pan S Y, Du M A, Huang I T, et al. 2015. Strategies on implementation of waste- to- energy (WTE) supply chain for circular economy system: a review. Journal of Cleaner Production, 108: 409-421.

Papanek V. 1971. Design for the Real World. New York: Pantheon Books.

Schrödl, Holger. 2014. Bridging Economy and Ecology: a Circular Economy Approach to Sustainable Supply Chain Management. AIS Electronic Library (AISeL) - ICIS Proceedings.

Watts D J. 1999. Networks, dynamics, and the small- world phenomenon. American Journal of Sociology, 105 (2): 493-527.

Yellishetty M, Mudd G M, Ranjith P G. 2011. The steel industry, abiotic resource depletion and life cycle assessment: A real or perceived issue. Journal of Cleaner Production, 19 (1): 78-90.

Zhang B Y, Zhang H Y, Yin Y, et al. 2014. The Coupling Degree Analysis Based on Venous Industry Cluster of Circular Economy. Advanced Materials Research, 962-965: 2319-2322.

Zheng L, Zhang J. 2010. Research on Green Logistics System Based on Circular Economy. Asian Social Science, 6 (11): 116-119.

- Green Design, the Primary Lever for Initiating Green Development
- Green Design, the Primary Impetus for Facilitating Green Development
- Green Design, the Primary Wealth for Achieving Green Development

Editor-in-Chief Niu Wenyuan

China Green Design Report 2016

WGDO Green Design Institute

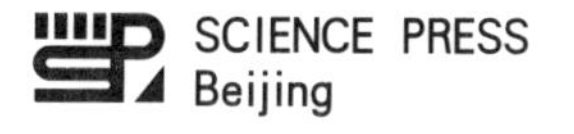
SCIENCE PRESS
Beijing

Joint Executive Editors: Li Min & Li Xiaojuan

Brief Introduction

Green design is the most important leverage to promote the development of green development. Originality, research and development, design and standards are the four path breakers for the transformation and upgrading at the root. In *China Green Design Report* 2016, the first annual report on green design in the world, systematic innovations have been conducted in the following six aspects: 1) The definition, classification, originanddevelopment of green design have been proposed in a systematic manner under the framework of World Green Design Organization (WGDO); 2) Five major theories and five sets of methodology have been summarized for green design; 3) Douglas Variation Function has been put into application so as to set up the green design contribution rate function; 4) For the first time, green design indexes have been put forth as a system in the world; 5) "General Principles for Green Design Standards (Draft)" has been put forward; 6) Cases of green design all over the world have been systematically summarized.

China Green Design Report 2016, can be used by planners, designers, research personnel, staff members and students at colleges and universities for reference.

Published by Science Press
16 Donghuangchenggen North Street
Beijing 100717, P. R. China

Printed in Beijing

ISBN 978-7-03-047887-0

Advisory Panel for *China Green Design Report* 2016

Chief Advisor

Lu Yongxiang — Vice Chairman of the Standing Committee of the Eleventh National People's Congress (NPC) of the People's Republic of China and former President of the Chinese Academy of Sciences (CAS)

Advisors

Pan Yunhe — Chairman of the External Affairs Committee under the CPPCC National Committee and a former vice president of the Chinese Academy of Engineering (CAE)

Shi Dinghuan — A former counsellor of the State Council of the People's Republic of China and Chairman of the World Green Design Organization (WG-DO)

Zhang Qi — Chairman of the board of directors of Dragon Design Foundation and an executive member of the World Green Design Organization (WGDO)

Jo Leinen — A member of the European Parliament and the EP (European Parliament)-China Diplomatic Relation Delegation

Irene Pivetti — Honorary Chairwoman of the World Green Design Organization (WGDO) and the former President of the Italian Chamber of Deputies

China Green Design Report 2016 Research Group

Editor-in-Chief & Chief Scientist

Professor Niu Wenyuan (Author of the Pandect)

Associate Editor-in-Chief

Dr. Liu Yijun (Author of Chapter 5)

Members

Yang Duogui (Author of Chapter 1)

Zhou Zhitian (Author of Chapter 2)

Li Qianqian (One of the joint authors of Chapter 7&8)

Wang Hongbing (One of the joint authors of Chapters 3&6)

Ma Ning (One of the joint authors of Chapters 7&8)

Wang Guanghui (One of the joint authors of Chapters 3&6)

Huang Yuan (One of the joint authors of Chapter 5)

Lian Ying (One of the joint authors of Chapter 5)

Dong Xuefan (Author of Chapters 1&4)

Chen Sijia (One of the joint authors of Chapter 5)

Preface

The specific English word "Green" coincides with the significant connotations of China's new development philosophy. There has ever since been existing the idea of "the integration of the humankind and nature", with which it has been realized that the humankind shall maintain its harmony with nature rather than going against nature. Friedrich Engels once ever emphasized "the integration of the humankind itself and nature", holding that the humankind's development has to evolve together with nature, that any negligence of nature and any deviation from the coordinated development of the humankind and nature are both not sustainable and revenges is doomed to get from nature for any negligence of such a kind sooner and later.

When promoting green development, not only guidance with philosophical ideas but also route maps, schedules and goal functions are needed. It is necessary to make innovations concerning laws and regulations, planning and norms, technical approaches, system management and cultural conception the driving force for sustainable development. And it is also a must to design and implement the plan for green development on basis of in-depth critical thinking. Thus, green design did have risen to the occasion: both theoretically and in practice, green design is the key to boost the realization of green development at source.

When creating the design, people are actually pivoting and making preparations for all targeted creative practices and activities of the humankind; thus, the design is a key to set goals creatively, take the lead in system integration and innovation, guarantee the smooth realization of all the goals at source and from the supply side. It is sure that any targeted creative practice will be envisaged, planned as a whole, calculated and then be put into implementation; otherwise, the practices would be conducted bluntly. By fulfilling designing, it is not only possible to create brand-new products, brand-new technological processes, and brand-new facilities but it is also possible to create brand-new management patterns, brand-new profiting patterns and even brand-new business formats. Also through designs, people turn their knowledge, information and technologies into the actual productivity, actual values and wealth of the society, including not only economic values but also social values, cultural values, ecological values, etc. Therefore, to implement the strategy of boosting development with innovations, boost the conversion of "Made in China" into "Created in China", and build China into an innovation-oriented country.

The post- industrial era has been replaced by the Era of Internet and Knowledge Economy, and China has become the second largest economy in the world and the largest manufacturer all over the world. The Chinese economy has presented a new normal: relying on people's creativity and innovations as a driver rather than factor input with more importance attached to promoting the quality and benefits of economic development and an optimal structure instead of the quantity and the growth rate, and with

people's living conditions ameliorated, more employment created, distribution made even fairer, social development in China has become even more harmonious and more coordinated. As a result, it is required that both the design at the top tier in respective economic and social sectors and the capability for innovative design in various fields are to be enhanced.

With a view on the world as a whole, there have experienced many significant changes so far as design is concerned since the industrial civilization had come into existence. Thanks to the invention of vapor engine and the design and manufacture of both machines of various kinds to fulfill production tasks and such traffic vehicles as trains and ships, Great Britain had led the first round of industrial revelation. Then, with the invention of electric machines, electronic appliances, telegraph and telephone, the design and establishment of electric and communication systems, the invention of internal combustion engines, the design and manufacture of cars and planes, and the design, research and development as well as construction of nuclear power stations, the humankind have been pushed into the era of electric age, thus having realized a second round of industrial revolution. After the mid-2000s, the humankind had been pushed into the post-industrial era while design had evolved from mechanical and mecha electrical design into integrated mechanical and electrical design thanks to the invention of semiconductors and the design and creation of integrated circuit and computers. After the 1980s, the Internet came into existence. Such technological innovations as those concerning information and networking, green and intelligent manufacture revolution, clear and renewable energy revolution, those in various aspects, including bio-medicine and advanced materials have brought the humankind into the era of knowledge and networking; in the meantime, design has contributed a 3.0 version and presented three new characteristic as follows:

First of all, "green and low-carbon". It means that products to be designed are required to impose minimal impact on the environment and discharge the minimal about of pollutants and carbon throughout its full life cycle from production, distribution, operation services, being discarded to remanufacture until the whole system comes into being so as to achieve the harmonious and coordinated sustainable development where progress can be made in terms of both the human civilization and the earth's ecological environment.

Secondly, "Internet intelligence". The products, the manufacture processes, and operational services at present have become different from those in the post-industrial era. And it is now possible to realize the real-time integration, joint creation and sharing of such advantageous resources as knowledge, technologies, information and big data around the world. Internet-related intelligent products do not only rely on user end hardware to realize their properties but also rely on software, cloud computing and cloud storage. Due to innovative transformations concerning product structure and technologies, there have occurred changes in our design philosophy, goals and methodologies. In 2014, the integrated circuits imported into China valued USD230 billion, which was not only more than the total value of petroleum and natural gas imported from abroad but also related to hidden dangers threatening information security. Almost all design tool software, operating systems, simulation software, calculating software, control software and ERP software, etc. that we are using are designed abroad. The gap between China and abroad in terms of software design is probably even bigger than that in terms of hardware. But such a status quo must be changed!

Thirdly, "joint design and sharing". For the time being, it is no longer the case that the designers

conducted designing independently while engineers executed manufacture and users simply selected out something designed to use design. Instead, designers, manufacturers, marketers, third parties (including users) are all engaged into design and creation as now it is an era of creation. So joint design and sharing, cooperation and win-win are the features of the present era. Yet, today, the creativity of individual designers is still significant but teamwork is earnestly required and the cooperation with colleagues and users all over the world is also required. Meanwhile, it is necessary to draw resources for creation for use from all over the world by via of the Internet. Only that way can products and services, which are not only oriented at actual demands in the market but are also to play a leading role in the future development of the market while enabling the Chinese nation to make more and better contributions to the progress of human civilization.

To boost innovative design and green development, it is also necessary to incubate and build up an advanced design and manufacture culture with Chinese characteristics. First of all, we should make sure what kind of design culture is needed. For instance, upon referring to German design and manufacture, people tend to associate it with precision and reliability; as soon as Japanese design and manufacture are mentioned, it will be associated to sophistication and practicality. Then what will be associated with the US design and manufacture culture? In my opinion, it is innovation and taking the lead! People in the USA are always thinking about working out globally leading products and services. That is also applicable to both civil products and those related to defense and the military industry. We shall consider what the Chinese design culture should be like, which is a great proposition; and it is necessary for all colleagues engaged in design and the society as a whole to work together to incubate such a culture!

China Green Design Report 2016 compiled by the CAS research team headed by Professor Niu Wenyuan is the first theoretic achievement after conducting studies on green design by use of theories in systematics in the world. The great achievement is resulted from the team's long-term accumulation since they began to conduct studies in the field of sustainable development. The report consists of such contents as the connotations, classification, theories and methodology, norms and general rules, and index systems of green design. In the meantime, case studies on green design in various parts of the world have been listed as well. From such a fact, it can be known that the Chinese scholars' views on studies in the field of green design and their explorations can be well presented. Such views and explorations will be conducive to boosting green development in China, and they are also Chinese scholars' new contemplations and new contributions to green design as a cause in the world. I expect that such a great achievement undergo further testing, get enriched and improved incessantly.

Professor Lu Yongxiang
CAS Academician and Former President
of the Chinese Academy of Sciences (CAS)
March 14, 2016

About Prof. Niu Wenyuan, the Editor-in-Chief

Chinese Academy of Sciences (CAS), Beijing, China
No. 15, Beiyitiao Alley, Zhongguancun, Haidian District, P. O. Box 8712,
(wyniu1939@ sina. com)

Counselor of The Prime Minister of The State Council, The People's Republic of China (2003-)
Member, Chinese People's Political Consultative Conference (2001-2013)
Academic Counselor, State Environmental Protection Department (2007-)
Fellow, The World Academy of Sciences (*TWAS*, 2001-)
Senior Advisor, Institute of Policy & Management (*CAS*, 2003-)
President, WGDO Green Design Institute (2015-)

Prof. Niu has been one of the founders of China's sustainability science since 1983 (participated the work of UN Bruntland Committee or WCED together with Prof. Ma Shijun).

In 1992, Niu has established the first research division in China named as The Research Division of Environment and Sustainable Development of CAS.

In 1994, he published *An Introduction to Sustainable Development*, the first monograph on theories concerning sustainability. Up to now, the book has still been a major contribution to Chinese environment and development, and the textbook or/and major reference of sustainability science in Chinese universities.

In 1995, Prof. Niu served as the editor-in-chief of *UNDP*: 1995 *Human Development Report* (Chinese version).

In 1999, He led to study and edit the first annual report "*China's Sustainable Development Report*" in China.

In 2004-2007, He was the executive editor-in-chief of *The Overview of China's Sustainable Development* (It has been called "the Encyclopaedia of Chinese Sustainability" and consists of 20 volumes). The great work won the authoritative "2010 Chinese Government Publication Prize".

In 2007, Prof. Niu and Mr. Carlo Ciampi, the former Italian President, jointly won the "2007 International Environment Prize" (2007, Assiss, Italy). The award's single sentence to describe NIU's achievement is: ***"Prof. Niu Wen-yuan has been founder of Chinese environmental monitoring and warning system and responsible for China's national sustainable development strategy programme since* 1988 *when he created theoretical systems of Chinese sustainable development, designated sustainable development strategic frameworks and discovered basic regulations of development behaviour."***

In 2012, he published his English work *The Overview of China's Sustainable Development*. In the same year, he was awarded the honorary certificate signed by the principal of Yale University.

In 2015, he had led the group to publish the *Annual Report for World Sustainable Development* 2015.

Content

Ⅰ. Connotation of Green Design

Green Design refers to those integrated intelligent activities in which the prescribed green objective function is pre-planed with feasible ideas on basis of profound knowledge about the relationship between the humankind and nature, involving the overall process of conducting innovations in terms of concept, theory, methodology and tool concerning traditional design.

Casting the idea of sustainable development in economic activities and social consumption in a centralized way, Green Design is a trend for modern design to realize the sustainable use of natural resources, the sustainable growth of green treasure and the sustainable improvement of ecological environment and living quality. In essence, it is to maximize the integration of "green nature, green economy, green society and green heart" through design.

Having fully demonstrated in the "headstream" of production, consumption and circulation, Green Design plays an important part in the national innovation project and serves as a key point for the successful transformation of supply structure. Guided by Green Design, energy revolution, Internet+, smart city, bio-medicine, flexible manufacturing, robot, fine chemical engineering, all-round digital production, circulation and distribution, social engineering and even creative life will be comprehensively embodied in product, handicraft, industrial chain, large-scale project, region and even strategic planning so as to highlight the green characteristics of green development, the Third Industrial Revolution, Industry 4.0 and Internet+. In the meantime, Green Design will show the economic, social and humanistic significance of reduction in global ecological deficit, reduction in emissions of greenhouse gases and sustainable development.

In the 1960s, the US design theorist Papanek published *Design for the Real World*, a monograph in which it is stressed the "limited earth resources" should be taken into consideration in design and presenting design for protecting the global environment.

His "limited resources theory" was widely accepted when the energy crisis broke out in the 1970s. The concept of Green Design was then put forth by Avril Fox and Robin Murrell in their *Green Design* in 1979.

The tide of Green Consumption rose in the USA in the 1980s and then swept the world. Meanwhile, the French designer Philip Starck came up with the concept of Simple Green Design in which the principle of "less is more" had been advocated.

In 2010, International Organization for Standardization (ISO) released in Geneva the ISO 26000 Social Responsibility Guide, taking sustainable development and environmental protection as its general objectives and concluding the optimal combination of "human happiness maximization" and "minimization of environmental influence from producing activities". Since then, sustainable development, green idea, environment-friendly and ecological safety have been regarded as general requirements of design.

In September 2013, Green Design forerunners from China and EU jointly founded the World Green Design Organization (WGDO) in Belgium, promoting the Green Design theory across the world and

guiding industrial revolution, consumption revolution and social revolution.

Green Design will guide the green innovation consciousness, green innovation level and green standard formulation of products, procedures, models, industries, engineering and strategies from headstream. Besides, it will be fully expressed on the microcosmic level where products and processes are designed specifically, on the mesoscopic level where industrial, engineering and industrial chain performance design is taken into account mainly and on the macroscopic level where regional, municipal, national and even global policies and strategies are designed.

As to green design, the internationally acknowledged basic principles will be as follows: ① Lifecycle theory; ② 3R principle (reduce, reuse and recycle); ③ PRED and "Lagrange Equilibrium" of sustainable development; ④ Golden Section; ⑤ Human engineering and Cobb-Douglas variant equation.

Green Design offsets the marginal benefit decrement of traditional design with another round of "green innovation dividend", reduces the external cost of extensive production with "green innovation connotation", makes possible the order of modern industrial system with "green innovation intelligence" and initiates a new model of R&D system with "green innovation tools".

There are both similarities and differences between Green Design and traditional design as listed in Table 1.

Table 1 A Systematic Comparison between Green Design & Traditional Design

Item	Traditional Design	Green Design
Philosophy	Focus on satisfying human desire	Focus on cultivating human rationality
Concept	Little attention to natural capital	Full attention to natural capital
Viewpoint	Based on open-loop linear thinking	Based on close-loop non-linear thinking
Requirement	For meeting consumption need	Attention to both supply and consumption
Method	Based on microscopic product hierarchy	Based on macro and micro combination
Expression	Based on specific objects	Stress on specific and abstract combination
Objective	Market profit	Both economic benefit and social benefit
Aftereffect	Little attention to environmental effect	Special attention to eco-friendly
Inertia	Little care for eco deficit	Detached development for keeping eco balance
Tool	Traditional design tools	Intelligent design and digital design mainly

Green Design must give expression to scientific, artistic, humanistic and commercial characteristics—"four secret corners". Representative viewpoints are stated in Table 2.

Table 2 Modern Typical Viewpoints on Green Design

Year	Author	Article/ Book	Viewpoints
1969	Ian McHarg	*Design with Nature*	Study the relationship between nature, the environment and human beings from the macroscopic and ecological perspectives; Present systematic analytic methods with regard to the methodology and procedures for conducting studies; Illustrate the humankind's dependence on nature and criticize the human-oriented ideology; Present the principle of "adaptation"

Continued

Year	Author	Article/ Book	Viewpoints
1969	John Todd	*From Eco City to Live Machine: Ecological Design Principle*	The world of life is the matrix of all designs; Instead of conducting violations, we should abide by the law of life; Construction must be based on renewable energy and resources; Make for the entire bio-system and be sustainable; Develop synergistically with the surrounding natural environment; Design and construction should make for the recovery of the planet; Submit to the sacred ecosystem; Comply with biological locality
1979	James Lovelock	*Gaia: A New Look at Life on Earth*	The earth is an ecosystem; Live in "Gaia"
1989	Avril Fox and Robin Murrell	*Green Design*	The first to present the concept of green design; Use highly durable and renewable building materials; Reduce the waste of raw materials; Weed out highly energy-consuming technologies
1989	David Pilsen	*Natural Housing Handbook*	Design for harmony of planet; Design for mental peace; Design for physical health
1991	William McDonough	*Hannover Principle: For Sustainable Design*	Co-existence of human and nature; Awareness of mutual dependence; Respect for the relationship between material and spirit; Set safety goals with a long-term value; Abandon the concept of wasting; Be clearly aware of the limitation of design; Seek constant improvements via knowledge sharing; Be responsible for design consequence; Depend on the force of nature
1991	Brenda and Robert	*Green Architecture: Design for the Future of Sustainable Development*	Combination of design and climate; Cyclic utilization of energy materials; Respect for base environment; View of design as a whole; Conservation of energy; Respect for users
1994	Leslie Starr Hart	*Guiding Principles of Sustainable Design*	Demonstrate the correct awareness of environment; Respect ecosystem and cultural context of base; Strengthen the understanding of natural environment and formulate codes of conduct; Incorporate functional requirements and adopt simple appropriate technologies; Use as many renewable local building materials as possible; Prevent materials from damaging environment easily or producing wastes; Adhere to the as-small-as-possible principle and make use of building space more flexible; Reduce environmental damage during construction; Give consideration to barrier-free design

Continued

Year	Author	Article/ Book	Viewpoints
1994	John Lyle	*Regenerative Design*	Let nature act; Integration, instead of isolation; Learn from nature and take it as background; Go after multi-function satisfaction or relative optimization, instead of the maximum or minimum of a single function; Pursue applicable technologies properly, instead of high-techs excessively; Substitute material and energy consumption with information; Strive to solve more than one problem with one approach; Regard management and storage of resources, energy and wastes as key factors; Create the shape of environment to identify the process; Create the shape of environment to guide the function flow
1995	Sim Van Der Rye	*Ecological Design*	Combination of design and nature; Public participation in design; Glorify the nature; Design result should be sourced from environment; Standards for design assessment—ecological expense
1996	Joseph A Denkin	*Environmental Resource Guide*	Objective and scope: providing designers with environmental information and tools for selecting and determining building materials; Core concept: lifecycle analysis; Major contents: including analytical process of building materials, with three parts of *Planning*, *Application* and *Materials*; A large range of service goals
1998	Wu Liangyong	*Outlook for Architecture in 21st Century*	Face ecological dilemma and enhance ecological awareness; Benign interaction between human settlement construction and economic development; Face the development of science and technology and promote economic development and social prosperity; Care for the most broad masses of the people and attach importance to the overall interests of social development; Further facilitate the development of culture and artistry
2008	Liu Zhifeng	*Method, Technology and Application of Green Design*	Improve the management's awareness of green responsibility; Improve the innovative capacity and technological level of products; Improve the green awareness and participation enthusiasm of employees
2016	Niu Wenyuan	*China Green Design Report 2016*	Theories and methods of green design; World cases of green design; Contribution ratio models of green design; Formulation of general rules of green design standard (draft); Indicator system of green design; Balance sheet of green design

Source: China Green Design Report 2015.

Ⅱ. Basic Classification of Green Design

(Ⅰ) Green Design for communication

Traditionally, design for communication either attaches excessive importance on function design or aims at the short- term demand of consumers and stimulating maximum consumption serves as the only criteria of evaluation, which is the source of ecological imbalance and resource wasting. On the contrary, Green Design is based on the idea of sustainable development, incorporates the green concept of coexistence between human and nature and advocates the establishment of reasonable consumption concepts. Besides stressing getting along with natural environment, emphasis is also laid on the humanistic connotation of design (Table 3).

(Ⅱ) Green Design for use

Green Design for use aims to provide convenient and applicable green designs for the users. Besides, consideration is as well given to the consumption of energy and resources and the response of ecology and environment. Designers are required to give full consideration to each step of product manufacturing, grasp the consumption of raw materials, energy and resources as a whole, evaluate ecological and environmental performance of products and combine long- term benefits with current benefits as well as economic efficiency and sustainable development (Table 3).

(Ⅲ) Green Design for human settlement

For a long history, human settlement has shifted from natural to artificial environment. People have been aware of sustainable development and ecological humanity along with the increasingly acute contradiction between human development and environment and resources by and by. Thus, Green Design for human settlement, namely, green settlement, has developed towards returning to nature and growing with nature and green, healthy, energy-saving and environment-friendly development is serving as a new trend of Green Design for human settlement (Table 3).

(Ⅳ) Green Design for development

The conservation of natural resources and influences on ecology and environment are always ignored when conducting traditional designing aimed at development. However, as ecological and environmental problems grow increasingly serious and a greater impact is imposed on society and life, Green Design based on sustainable and circular economy will guide the world development. Green Design for development is intended to build a resource- saving and environment- friendly society by making overall layout, integrating design, development and environment and resorting to a path-road of sustainable development with small consumption of resources, low pollution to environment and good economic efficiency (Table 3) .

Table 3 Classification of Design & Property Comparison

Type	Name	Object	Content	Objective	Principle	Considerations	Green Design Philosophy
Design for Commun-ication	Plane design	Words and images	Create and combine symbols, images and words in various ways to make visual expression that communicates ideas or messages	Communicate information in a language in various forms	Relevance; Alignment; Repeatability; Comparability	Originality; Image composition; Color	Reasonable consumption; Ecological and environmental protection; Humanistic connotation
	Website design	Website and webpage	Express contents of a scheme, subject pattern of a website and designer's understanding through artistic means and computer technology in accordance with certain principles	Generate a website, attract target groups and satisfy the requirement of initial operation at the smallest cost	Purposiveness; Practicability; Integrity and relevance; Adaptivity; Clear orientation; Optimization; Aesthetics	Words; Information; Originality; Typesetting; Color; Multimedia	Maximize user requirement; Concise interface; Detailed interaction process; Modularization
Design for Use	Industrial design	Mass-produced products	Overall exterior line of product; Relevant position, color, texture and sound effect of detail features; Ergonomics; Production flow and material selection of product and its characteristics demonstrated in sale	Satisfy both physical and mental needs	Practicability; Beautiful; Environment-friendly	Function; Technology; Modeling	Economically efficient; Environment-friendly; Recoverable; Functionally Practical; Decoratively practical; Concise
	Mechanical design	General and special parts under routine work conditions	Conceive, analyze and compute the operating principles, structure, motion mode, force and energy delivery mode of machine and the texture, shape, dimension and lubricating method of each part, and translate them into specific expression to provide basis for manufacture	Design the best machine, namely working out optimal design, in limited conditions (such as material, processing capacity, theoretical knowledge and computing means)	Technical performance; Standardization; Reliability; Safety	Market demand; Technology; Quality and appearance	Real-time ecological and environmental assessment; Long-term benefit; Environmental standard

Continued

Type	Name	Object	Content	Objective	Principle	Considerations	Green Design Philosophy
Design for Human Settlement	Environmental art design	Indoor environment and outdoor landscape	Conduct artistic treatment (form, color, texture, etc.) on indoor and outdoor wall and column surface, floor, ceiling, door and window of a space via certain organizational and enclosure means, make indoor and outdoor spatial environment demonstrate a certain atmosphere and style by use of natural light, artificial light, furniture, accessories, modeling and other design languages as well as the arrangement of plants and flowers, waters, articles and sculptures, to satisfy human demand for functional use and visual aesthetics	Focus on satisfying human demands; Regional and historic, scientific and artistic, integral view of environment	Integrity; Diversity; Convenience; Comfort; Naturality; Authenticity; Environmental protection	Space; Color; Texture; Form; Furnishings; Greening	Balance between artificial and natural environment; Maximum application of natural elements
	Landscape design	Landscape	Including completely natural ecological protection and remediation, urban space layout and landscape perspective; ecological, environmental and landscape effects of human settlements	Create safe, efficient, healthy, comfortable and beautiful living and working environments through a reasonable and scientific arrangement of land and thins (water, plants, pavement, buildings, articles, etc.) on the land	Functional; Ecological Friendly; Cultural; Artistic; Procedural; Diversified	Natural landscape; Artificial landscape	Balance; Maximum application of natural elements; Minimum human intervention

Continued

Type	Name	Object	Content	Objective	Principle	Considerations	Green Design Philosophy
Design for Human Settlement	Architectural design	A building or building group, inc. productive buildings and non-productive buildings	A study on architectural space or material buildings that form the building space. Generally, it means all work needed to design a buildingor a building group, inc. architectural design, structural design and equipment design	Satisfy all functional needs expected under preset conditions with the most economically efficient means on the basis of available technologies	Integrity and comprehensiveness; Relevance and dynamics; Structural and optimization; Energy conservation	Humanistic architecture function; Architectural technology; Architectural art image; Economical rationality	Green material; Minimum consumption of resources; Most efficientutilization of resources
	Urban design	Cities	Comprehensively design the material elements of a city or a certain district of a city and create applicable, comfortable and pleasant urban space environment with characteristics, to satisfy people's increasingly improved needs for materials and spirit	Utilize urban resources rationally, promote urban prosperity, improve quality of human space environment and thereby improve people's living quality	Sustainability; Accessibility; Diversity; Open space; Compatibility; Incentive policy; Adaptability; Development intensity; Recognizability	Natural environment; Artificial environment	Green space; Green system; Green humanity
Design for Development	Large-scale engineering project design	Large-scale engineering projects with complicated internal structures and extended external connections	Design large-scale engineering projects with profound influences on a specific field of human through high-techs and huge investments under the limiting legal, safety, economic and environmental conditions	Realize special staged and regional objectives of human development, involving many fields	Safety; Economic efficiency; Efficiency; Functionality; Sustainability; Ecological protection	System, time, space, input-output; Technology	Overall consideration; Green development
Design for Future	Strategy planning design	Strategies	Design, compare and select strategic schemes for a strategic problem and thereby make strategies	Solve strategic problems in the future, with consideration to technology and politics	Information; Systematicness; Predictability; Objectivity; Brainpower; Optimization; Benefit; Consideration to all parties concerned	Law; Scenario; Direction; Quantification; Constraint; Standard	Constraint among people; Harmonious coexistence of human and nature

(Ⅴ) Green Design for future

As an indicator of human future, strategic planning design is regarded as "design for the future". Green Design for future denotes the action objectives, schedules and roadmaps formulated for solving strategic problems. Incorporating the green concept into the design of national and even global strategies works best to interpret what is the harmonious development between human and nature and among human beings (Table 3).

Ⅲ. World-Famous Awards Concerning Green Design

(Ⅰ) Germany: Red Dot Award

Design Zentrum Nordrhein Westfalen, the most renowned design society in Europe, established the Red Dot Award in Essen, Germany in 1955. Over 56 years, prestigious design prizes have been presented to numerous enterprises. Intended for the design promoting the harmony between environment and human, Red Dot Award is committed to transforming the awarded design concepts into commodities and bridging the cooperation between awarded ideas and businesses. It covers various kinds of product and communication designs, including, design forum, design publication, design trade symposium, design demonstration and design promotion and consulting service. The competition is divided into three parts—product design, communication design and concept design. Every year, prizes are presented on the Design Innovation Contest held by Zentrum Nordrhein Westfalen, where judges evaluate the innovation, function, ergonomics, ecological influence and durability of the products and finally choose the best ones.

(Ⅱ) Germany: iF Award

iF has been known as a professional and trustworthy design service provider in the combination of design and economy since 1953. Its objective is to improve the masses' awareness of design. For such an objective, if strives to expand the communication network based on its design activities over the years. The award ceremony is held by iF Industrie Forum Design, the oldest German industrial design establishment, regularly every year. Selecting iF Design Award winners every year, iF Industrie Forum Design is world-renowned for its concept of "independence, strictness and strictness" with the aim to make the public know more about design. Its most important gold awards have long been nicknamed as the "Oscar Award of Product Design".

(Ⅲ) China: Red Star Design Award

In 2006, China Red Star Design Award was jointly initiated by China Industrial Design Association (CIDA), Beijing Industrial Design Center (BIDC) and *New Economy* of Development Research Center of the State Council, held by the said institutions and local industrial design associations and organized by BIDC. It adheres to the principle of "global vision, national interest" and "design for the people".

(Ⅳ) China: DDF Award

Founded in 2005, DDF Award (Dragon Design Foundation Award) was approved to be the only national award that selects design talents in China by National Office for Science & Technology Awards (NOSTA) in 2011. DDF Award takes the lead to advocate and pay comprehensive attention to Green Design across the world and encourages the design circles to follow a Green Design-oriented path as a whole, especially to care for the green growth of young designers. It's composed of "China Design Contribution Award" that honors the authoritative experts, friendly personage and industrial organizations that have made outstanding contribution to China's design development, "DDF Award—Ten Prominent Youths in Chinese Design Industry" that aims to discover excellent young designers and forester independent innovation models, and "DDF Star" that aims to establish the concepts of independent innovation and original innovation, tap the innovation potential of undergraduates and propel exchanges among entrepreneurial teams from international colleges and universities by virtue of such activities as future innovative design contests expos. Its tenet is "green, innovation and talent" .

(Ⅴ) Japan: G-Mark Good Design Award

G-Mark (Good Design Award) was established by the Ministry of International Trade and Industry, Japan in 1957 and is administered by Japan Industrial Design Promotion Organization (JIDPO) . Reputed as the "Orient Oscar Award for Design", it's the most influential design award in Asia with the aim to realize a benign interaction between manufacturers and users through design.

(Ⅵ) U.S.: IDEA

IDEA (Industrial Design Excellence Awards) is an industrial design contest sponsored by Business Week and evaluated by IDSA (Industrial Designers Society of America) . Initially granted in 1979, IDEA is mainly presented to the products whose sale has started for the purposes of:

1) Guiding the professional field by constantly expanding knowledge boundaries, connectivity and influence;

2) Inspiring designers' design philosophies and improving their professional quality by emphasizing career development and education; and

3) Improving the level and value of industrial design.

Its evaluation is based on the innovation of design, value for users, consistence with ecological principles, environmental protection of production, appropriate aesthetic sense and visual attraction.

(Ⅶ) World Green Design Contribution Award & World Green Design Products Award

World Green Design Contribution Award and World Green Design Products Award are international, public-interest awards established by WGDO in 2011 in Lugano, Switzerland. Application and nomination across the world are recommended by professional organizations, as invited by the organizer. As the first non-profit international organization devoted to promoting Green Design development, WGDO aims to

advocate and communicate the concept of Green Design and guide the reform in production, life and consumption by means of Green Design. As proposed by Academician Lu Yongxiang, Vice Chairman of the Standing Committee of the Eleventh National People's Congress & former President of the Chinese Academy of Sciences (CAS), Dragon Design Foundation (DDF), Britain International Design Federation, China · Xinhua News Agency China Top Brands, Switzerland · QSC Foundation and other establishments have initiated the building of an international high-level dialogue platform for sustainable development—World Green Design Forum and promoted the exchanges and cooperation on information, technology, material, project, capital and talent of Green Design by holding China (Yangzhou) Summit · Europe Summit and World Green Design Expo and selecting winners of World Green Design Contribution Award/World Green Design Products Award. WGDO has integrated the professional resources of over twenty countries, honored hundreds of leading enterprises, such as Siemens, Haier, P&G and Vanke, and hundreds of leading figures and promoted the commercialization of a group of Green Design achievements by presenting World Green Design Contribution Award/World Green Design Products Award for five consecutive years. Ceremony of World Green Design Contribution Award is held in Europe, intended to honor the professional personage and professional organizations that have made outstanding contribution in promoting the application of green technologies, materials, resources and equipment by means of Green Design and are improving people's living environment. In the meantime, World Green Design Products Award is presented in China, with the aim to realize circular, sustainable and harmless designs that are helpful in protecting or improving the living environment of the humankind.

Ⅳ. Green Design Theories

Green Design follows the principles of lifecycle, 3R, PRED, golden section and Cobb-Douglas variant equation.

(Ⅰ) Lifecycle principle

Lifecycle in a broad sense is applied widely and can be popularly regarded as the entire course from cradle to grave. The lifecycle theory was put forward by A. K. Karman in 1966 and then developed by Hersey and Blanchard in 1976.

Generally, the logistic curve is used to interpret the mathematical expression of a life process. Thus, a life process is divided into five stages: ① start; ② acceleration; ③ turning; ④ deceleration; ⑤ saturation. For product design, project design or strategy design, Green Design is always thinking about resource transfer, environmental stress and technical and economic measurement of each step in the entire cycle.

(Ⅱ) 3R principle

The process of material circulation featured with "reduce, reuse and recycle" plays a fundamental part in the Green Design concept, with the aim to make the most of resources, extend the lifecycle and thereby consume minimum resources, energy and ecological and environmental capacity and highlight the

overall requirement that Green Design supports the healthy operation of the earth system.

(Ⅲ) PRED principle and Lagrangian point of sustainable development

PRED (population, resource, environment and development) indicates the internal relationship between development and population and that between resource and environment. In Green Design, consideration is given to the overall response of population, resources and the environment in every scheme. The Lagrangian balance of sustainable development concluded from here is exactly a quantitative expression of the PRED principle.

(Ⅳ) Golden Section principle

Golden Section's aesthetic connotation is quite reputed in the science of design. Without aesthetics and ergonomics, no design achievement would be accepted by the market or consumers and Green Design would never obtain such a high status in social life and the market economy.

(Ⅴ) Ergonomics and Cobb-Douglas variant equation

Consideration is given to suitability and visual impact while the status of Green Design is highlighted in the chain of value. Cobb-Douglas equation is adopted to illustrate what influence the change in capital and labor force imposes to the productivity function. In Green Design, the proportion of Green Design and its development in the overall sector and industry can be improved effectively by enlarging R&D investment (capital) as well as the number of designers (talents). In this report, the Cobb-Douglas equation is applied to figure out the Green Design contribution in respective regions in China quantitatively for the first time.

Ⅴ. "Green Design Contribution" Models

Green Design serves as the primary leverage of green development, and studies on the design of regional green development are based on the quantitative analysis of Green Design. In traditional Green Design studies, greater importance is attached to the performance of environment-friendly and resource-saving products, without any quantitative analysis or research on Green Design theories. To reflect the real Green Design level of each region in an all-round way, available mature theories and methods as well as the Green Design Contribution Function, which represents the development potential and selection strategies of regional Green Design macroscopically and more deeply, are to be presented for the first time in the present report based on available mature theories and methods.

Green Design refers to a kind of systematic design method that makes the Green Design level of a product or a region technologically advanced, environment-friendly and economically reasonable by virtue of related information of various kinds in the product's lifecycle, namely, information about advanced technologies, environmental coordination and economic rationality and by use of such advanced design theories as concurrent design. In this report, theoretical analyses on regional Green Design contribution involve the

establishment and assessment of background concentration function, promotion function and coverage function.

1) In the background concentration analysis, major consideration is given to the quantity and quality of Green Design talents and amount of capital, both of which determine the Green Design infrastructure investment level of a region. Similar with the production function in economics, Green Design background concentration function is established by using the input-output relationship for reference. The function is expressed as follows:

$$R = G_{(t)} \cdot L^{\alpha} \cdot S^{\beta} \cdot m$$

Where:

R is background concentration of Green Design; (t) is GDP quality index; L is the percentage of engineers and technical staff; S is the percentage of input in research and experimental development (R&D); α is the elastic coefficient of the number of engineers and other personnel input; β is the elastic coefficient of R&D expenditure input; m is random factor.

Such a function is adopted to systematically analyze the input of Green Design talents and R&D investment and assess the Green Design background concentration of each region on the Chinese mainland.

2) Promotion rate represents mainly the extent to which the product production process and the entire industrial chain of a country or a region help to enhance design with green attributes. This report will establish and design a Green Design promotion function based on the 3R principle (reduce, reuse and recycle) and by referring to the concept of elastic coefficient. The function is expressed as follows:

$$P_s = \mu(C_i/C)/(E_i/E)$$

Where:

P_s is the special promotion rate of Green Design; C_i is the quantity of major pollutants discharged of the ith province; C is the quantity of major pollutants discharged of the whole country; E_i is the energy consumption of the ith province; E is the energy consumption of the whole country; μ is correction factor.

This function is adopted to systematically analyze the changing relationship between regional energy consumption and pollutant emission and assess the Green Design promotion rate of each region on the Chinese mainland.

3) Coverage rate describes the distributing breadth and depth of Green Design sectors or industries in a region. Similar with the niche width concept in ecology, Green Design coverage function is formed through proper extension and expansion. The function is expressed as follows:

$$P_i = \frac{N_i}{N_1 + \cdots + N_i + \cdots + N_s}$$

$$E = \mu \times \frac{1}{\sum_{i=1}^{s} (P_i)^2}$$

Where:

E is the coverage of Green Design (equilibrium); P_i is the rate that the number of Green Design-related enterprises at Category i accounts for in all Green Design enterprises; μ is the parameter of percentage of Green Design production enterprises; N_i is the number of Green Design production enterprises at Category i; s is the number of categories of Green Design production enterprises at present.

The function is adopted to assess the integrity of Green Design employed in green industries of a region as well as the Green Design proportion of overall industries in the region.

Green Design contribution function is under the influence of background concentration (fundamental), promotion rate (development) and coverage (spatial). Though those three factors impact the formation of the concentration rate respectively, it will be possible to have Green Design contribution optimized only when all of them work together. The theoretical resolution function of Green Design contribution is expressed as follows:

$$OG = \sqrt{\frac{OB^2 + OT^2 + OF^2}{3}}$$

Where:

OG represents the comprehensive Green Design contribution in a region; OB is the background concentration of Green Design of the region; OT is the Green Design promotion rate of the region; OF is the Green Design coverage.

The function is adopted to make statistics of, account, assess and analyze the Green Design concentration index of 31 provinces, autonomous regions and municipalities directly under the central government (for sure, Hong Kong, Macao and Taiwan are all excluded; no data on Xizang, the same below). Statistical results and assessment are demonstrated in Table 4.

Table 4 Regional Green Design Concentration Index

Province/Municipality/ Autonomous Region	Background Concentration	Promotion	Coverage	Concentration	Concentration Province/Municipality/ Autonomous Region	Ranking
Beijing	1.000	0.585	1.000	0.884	Beijing	1
Tianjin	0.576	0.362	0.471	0.477	Shanghai	2
Hebei	0.149	0.503	0.156	0.316	Zhejiang	3
Shanxi	0.146	0.274	0.159	0.201	Guangdong	4
Nei Mongol	0.125	0.236	0.159	0.180	Jiangsu	5
Liaoning	0.243	0.467	0.099	0.309	Shandong	6
Jilin	0.192	0.234	0.159	0.198	Tianjin	7
Heilongjiang	0.202	0.171	0.159	0.178	Fujian	8
Shanghai	0.668	1.000	0.665	0.793	Sichuan	9
Jiangsu	0.379	0.770	0.718	0.646	Henan	10
Zhejiang	0.417	0.872	0.864	0.748	Chongqing	11
Anhui	0.172	0.206	0.327	0.244	Hebei	12
Fujian	0.299	0.402	0.591	0.447	Liaoning	13
Jiangxi	0.122	0.102	0.141	0.123	Hubei	14
Shandong	0.282	0.676	0.823	0.636	Hunan	15
Henan	0.146	0.472	0.464	0.391	Anhui	16
Hubei	0.259	0.416	0.141	0.294	Shaanxi	17
Hunan	0.182	0.445	0.159	0.293	Yunnan	18
Guangdong	0.408	0.924	0.772	0.734	Hainan	19
Guangxi	0.120	0.178	0.159	0.154	Shanxi	20
Hainan	0.129	0.016	0.327	0.203	Jilin	21
Chongqing	0.234	0.267	0.471	0.340	Ningxia	22
Sichuan	0.236	0.439	0.542	0.425	Nei Mongol	23

Continued

Province/Municipality/ Autonomous Region	Background Concentration	Promotion	Coverage	Concentration	Concentration Province/Municipality/ Autonomous Region	Ranking
Guizhou	0.037	0.115	0.141	0.107	Heilongjiang	24
Yunnan	0.066	0.187	0.292	0.204	Guangxi	25
Xizang	—	—	—	—	Jiangxi	26
Shaanxi	0.242	0.201	0.238	0.228	Gansu	27
Gansu	0.082	0.095	0.152	0.114	Xinjiang	28
Qinghai	0.078	0.066	0.001	0.059	Guizhou	29
Ningxia	0.001	0.001	0.318	0.184	Qinghai	30
Xinjiang	0.030	0.100	0.159	0.110	Xizang	—

Ⅵ. Green Design Methodology

(Ⅰ) Lifecycle method

Lifecycle design aims to realize the optimal utilization of resources and energy within the product life cycle and reduce or eliminate environmentalpollution. Product lifecycle design strategies include:

1) Product design is conducted with a view on the entire lifecycle. Consideration should be given to all activities from raw material collection to disposal of scrapped product;

2) Efforts will be made to realize multi-disciplinary, trans-disciplinary and cooperative design so as to effectively make successful product development more likely and shorten the cycle of design;

3) Environmental demand analysis should be conducted in the early stage of product design.

(Ⅱ) Optimization method and overall planning method

The optimization method is to find out the optimal design scheme with the fewest experiments. The overall planning method, also referred to as network planning method, can select the optimal work scheme in Green Design and organize, coordinate and control the schedule (time) and expenditure (cost) of production (project) so as to reach the preset goals and achieve the best economic performance.

(Ⅲ) Concurrent Green Design method

CE (concurrent engineering) is a mode as well as a systematic method for modern product design and development, with the aim to make product development staff consider all factors across the product lifecycle, including quality, cost, planning schedule and user requirement, and finally optimize the product.

(Ⅳ) Green modular design method

Modular design is to sort the functions within a certain scope and design a group of functional

modules and form different products via selection and combination of modules so as to satisfy different market demands.

(V) Green quality function deployment method

Quality function deployment is a group of structured cognition transfer methods, mainly adopted for product development and comprehensive quality management in Green Design. It's composed of elicitation of clients' environmental demands, establishment of house of quality and decision-making of house of quality.

Ⅶ. *General Principles of Green Design Standard (Draft)*

"Standard" is a complete set of social instruments that normalize, restrict, guide and integrate all social units. "Green Design standard" is a normative document that is negotiated by all parties concerned and approved and formulated by authority for common and repeated use by the whole society. Based on scientific, technological and experienced achievements and in the principle of extensive conservation of energy and resources, theories on lifecycle, circular economy, industrial ecology, social network analysis and human factor analysis are adopted to solve the design problems at all levels (product, enterprise, industry, project, city and society) and of all industries (energy, nonferrous metal, steel, chemical engineering, manufacture, construction and transport) in a centralized way in the present report so as to realize the sustainable use of natural resources, sustainable growth of green treasure and sustainable improvement of ecological environment and living quality.

In recent years, Green Design standard has asserted active exploration at home and abroad. In 2013, European Commission released the announcement of *Establishing a Single Market of Green Products* and the proposal of *Further Promoting Environmental Performance Information of Products and Organizations*, which aims at establishing a commonly-used, lifecycle assessment-based methodology for EU to assess products and the environmental performance of organizations, and building a uniform market of green products. In China, the Ministry of Industry and Information Technology (MIIT), the National Development and Reform Commission (NDRC) and the Ministry of Environmental Protection (MEP) jointly promulgated the *Guiding Opinions of the Ministry of Industry and Information Technology, the National Development and Reform Commission and the Ministry of Environmental Protection on Carrying Out Ecological Design of Industrial Products*, requiring formulating the standard for ecological design of key products, the systematic frame for ecological design standard of products and the general rules for ecological design of products. It's the specific implementation of the "12th Five-Year Plan" to "accelerate the establishment of energy-saving and ecological production methods and consumption methods", the important support for China's development and improvement concerning green design standard and an effective impetus for the establishment of a systematic Green Design standard.

Presently, there are 103 standards concerning Green Design released by major countries and standard organizations, including 46 from China, 12 from France, 5 from the USA, 4 from Germany, 17 from Europe, 14 from International Standard Organization (ISO) and 4 from the International

Electrotechnical Commission (IEC) . The general problems are that the quantity of the standard is low, that the scope of the standard is narrow, and that there lack of common-used methods as well as the general standard system.

In the present report, the *General Principles of Green Design Standard* (*Draft*) is presented for the first time at the national level based on the demands of countries and society for systematic Green Design standards as well as the weaknesses of present relevant standards. The *General Principles* (*Draft*) presents an objective frame of Green Design with regard to industry, level and method while putting forward specific basic principles and general requirement for Green Design. The *General Principles of Green Design Standard* (*Draft*) supplement the systematic deficiencies at the general level and can be supplemented, referenced and used by all countries and standard organizations.

General Principles of Green Design Standard (Draft)

(I) Scope

The Standard describes the general principles and requirements for the details of Green Design.

The Standard is applicable to those who directly participate in Green Design and the development or are responsible for formulating policies for organizations or setting specific standards.

(II) Normative references

The following documents are necessary for the application of this document. Those dated are applicable only on the date specified:

GB/T 32161 General principles for eco-design product assessment;

GB/T 22336 General principles of stipulation of energy conservation standard system for enterprise;

GB/T 7119 Evaluating guide for water saving enterprises;

GB/T 50326 The code of construction project management;

GB/T 50649 Code for design of energy saving for water resources and hydropower projects;

GB/T 20014 Good agriculture practices;

GB/T 3723 Sampling of chemical products for industrial use—Safety in sampling;

GB/T 26720 General principles of stipulating the guidelines for cleaner production audit in service sectors;

GB/T 50442 Code for urban public facilities planning;

GB/T 50420 Code for the design of urban green space;

GB/T 27768 Social insurance service—General principles;

GB/T 28284 Index system and methods for assessment of water—Saving society;

GB/T 30258 Implementation guidance for energy management systems in iron and steel industry;

GB/T 50648 Code for design of recirculating cooling water system in chemical plant;

GB/T 50378 Evaluation standard for green building;

GB/T 28569 Electric energy metering for electric vehicle AC charging spot;

GB/T 23331 Energy management systems—Requirements;

GB/T 25466 Emission standard of pollutants for lead and zinc industry;

GB/T 26119 Green manufacturing—Life cycle assessment for mechanical products—General;

GB/T 24040 Environmental management—Life cycle assessment—Principles and frameworks;

GB/T 19000 Quality management systems; and

GB/T 24001 Environmental management systems—Requirements with guidance for use.

(Ⅲ) Terms and definitions

The following terms and definitions as specified in the above-mentioned references are applicable to this Standard.

Green Design

Green Design is comprehensively defined at the microcosmic, mesoscopic and macroscopic levels taking into consideration the specific design of products and technologies, the comprehensive design of industry, project and industrial chain, and the strategic design of long- term plans for respective countries, regions or local cities.

(Ⅳ) Target framework of Green Design

Green Design reflects the profound understanding about the essential relations between the humankind and nature and those between human beings and the society, projects in a centralized way the sustainable development in the complicated system of nature, economy and society, and also guides the sustainable utilization of natural resources, the sustainable growth of green wealth and the sustainable improvement of ecology, environment and life quality. In essence, the maximized integration of "green nature, green economy, green society and green heart" is to be saught for. Figure 1 illustrates the target framework of Green Design.

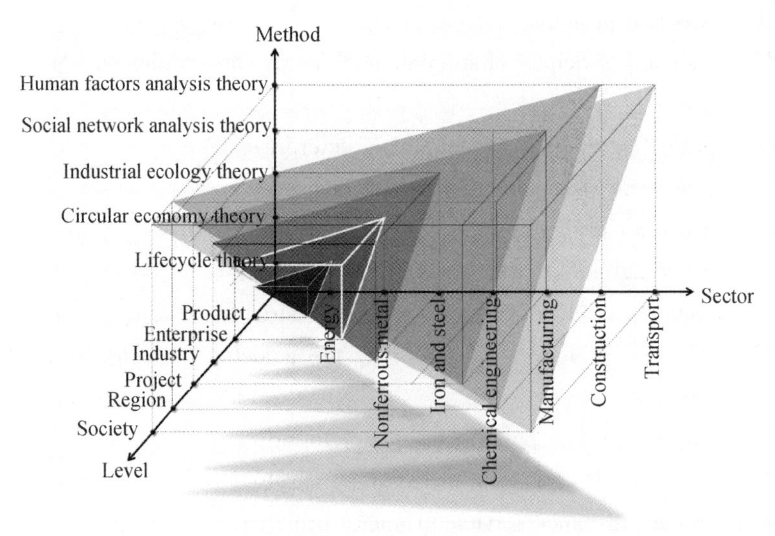

Figure 1 Target Framework of Green Design

(Ⅴ) Basic principles of Green Design

(1) Based on the lifecycle theory

The lifecycle theory is meant to quantitatively calculate and assess the resources and energy consumed actually and potentially as well as the environmental load discharged by a product throughout its entire lifecycle—from the acquisition of raw materials to design, manufacture, use, cyclic utilization and final disposal.

Industrial ecology and Green Design

Set the directions for Green Design policy making, such as detachability, recoverability, maintainability and reusability, throughout the metabolic process of natural resources from source, flow to discharge in accordance with theories concerning the industrial ecology and the basic principles of industrial ecosystem construction.

According to Green Design, the construction of industrial ecosystem should be conducted in a systematic, integrated and future-oriented manner and with a global view. The flow between the industrial ecosystem and the natural ecosystem can be measured through the theories of material balance and material circulation. There, industrial metabolism provides Green Design with a systematic analytic method to build a supply chain network to simulate the food chain network of natural ecosystem, audit the green balance of material via systematic metabolic mechanism theories and control methods and build a green channel of "closed- loop recycling" for material flow. The green design industry ecosystem is aimed to build an ideal ecosystem where the utilization of internal resources can be maximized, abandon the traditional extensive production mode and realize a new mode of industrialized sustainable development quickly.

(4) Based on social network analysis theory

Social network theory is used to build a network of relationships through defining research subjects and relationships of various types among these subjects in a formalized manner for purpose of analyzing the overall structural property of the network and its effect on the subjects as well as the position and function of single nodes in the network.

Social network and Green Design

A Green Design standard which is more environment- friendly, economic, safe, efficient and fair on basis of the original national safety and quality standards shall be developed.

In the assessment of social network analysis, it's critical to build a proper network model by selecting reasonable regional units and relationships between those units. Several representative regions are selected for network analysis, nodes and edges addition and deletion are adopted to simulate the existing model; according to the concepts of ecological civilization, community with a common future, regional governance and inclusive development, regional development, regional environment, regional efficiency, regional safety and regional fairness with significant influence are adopted as indexes to assessment standards; a uniform and comprehensive collection of data on Green Design projects and regions is thus built.

(5) Based on human factors analysis theory

In the human factors analysis theory, the essence that social problems caused by human factors are unrepeatable is mastered, human factors in the society are regarded as that people take behavioral strategies for a certain objective and thereby intervene in social development; in the concept of ecological civilization, a relatively universal human factor society is built, behavioral consequences are predicted to some extent through solving the behavioral strategy set and human behavior is controlled to achieve social green design.

Human factors analysis and Green Design

A Green Design standard that is more environment-friendly, resource-saving, fair, efficient,

and responsibilities as specified in national and international laws and regulations, technical standards and voluntary compliance agreements; market or consumer demands, development trend and expectations; expectations of society and investors.

(5) Technological requirements

Technological requirements rest with the overall functionality of the design system with main consideration to durability, upgradability, maintainability, re-creatability, repeatability and dismantlability so as to satisfy the requirements of reuse and recycling. A knowledge base of Green Design methods and application cases as well as a database of design content should be built up to provide data support and technological security for the overall smooth implementation of Green Design.

VII. Establishment of Green Design Indicator System

Measuring the regional Green Design Capacity is a complicated systematic project; an effective Green Design Capacity assessment system and methodology can be used to monitor and guide regional Green Design development in the real-time manner. At present, there is no established integrated indicator system for assessing the regional Green Design Capacity at home or abroad. In this report, the first indicator system will be constructed in accordance with the theoretical, structural, functional and statistical connotations of Green Design.

With a huge and rigorous quantitative outline made up, the indicator system for measuring the regional Green Design Capacity is intended to analyze, compare, distinguish and assess the status, course and overall capacity of the regional Green Design development and also restore, duplicate, simulate and predict the future evolution, scheme preselection and early warning of the regional Green Design Capacity growth. To achieve the above-mentioned objectives, the indicator system constructed in this report is composed of five subsystems of innovation, recycling, cleaning, acceptability and sustainability (Table 5):

1) Innovation capacity refers to statistics and analysis on the core capability of the regional Green Design. It's necessary for improving the regional core competitiveness in Green Design. The capacity can be assessed in term of input to the design, research and development of new products, of licensing rate appearance design patent, and background concentration index of Green Design.

2) Cleaning capacity is an important component of Green Design assessment indicator system and reflects the non-hazardous, non-polluting, non-radioactive and noiseless characteristics of Green Design. The capacity can be evaluated by using the comprehensive treatment rate of domestic garbage, comprehensive treatment rate of industrial wastewater and coverage index of Green Design.

3) Recycling capacity reflects the reduction, reuse and recycling of regional resources consumption, involving the status of the distribution structure of renewable energies, the recycling rate of industrial solid wastes and the recycling rate of water resources.

4) Acceptability reflects the popularization and application of regional Green Design idea, products and technologies, and it has been extended widely to such fields as green energy, green manufacture,

green traffic, green construction and green chemical engineering. In this report, the operation of green traffic, the authentication of green buildings and the attention index of Green Design will be considered.

5) Sustainability reflects the current development status of Green Design sustainability. In essence, Green Design is the comprehensive reflection of sustainable development in engineering technology, ergonomics and ecological civilization. This capacity can be assessed in terms of the Green Design carbon footprint index, the energy conservation and emission reduction objective achieving rate and the promotion index of Green Design.

Table 5 China's Green Design Capacity Assessment Indicator System

Overall	Capacity	Status	Element
Green Design Capacity Assessment Indicator System	Innovation Capacity	Input to the design, research and development of new products	R&D expenditures for new products and technologies of each province
		Appearance design patent licensing rate	Appearance design patent licensing rate of each province
		Green Design background concentration index	Number of engineering personnel, R&D expenditure input
	Recycling Capacity	Distribution structure of renewable energies	Proportion of photoelectricity, hydropower, wind power and other new energy
		Recycling rate of industrial solid wastes	Recycling rate of solid wastes of industrial enterprises
		Recycling rate of water resources	Per capita recycling amount of water resources
	Cleaning Capacity	Comprehensive treatment rate of domestic garbage	Harmless comprehensive treatment rate of domestic wastes
		Comprehensive treatment rate of industrial wastewater	Centralized treatment rate of industrial wastewater
		Coverage index of Green Design	Distribution of clean production auditing enterprise of all kinds
	Acceptability	Operation of green traffic	Number of operating vehicles in the Ten-Thousand Public Transport Program
		Authentication of green buildings	Number of items marked for green building assessment
		Green Design attention index	Google searching amount of Green Design enterprises of each province
	Sustainability	Green Design carbon footprint index	Standardized value of carbon source, carbon sink of each province
		Energy conservation and emission reduction objectives achieving rate	Achievement of energy conservation and emission reduction objectives of respective provinces
		The promotion index of Green Design	Time and space elastic coefficients of waste gas, waster water and industrial residue and energy consumption

Ⅸ. Quantitative Appraisal of China's Green Design

There has been no quantitative assessment on regional Green Design level conducted in China. Instead, most studies are based on qualitative analyses and descriptions. As presented in the present report, the Green Design level and innovation capacity, cleaning capacity, recycling capacity, acceptability and sustainability of respective regions were calculated for the first time in 2014 by virtue of the independently established Green Design assessment indicator system and the basic data provided by authoritative statistical yearbooks and in accordance with uniform statistical rules.

In the present report, the Green Design index ([0, 1.0]) is classified based on stages: Stage-1 (primary green), Stage-2 (gradual green), Stage-3 (light green), Stage-4 (medium green), Stage-5 (heavy green), Stage-6 (dark green) and Stage-7 (full green), representing the Green Design level rising successively. The assessment result indicates Green Design level of Beijing, Shanghai, Tianjin, Zhejiang and Jiangsu is at the Stage-3 (Light Green), Gansu and Xinjiang in the Stage-1 (Primary Green) and the other regions in the Stage-2 (Gradual Green) (Table 6). In general, China's Green Design is still at the lower stage.

Table 6 China's Regional Overall Green Design Level

Province/ Municipality/ Autonomous Region	Innovation Capacity	Cleaning Capacity	Recycling Capacity	Acceptability	Sustainability	Green Design Level	Green Design Level Rank		
							Province/ Municipality/ Autonomous Region	Green Design Level	Rank
Beijing	0.219	0.294	0.168	0.246	0.279	0.241	Beijing	0.241	1
Tianjin	0.126	0.239	0.327	0.092	0.265	0.210	Shanghai	0.238	2
Hebei	0.105	0.221	0.064	0.046	0.199	0.127	Tianjin	0.210	3
Shanxi	0.032	0.211	0.084	0.014	0.161	0.100	Zhejiang	0.206	4
Nei Mongol	0.132	0.217	0.067	0.017	0.130	0.113	Jiangsu	0.201	5
Liaoning	0.098	0.204	0.067	0.053	0.220	0.128	Guangdong	0.179	6
Jilin	0.126	0.160	0.087	0.043	0.205	0.124	Shandong	0.159	7
Heilongjiang	0.120	0.165	0.077	0.031	0.187	0.116	Fujian	0.157	8
Shanghai	0.184	0.263	0.260	0.152	0.332	0.238	Sichuan	0.143	9
Jiangsu	0.126	0.273	0.155	0.202	0.247	0.201	Chongqing	0.138	10
Zhejiang	0.156	0.289	0.125	0.165	0.293	0.206	Anhui	0.136	11
Anhui	0.102	0.241	0.114	0.032	0.190	0.136	Henan	0.135	12
Fujian	0.136	0.255	0.114	0.049	0.228	0.157	Hunan	0.133	13
Jiangxi	0.099	0.208	0.070	0.020	0.197	0.119	Hubei	0.131	14
Shandong	0.081	0.289	0.137	0.105	0.181	0.159	Guangxi	0.129	15
Henan	0.077	0.229	0.104	0.079	0.185	0.135	Liaoning	0.128	16
Hubei	0.060	0.201	0.099	0.084	0.208	0.131	Hebei	0.127	17
Hunan	0.104	0.221	0.077	0.041	0.219	0.133	Ningxia	0.126	18

Continued

Province/ Municipality/ Autonomous Region	Innovation Capacity	Cleaning Capacity	Recycling Capacity	Accept-ability	Susta-inability	Green Design Level	Green Design Level Rank		
							Province/ Municipality/ Autonomous Region	Green Design Level	Rank
Guangdong	0.135	0.265	0.109	0.109	0.277	0.179	Jilin	0.124	19
Guangxi	0.105	0.220	0.080	0.054	0.188	0.129	Yunnan	0.121	20
Hainan	0.132	0.212	0.081	0.026	0.119	0.114	Jiangxi	0.119	21
Chongqing	0.101	0.230	0.111	0.029	0.218	0.138	Heilongjiang	0.116	22
Sichuan	0.123	0.259	0.052	0.073	0.206	0.143	Hainan	0.114	23
Guizhou	0.063	0.222	0.072	0.005	0.171	0.107	Nei Mongol	0.113	24
Yunnan	0.099	0.236	0.060	0.029	0.181	0.121	Shaanxi	0.112	25
Xizang	—	—	—	—	—	—	Guizhou	0.107	26
Shaanxi	0.029	0.213	0.079	0.049	0.189	0.112	Qinghai	0.101	27
Gansu	0.062	0.161	0.061	0.013	0.185	0.096	Shanxi	0.100	28
Qinghai	0.104	0.188	0.066	0.028	0.121	0.101	Gansu	0.096	29
Ningxia	0.083	0.216	0.117	0.038	0.177	0.126	Xinjiang	0.080	30
Xinjiang	0.024	0.187	0.064	0.026	0.097	0.080	Xizang	—	—

According to a comparative analysis on China's Green Design level in terms of economic region (Figure 2): East China ranks top in terms of Green Design level as well as cleaning capacity, recycling capacity, innovation capacity, acceptability and sustainability; Central China is advantageous over West China and Northeast China with regard to cleaning capacity, recycling capacity and acceptability; Northeastern China is superior to Central China and West China in terms of innovation capacity and sustainability; West China is left behind regarding each of the three capacities and its Green Design level is to be improved significantly and also faced up with the greatest challenges.

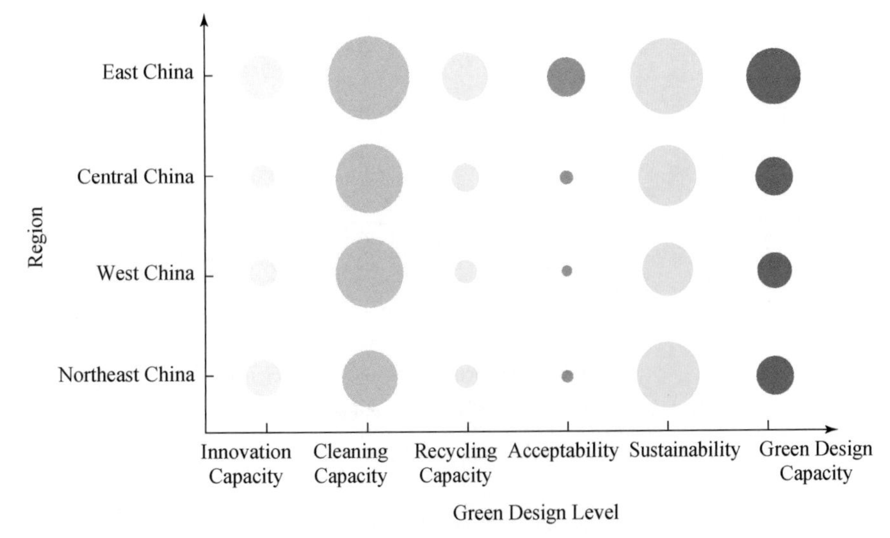

Figure 2 Regional Overall Green Design Level of China

X. Asset-Liability Analysis of China's Green Design

The original balance sheet for measuring China's Green Design level is presented in the present report, based on which the relative net asset map of Green Design level of respective regions is figured out and every and each region is allowed to know about the national development of Green Design from the macroscopic perspective. Moreover, the balance sheet radar map for the above five capacities of each province is worked out, thanks to which each region can understand its advantages and disadvantages for each capacity and find out its weakness of development and thereby improve its Green Design level with clear targets.

Specifically, the balance sheet of China's Green Design is established in the systematic analysis of overall Green Design level. That is, Green Design is based on the joint function of cleaning capacity, recycling capacity, innovation capacity, acceptability and sustainability, with internal logic consistence and uniform interpretation. It's meant to fulfill the relative advantages of the internal indicator of each capacity in accordance with the basic principles of comparative advantage theory, quantify and normalize the comparative advantages and then establish the assets (comparative advantages) and the liabilities (comparative disadvantages) of Green Design after conducting comparisons on a uniform basis.

The assets and liabilities in terms of Green Design level and the above capacities of each region are assessed in the present report as shown in Figures 3 and 4.

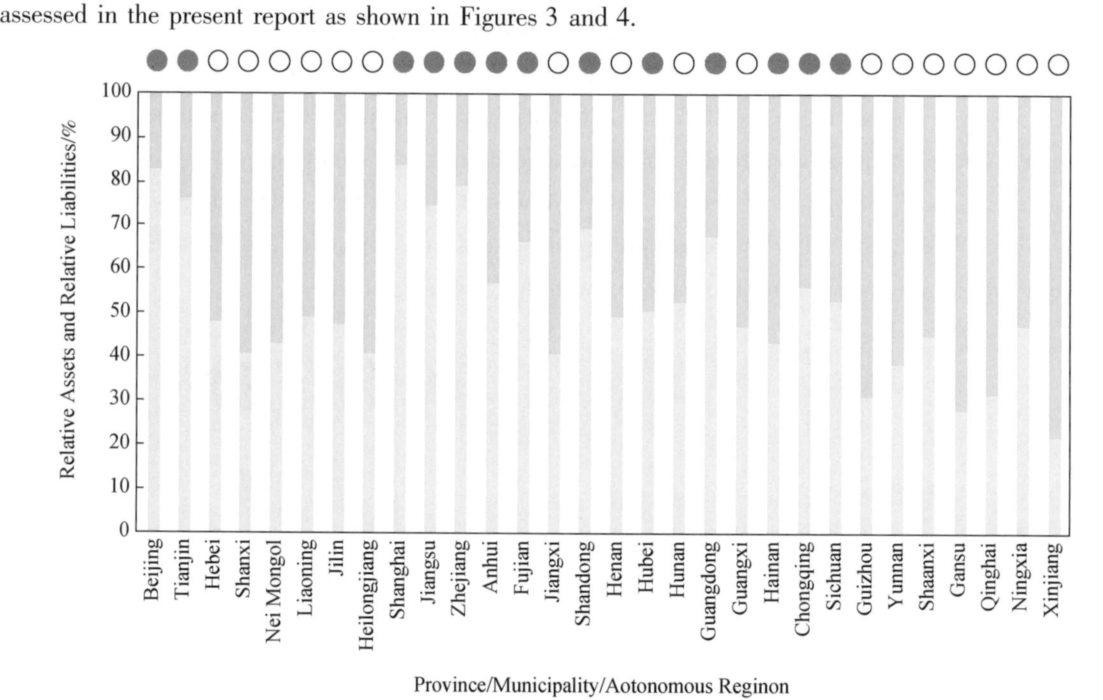

Figure 3 Asset-Liability Map of China's Green Design Level

In the present report, a statistical analysis is conducted on the asset-liability of Green Design level and relevant capacities of each province/municipality/autonomous region. For simplicity, cases where

assets exceed liability in value, or where assets interleaves with liability or where assets are less than liability in value are all illustrated simply (Figure 5).

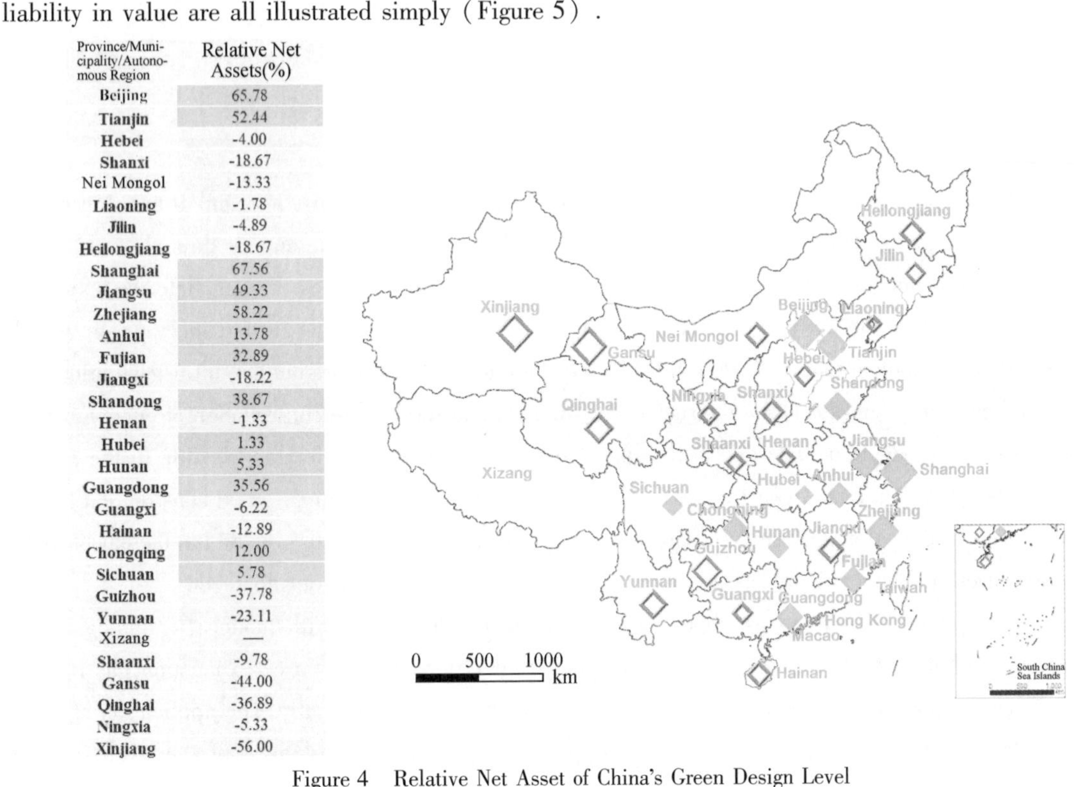

Province/Municipality/Autonomous Region	Relative Net Assets(%)
Beijing	65.78
Tianjin	52.44
Hebei	-4.00
Shanxi	-18.67
Nei Mongol	-13.33
Liaoning	-1.78
Jilin	-4.89
Heilongjiang	-18.67
Shanghai	67.56
Jiangsu	49.33
Zhejiang	58.22
Anhui	13.78
Fujian	32.89
Jiangxi	-18.22
Shandong	38.67
Henan	-1.33
Hubei	1.33
Hunan	5.33
Guangdong	35.56
Guangxi	-6.22
Hainan	-12.89
Chongqing	12.00
Sichuan	5.78
Guizhou	-37.78
Yunnan	-23.11
Xizang	—
Shaanxi	-9.78
Gansu	-44.00
Qinghai	-36.89
Ningxia	-5.33
Xinjiang	-56.00

Figure 4 Relative Net Asset of China's Green Design Level

Note: "◆" indicates the relative net asset is positive, while "◇" indicates relative net asset is negative.

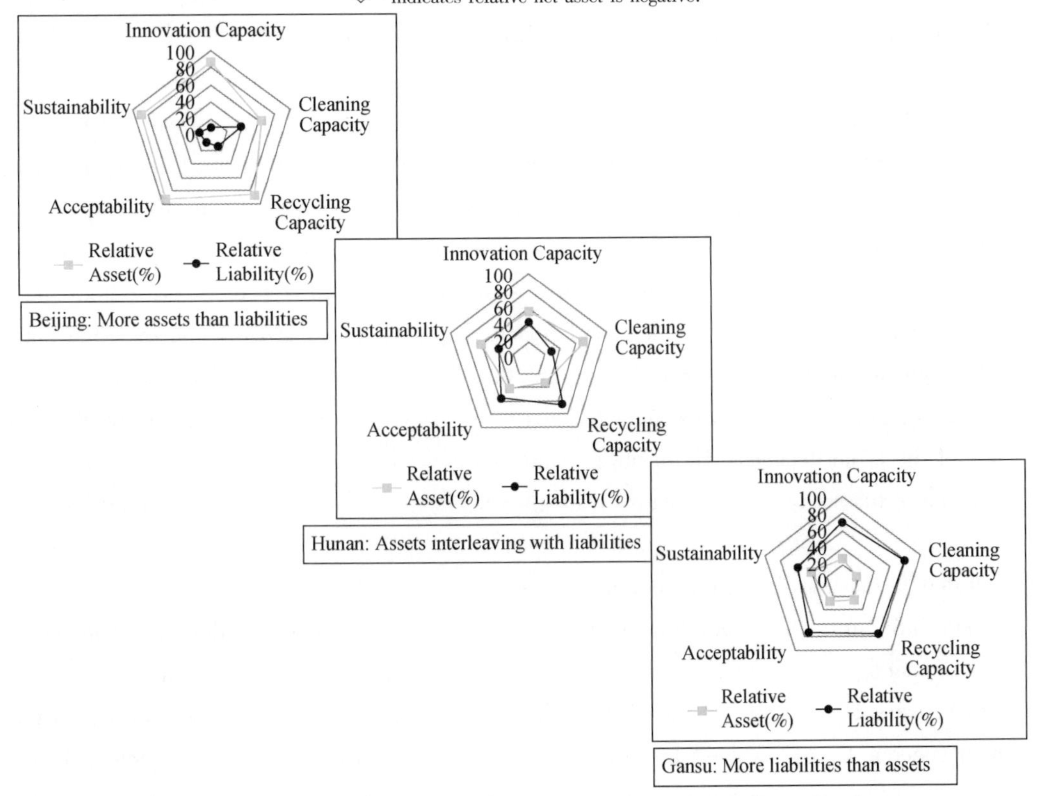

Figure 5 Asset-Liability Examples of Green Design Level in Different Provinces

XI. Case Studies on Green Design Across the World

Since it was presented for the first time in *Green Design* written by Avril Fox and Robin Murrell in 1989, Green Design has been incorporated in various fields over 3 decades, mainly through putting into practice the green concept and thought in accordance with the characteristics of each field. By exploring principles and methods closely related to Green Design, it can guide practice further and thereby enrich the Green Design connotation in each field. It's required to attach importance to intra-generation and inter-generation equity, minimize the damage to environment and reduce the consumption of energy and resources across the production cycle and at the same time, secure personal safety and health. In the present report, world-famous cases of Green Design in green energy, green manufacture, green construction, green transport, green chemical engineering and green material are sorted out so as to provide the factual basis for China Green Design Report as well as an efficient guidance for future green development.

1) Green energy is defined as those energies which are developed with modern technologies and discharge no pollutant. As the environment is increasingly deteriorating, resource exhaustion has become more and more serious while green energy has attracted more attention gradually. The application of green energy matters whether the sustainable development goals of a country and even of the world can be realized or not and whether the mankind can survive and develop. In the present report, green energy is illustrated in three cases: Denmark Plan 2050, which was aimed to reduce fossil energy consumption fundamentally, improve energy utilization rate and realize zero carbon emission; Energy Internet, which is designed to form a public energy exchange and sharing platform by advanced electrical and electronic technologies through the clean and green development pattern; and Distributed Energy, which serves as an open energy system supporting energy supply and demand, intelligent control and efficient utilization of energy.

2) Green manufacture denotes a modern manufacturing pattern with comprehensive consideration of environmental influence and resource benefit with the aim to minimize the environmental pressure throughout the manufacturing cycle and at the same time, make resource utilization the most efficient. Green manufacture serves as an important impetus driving human development. Relevant cases include China green manufacture design—Made in China 2025, which is aimed to realize the strategic objective of becoming a manufacturing giant through three stages, serving as the action program for the first decade of the three decades; 3D printing technology, which is an important path for implementing green manufacture thanks to its advantages in integration, flexible manufacturing and rapid tooling; and Baosteel Group, which ranks the third for comprehensive competitiveness in the world steel industry and is also regarded as the most potential steel enterprise.

3) Green building refers to buildings that minimize resource utilization, reduce pollutant emission, protect environment, utilize space properly and efficiently and coexist harmoniously with nature throughout the cycle. It's an indispensable path of the modern construction course based on the sustainable development concept. Cases involved are Tianjin Eco-City Low-Carbon Experience Center, U. K. BRE Environmental Building and National Stadium (Nest). All those buildings show a guiding and

demonstrative effect for the construction of the green eco-city with regard to design scientificity, energy and resource conservation and low-carbon and environment-friendly development.

4) Green transport refers to the communication media and transport system with little pollution and helpful for urban environment diversification. As a necessary way to sustainable development transport, it stresses abating traffic jams, reducing environmental pollution, promoting social equity and reasonably utilizing resources. Cases involved are Curitiba transportation system, which makes it the eco-city of sustainable development by virtue of the graded public route structure and network; China Green Freight Initiative, which is oriented at realizing green freight objective with the theme of "green freight and energy conservation and emission reduction"; and China high-speed railway system, which has been increasingly advocated in China as an environment-friendly tool of transport, satisfying travel demand and also marking high-speed rail's going to and rising in the world.

5) Green chemical industry is meant to adhere to the green and environmental protection concept, optimize production technology, reuse and utilize as resources wastes and minimize cost and emission and toxicity of wastes throughout the lifecycle in production of chemical products. Cases involved include Qaidam Circular Economy Experimental Area, where over 40 major fundamental industrial projects for potash fertilizer and sodium carbonate have been put into operation and laid an industrial foundation for the leaping development of circular economy; Akzo Nobel N. V, which provides various solutions to the problematic issues regarding construction of green and environment-friendly buildings and played a critical role in promoting urban development; and Jiangsu Sinorgchem Technology Co., Ltd. , which has always implemented the concept of technological and environmental development as the largest professional producer of rubber antioxidant and intermediate in the world.

6) Green material denotes the materials that coexist harmoniously with ecology and the environment and is beneficial to human health in raw material collection, product manufacture and use and cyclic utilization and wastes treatment. Materials are the basis for human survival and green materials have brought a new impetus for modern science and also mark the improvement in human awareness of environmental protection. Cases involved are graphene, nano material and biobase material. As the most important and the most potential field of the 21st Century, graphene is qualified to overturn all electronic devices. As an important research material in the Thirteenth Five-Year Plan, nano materials are irreplaceable in such fields as electronics, national defense and medical treatment. Biobase material is a kind of strategic emerging green material that guides the future industrial revolution. It's green and environment-friendly and its raw material is renewable or biodegradable.

Ⅻ. Focal Analysis on Green Design: How far is iPhone away from Green Design?

In the information society, smart phones have been brought into innumerable homes as an important tool of communication, social contact, shopping and entertainment. The unreasonable acceleration in their upgrading will incur more electronic wastes that consume energy, water, materials and manpower and even incur irreversible damage to green development.

Apple Inc. , the global smart phone giant, held its new product release in the second half of 2015 and more than 13 million iPhone 6s and iPhone 6s Plus were sold in merely 3 days. It can be imagined that how long those phones will be used by consumers.

iPhone is analyzed as a major case from the perspective of Green Design for the first time. Due to huge benefit and excessive consumption, products are replaced more frequently, exposing various problems in Green Design and producing more and more electronic wastes. Though obtaining more profits, frequent releases of new products deviate evidently from the sustainable development concept of Green Design.

Case analyses are listed as follows:

(I) Frequent upgrading shortens lifecycle

Statistics indicates in the period from the fourth quarter of 2011 to the third quarter of 2016, Apple Inc. will release 9 types of mobile phones:

iPhone 4 was released in California, U. S. on October 4, 2011 and put in the market of China on January 13, 2012;

iPhone 5 was released at Yerba Buena Center for the Arts on September 13, 2012 and put in the market of China on December 14, 2012;

iPhone 5s and iPhone 5c were released at Cupertino, U. S. on September 10, 2013 and put in the market of China on September 20, 2013 when China became one of the first group of markets of new-type iPhone for the first time;

iPhone 6 and iPhone 6 Plus were released at Flint, De Anza College, Cupertino, California and started to be sold by China Mobile, China Telecom and China Unicom on October 17;

iPhone 6s and iPhone 6s Plus were released at Bill Graham Civic Auditorium. The first group of countries and regions where they were sold include USA, U. K. , Australia, China, France, Germany, Hong Kong, Japan, New Zealand, Singapore and Puerto Rio.

It's reported that Apple Inc. plans to release iPhone 7 in September 2016.

Since Apple Inc. has yet disclosed the sales data for each type, this report figures out the global sale data of iPhone in accordance with the data of total amount of iPhone for each quarter and available investment reports, as is shown in Table 7 and Figure 6.

Table 7 Type-based Global Sales of iPhones (Unit: '0 000 sets)

Quarter	Date of Release	iPhone 4s	iPhone 5	iPhone 5c	iPhone 5s	iPhone 6	iPhone 6 Plus	iPhone 6s	iPhone 6s Plus	iPhone 7
2011 Q4	10. 14 iPhone 4s	2700	—	—	—	—	—	—	—	—
2012 Q1	—	3510	—	—	—	—	—	—	—	—
2012 Q2	—	1940	—	—	—	—	—	—	—	—
2012 Q3	09. 21 iPhone 5	1620	600	—	—	—	—	—	—	—
2012 Q4	—	1740	2740	—	—	—	—	—	—	—
2013 Q1	—	1234. 2	1982. 2	—	—	—	—	—	—	—
2013 Q2	—	937. 2	1624. 5	—	—	—	—	—	—	—

Continued

Quarter	Date of Release	iPhone 4s	iPhone 5	iPhone 5c	iPhone 5s	iPhone 6	iPhone 6 Plus	iPhone 6s	iPhone 6s Plus	iPhone 7
2013 Q3	09. 11 /20 iPhone 5c/5s	867. 6	1240	204. 3	694. 8	—	—	—	—	—
2013 Q4	—	473. 2	—	912. 6	1994. 2	—	—	—	—	—
2014 Q1	—	1092. 5	—	174. 8	3102. 7	—	—	—	—	—
2014 Q2	—	598. 5	—	1000	1922	—	—	—	—	—
2014 Q3	09. 19 iPhone 6/ 6 Plus	102. 4	—	243. 3	2081. 5	1300. 5	231	—	—	—
2014 Q4	—	162. 1	—	431. 4	881. 5	4165	1510. 3	—	—	—
2015 Q1	—	150. 7	—	222. 5	670. 2	3602. 1	1182. 3	—	—	—
2015 Q2	—	—	—	142. 3	603. 4	3121	1281. 6	—	—	—
2015 Q3	09. 25 iPhone 6s/ 6s Plus	—	—	—	*	*	*	—	—	—
2015 Q4	—	—	—	—	*	*	*	*	*	—
2016 Q1	—	—	—	—	*	*	*	*	*	—
2016 Q2	—	—	—	—	*	*	*	*	*	—
2016 Q3	* iPhone 7	—	—	—	*	*	*	*	*	—
2016 Q4	—	—	—	—	*	*	*	*	*	*

Note: * means that no statistical data is disclosed.

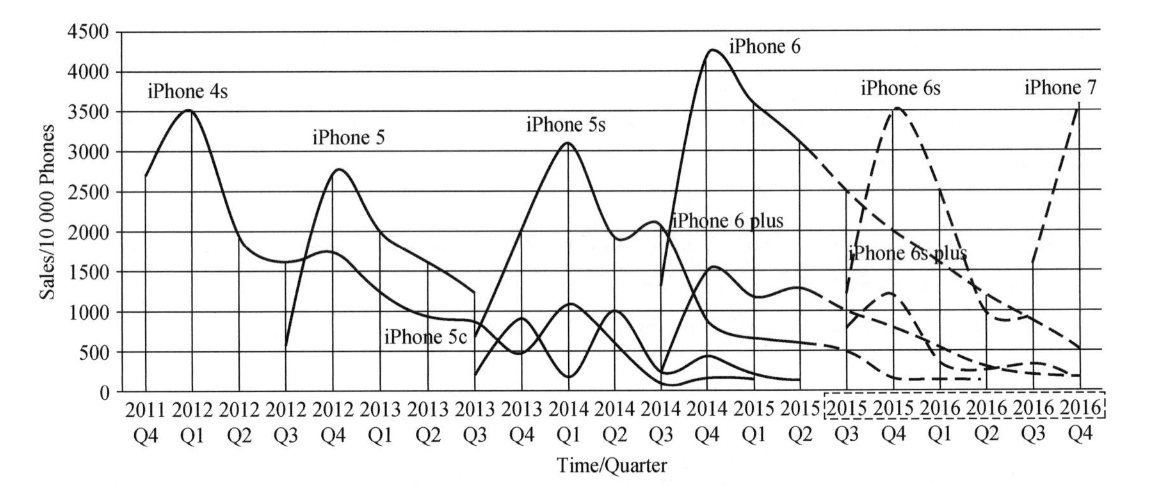

Figure 6 Type-based Global Sales of iPhones

Note: Dotted lines are the trends predicted for undisclosed data.

According to the analyses on iPhone 4s data in Figure 7, the lifecycle of those sold for above 5 million is 2-2. 5 years in average. However, in the period from the third quarter of 2012 to the third quarter of 2016, Apple Inc. will have released 8 kinds of phones of Types 7 and 1, the lifecycle of which is merely 0. 6 year in average, 73% (1. 9-2. 0 years) shorter than the actual average. It will surely result in a waste of energy, raw materials and manpower and assert relevant ecological and environmental stress.

Specifically speaking, it can be seen from Figure 7 that 27 million sets of iPhone 4s were sold in the first round since its release in the 4th Quarter of 2011 and then the sales volume rose to 35. 10 million sets

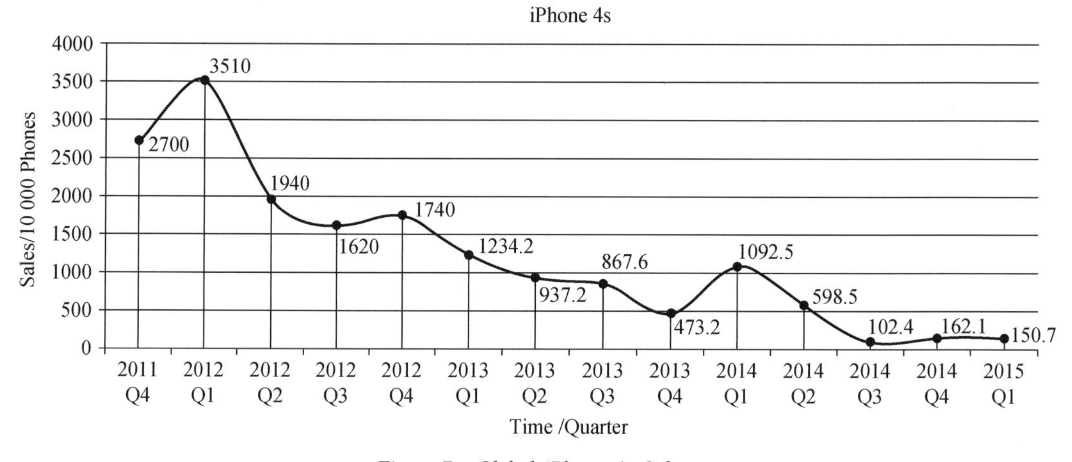

Figure 7　Global iPhone 4s Sales

by the 1st Quarter of 2012 and dropped since the 2nd Quarter of the same year. In the 1st Quarter of 2013, iPhone 4s sales volume was 17. 40 million sets, 7. 4%, more than the previous quarter, 16. 20 million, with a high share in iPhone sales. After that, iPhone 4s sales volume had kept falling slowly by the 4th Quarter of 2013. In this case, Apple Inc. released iPhone 5c and iPhone 5s at the end of the 3rd Quarter of 2013. Stimulated by the new products, iPhone 4s sales volume rebounded, instead of another drop, and even surpassed that of iPhone 5c in the 1st Quarter of 2014. After that, iPhone 4s kept witnessing a drop in its sales volume until the 1st Quarter of 2015, iPhone as a whole accounted for the smallest share of sales. Therefore, it can be figured out that iPhone 4s lifecycle is about 2. 5 years when over 5 million sets are sold.

During the 2. 5-year average lifecycle of iPhone 4s, iPhone 5 was released in the first year, with its sales volume peak lower than the global sales of iPhone 4s. After that, Apple Inc. released its iPhone 5, iPhone 5c, iPhone 5s, iPhone 6, iPhone 6 Plus, iPhone 6s and iPhone 6s Plus successively and plans to release iPhone 7 in September 2016. Though having stimulated market demands and obtaining more profits, iPhone is far away from Green Design.

As the lifecycle of iPhone 4s, representing iPhone, is powerful, Apple Inc. released several types of phones in a short term, which has shortened the average lifecycle by 1. 9-2. 0 years and also incurred a group of problems in Green Design.

(Ⅱ) The waste of energy and materials results in ecological and environmental pollutions

According to the survey of the Internet Consumer Research Center (ZDC) on iPhone users in 2014, most Apple product users are aged between 18 and 35; and among such users, those aged between 26 and 35 account for 53. 2% and those aged between 18 and 25 for 24. 1% while 30. 9% of them will buy the new products as soon as such new ones are released. In the meantime, surveys on the release of 360 Mobile Care reveal that 82% of iPhone users born in the 1990s will buy a second iPhone. Therefore, according to a rough estimation, about 36% of iPhone users will buy new products as soon as such products are released. Then, how to dispose those used phones? The environmental investigation conducted by Foreign Technology Blog on iPhones indicates the global recovery rate of iPhones is as low

as about 10%. That is, the frequently released new products have resulted in a fact that a large amount of old phones will be discharged as wastes to the natural system.

The number of phones abandoned for the frequently released new products and the amount of electronic wastes incurred thereof from the fourth quarter of 2011 to the fourth quarter of 2014 are estimated according to the sales data in Table 6. Table 8 shows the weight of iPhone of each type and its sales volume from the start of its sale to the start of next sale.

Table 8 Sales Volume & Amount of Wastes for 2011. Q4 ~ 2014. Q4

iPhone	Weight (g)	Sales before Release of New Product ('0 000 Phones)	Number of Phones out of Use ('0 000 Phones)	Electronic Wastes Estimated (t)
4s (2011. Q4 ~ 2012. Q4)	140	9 770	3 166	4 445. 4
5 (2012. Q4 ~ 2013. Q3)	112	8 186	2 653	2 980
5c (2013. Q4 ~ 2014. Q4)	132	2 535	821	1 087. 5
5s (2013. Q4 ~ 2014. Q4)	112	9 795	3 174	3 565. 4
Total	—	—	9 813	12 078. 3

The consumption of raw materials incurred by the excessively frequent releases of new products is calculated according to the data in Table 8. Along with the release of iPhone 5, about 36% of iPhone 4s owners choose to buy it instantly, indicating that 35. 17 million phones will be left unused, of which merely 10% will be recycled. A rough estimation indicates that 32. 5% of phones are out of use as electronic wastes. Therefore, iPhone 4s alone can produce electronic wastes of 31. 66 million phones and waste about 4 445. 4 tons of raw materials, accounting for 1/3 of all raw materials consumed. After iPhone 5 production was stopped comprehensively in the third quarter of 2013, iPhone 5c and iPhone 5s were released and 2 653 million phones were discharged into the environment as electronic wastes. When the iPhone 6 series was released at the end of the third quarter of 2014, 8. 21 million sets of iPhone 5c and 31. 74 million sets of iPhone 5s were left unused. Therefore, conservative estimation indicates that from the end of 2011 to the end of 2014, excessive release of new products produced electronic wastes of about 100 million phones, occupying about 12 000 tons of materials, with an annual average of about 33. 33 million sets wasted. According to the estimation that about 400 million mobile phones are abandoned across the world every year according to the *Transforming Electronic Wastes into Resources* released by United Nations Environment Programme (UNEP), abandoned iPhones account for about 8. 4% of all the abandoned mobile phones in the world (with those abandoned for damage or accidents excluded). Researches show that a mobile phone battery can pollute the water of three standard swimming pools and if buried in land, it can make 1 square meter of land unusable. Thus, it can be figured out that 100 million sets of abandoned mobile phones of the iPhone series will get 150 000 mu land polluted. Abandoned iPhones will potentially pollute 180 billion m^3 water every year on average (The volume of an internationally standard swimming pool is 1 800m^3.).

Besides, according to the data released on the official website of Apple Inc., 55kg CO_2 is produced by each iPhone 4s, 65kg by each iPhone 5s, 95kg by each iPhone 6 and 110kg by each iPhone 6 Plus. Given that each mobile phone produces 90kg CO_2 on average, abandoned mobile phones discharged 9 million tons of CO_2, equivalent to that emitted for generating 9 billion kWh electricity, from the end of

2011 to the end of 2014.

(Ⅲ) With redundant functions developed, more technological input and human resources are squandered

According to a questionnaire survey on the function use frequency of iPhone users conducted in this report, most iPhone users are aged between 18 and 30, among which 80% are students and businessmen . 35 iPhone functions are involved and survey results are shown in Table 9.

Table 9 iPhone Function Survey

Use Frequency	Call	SMS	Address Book	Email	Calendar	Photo	Music
Frequent	100. 00%	91. 55%	97. 14%	48. 20%	66. 22%	92. 79%	44. 14%
Occasional	0. 00%	7. 22%	1. 51%	33. 78%	30. 18%	6. 31%	25. 68%
Never	0. 00%	1. 23%	1. 35%	18. 02%	3. 60%	9. 00%	30. 18%
Use Frequency	Video	Weather	Camera	Clock	Memo	Voice Memo	Safari
Frequent	34. 23%	51. 80%	91. 89%	93. 24%	40. 54%	9. 91%	38. 74%
Occasional	34. 68%	33. 78%	7. 21%	5. 41%	42. 34%	36. 49%	31. 08%
Never	31. 08%	14. 41%	0. 90%	1. 35%	17. 12%	53. 60%	30. 18%
Use Frequency	Bluetooth	Map	Game Center	APP store	iTunes store	Reminder	Stock Market
Frequent	15. 32%	40. 99%	9. 46%	77. 48%	13. 96%	17. 57%	4. 05%
Occasional	53. 15%	32. 88%	38. 74%	15. 77%	45. 00%	47. 75%	17. 12%
Never	31. 53%	26. 13%	51. 80%	6. 76%	40. 99%	34. 68%	78. 83%
Use Frequency	Newspaper	iBooks	Health	Passbook	FaceTime	Calculator	Blog
Frequent	8. 56%	7. 21%	18. 02%	4. 99%	9. 01%	51. 08%	4. 95%
Occasional	25. 23%	25. 23%	36. 94%	28. 38%	36. 04%	44. 59%	19. 37%
Never	66. 22%	67. 57%	45. 05%	66. 67%	54. 95%	3. 60%	75. 68%
Use Frequency	Compass	Voice Control	iCloud Drive	Personal Hotspot	AirPlay	Airprint	Siri
Frequent	9. 91%	5. 41%	7. 66%	13. 06%	2. 70%	3. 60%	13. 96%
Occasional	38. 29%	33. 78%	24. 77%	49. 10%	22. 97%	14. 41%	42. 79%
Never	51. 80%	60. 81%	67. 57%	37. 84%	74. 32%	81. 98%	43. 24%

Statistics in Table 9 show that functions that are least used include Voice Memo, Game Center, Stock Market, Newspaper, iBook , Passbook, FaceTime, Blog, Compass, Voice Control, iCloud Drive, AirPlay and Airprint. A major reason is there are many more excellent APPs with similar functions in APP Store, which are preferred by most users. Meanwhile, those APPs, such as Blog and iBooks, focus on the content, which is not much more advantageous over similar products in the Chinese market. Moreover, certain built-in pre-installed APPs are never opened since the phone is sold and are even unknown to the user. For instance, AirPlay function, never used, is a playing technology added by Apple Inc. to iOS4. 2 and OS X Mountain Lion and can send the videos and mirror images from iPhone, iPod touch, iPad and Mac to a device where AirPlay is acceptable. Another similar function is AirPrint, a wireless printing function that makes utility software pass the drive-free program printing system structure of Apple and

establish lossless printing output. A major reason for its rare use is that a dedicated AirPrint printer, which, however is expensive in most cases. Meanwhile, those functions can be realized more easily.

Furthermore, according to the survey conducted by PhoneArena on the frequency of 1495 people's use of the new touch technology—3D touch technology on iPhone 6s screen, only 12.5% of those surveyed are always using the function, 21.7% occasionally use it, as many as 34.0% use it only for displaying for friends and families and even 31.7% don't know what it is. Meanwhile, the Siri function, emphasized for several times in iPhone 6s release, attracts the attention of only 2.1% of the users, according to the survey conducted by PhoneArena on the comparison between iPhone 6 and iPhone 6s.

It can be seen from the above analyses that 28% of iPhone functions are redundant. However, the development of a function means the research and development of a new technology, which will consume surely manpowers, finance, materials and time and also gives rise to a group of new environmental problems.

(Ⅳ) Transfer of foundry bases deviates from the Green Design route

In 2011, Pitters and several other researchers from Norway International Research Center for Climate and Environment mentioned in their paper that in 2008, all countries discharged 20% CO_2 more than 1990 in manufacturing exported products. Meanwhile, according to the carbon emission data re-calculated according to consumption field standard, carbon emission of developed countries, such as the USA, is much higher than the target value as specified in the Kyoto Protocol. Generally speaking, developed countries build their manufacturing bases in developing countries to realize the reduction in wastes emission. Thus, those low-come regions' carbon emissions are at the service of the consumers in high-income regions in the true sense. In such outsourced commercial activities, developed countries that carry out those activities should be responsible for the greenhouse effect incurred by carbon emission while according to international standard in force for the time being, major responsibilities are pushed to the countries providing outsource service. Compare Camp provided a table of distribution of iPhone 6 suppliers in 2014 as shown in Tables 10 and 11.

Table 10 Quantity & Distribution of Major iPhone 6 Suppliers

Rank	Country/ Region	Quantity of Foundries
1	China	349
2	Japan	139
3	U. S.	60
4	Taiwan, China	42
5	South Korea	32
6	Philippines	24
7	Malaysia	21
8	Thailand	21
9	Singapore	17
10	Germany	13

Table 11 iPhone 6 Industrial Chain Distribution

Industrial Chain	Main Countries/ Regions
Design and development	U. S.
Procurement	U. S. , Asia (China mainly), Europe
Production line and parts supply	China
Storage	U. S.
Distribution	World

According to data from the official web of Apple Inc. , 85% of the carbon emission for producing an iPhone 6s is from manufacturing, 11% from consumer, 3% from transportation and 1% from recovery. Manufacturing process relies largely on developing countries. Therefore, Apple Inc. should attach importance to the pollutant discharge problems incurred by foundry management and product manufacturing in the supplying countries.

According to the data as specified in a paper titled "The Secrets Apple and Foxconns Have to Say", profits of iPhone and iPad are always as high as 200%, with only 2% or even less going to the foundries. Such Chinese assembly enterprises as Foxconn can get a remuneration of USD6. 54 only for completing an iPhone 4 whose selling price is above USD600. Due to the extremely cost pattern, some foundries have to acquire the meager profit at the expense of employees' working environment and time, which even gives rise to such vicious events as employment of child labor, explosion, poisoning and suicide by jumping from a building. In the "poisonous Apple event" in 2010, Pacific Environment, a world environmental organization, disclosed that over 100 employees of such companies as United Win Technology Limited in the Chinese industrial chain of Apple got poisoned, to which Apple Inc. failed to respond timely and attach importance. Apple Inc. didn't acknowledge its responsibilities openly in its Supplier Responsibility Progress Report published in 2011 and promise to provide medical treatment for the victims until January 2011 when 36 Chinese environmental organizations jointly released a survey report titled "Another Side of Apple" in Beijing, pointing out Apple Inc. suppliers in China are involved in serious problems of environmental pollution and human rights of employees. How to ensure its suppliers' social responsibilities in environmental influence, health and safety is what Apple Inc. as a business mogul with nearly one thousand suppliers should thinks about in Green Design.

According to the performance report (Q3) in the 4th fiscal quarter of 2015, Apple Inc. obtained USD51. 501 billion as its operating revenue and USD11. 124 billion as its net profit in the fourth fiscal quarter, with USD32. 209 billion as its operating revenue and USD6. 954 billion as its net profits from the sale of 48. 046 million iPhones. Given that 90kg CO_2 will be discharged when producing a mobile phone, the iPhones sold merely in the third quarter of 2015 produce 4. 32 million tons of CO_2. Apple Inc. shall be responsible for paying for the environmental pollution it causes.

(V) Conclusion

From the perspective of Green Design, the iPhone series, the average lifecycle of which is shortened

by 1.9-2.0 years have given rise to wastes unnecessarily, with about 100 million mobile phones abandoned in 3 years. Those wastes are potential to get 180 billion m^3 water and 150 000 mu land polluted and incur latent non-green disadvantages, such as the design of 28% redundant functions. Despite their high profits in the market, iPhones are still far away from Green Design.